普通高等教育电气电子类工程应用型系列教材

"十三五"江苏省高等学校重点教材（编号：2019-1-114）

EDA 技术及应用
第 2 版

孙宏国　周磊　陆广平　编　著

机械工业出版社

本书共 6 章，第 1 章讲述了 EDA 技术的特点、概念和数字系统的设计方法；第 2 章介绍了 VHDL 的基本语法特点、程序结构、常用语句以及相关基础知识；第 3 章介绍了一些典型的基本门电路、组合逻辑电路和时序逻辑电路 VHDL 的实现方式；第 4 章介绍了 Altera 公司的综合开发软件的特点和使用方法；第 5 章介绍了 EDA 技术的工程应用案例；第 6 章列举了 20 个基础性和综合性实验项目。

本书可作为高等学校电气类、电子信息类、自动化类、计算机类本、专科专业的"EDA 技术"课程的教材，亦可作为参加电子设计竞赛的培训教材和参考书，还可作为电子爱好者的自学教材。

本书配有免费电子课件，欢迎选用本书作为教材的老师登录 www.cmpedu.com 注册下载。

图书在版编目（CIP）数据

EDA 技术及应用/孙宏国，周磊，陆广平编著.—2 版.—北京：机械工业出版社，2021.12（2024.2重印）

普通高等教育电气电子类工程应用型系列教材

ISBN 978-7-111-69776-3

Ⅰ.①E… Ⅱ.①孙… ②周… ③陆… Ⅲ.①电子电路-电路设计-计算机辅助设计-高等学校-教材 Ⅳ.①TN702.2

中国版本图书馆 CIP 数据核字（2021）第 248347 号

机械工业出版社（北京市百万庄大街 22 号　邮政编码 100037）
策划编辑：王玉鑫　　　　　责任编辑：王玉鑫
责任校对：陈　越　王明欣　封面设计：张　静
责任印制：常天培
固安县铭成印刷有限公司印刷
2024 年 2 月第 2 版第 3 次印刷
184mm×260mm · 14.75 印张 · 359 千字
标准书号：ISBN 978-7-111-69776-3
定价：45.00 元

电话服务　　　　　　　　　网络服务
客服电话：010-88361066　　机　工　官　网：www.cmpbook.com
　　　　　010-88379833　　机　工　官　博：weibo.com/cmp1952
　　　　　010-68326294　　金　书　网：www.golden-book.com
封底无防伪标均为盗版　　　机工教育服务网：www.cmpedu.com

前 言

随着电子技术的不断发展与进步，电子系统的设计方法发生了很大的变化，基于 EDA（电子设计自动化）技术的设计方法已成为电子系统设计的主流。本书是针对当前电子设计自动化技术发展日新月异，系统设计理念、设计方法不断提高的情况而编写的。在编写上突出理论与实践相结合的风格，由浅入深地介绍了 EDA 技术、VHDL 编程方法、设计仿真软件的使用、EDA 综合设计及工程应用等内容。本书取材广泛，内容新颖，理论联系实际，章节结构合理，前后知识点衔接流畅，适合于电气类、电子信息类、自动化类、计算机类各专业的学生选用。

本书在编写过程中，总结了多年来不同院校、不同专业 EDA 技术课程的教学经验，借鉴了同类教材的许多优点，力求在内容、结构、理论教学与实践教学等方面充分体现应用型本科院校学生实践动手能力培养以及卓越工程师教育培养计划的实施的特点。与同类教材相比，本书具有以下特点：

1) 在介绍 VHDL 基本语法时，从基本结构、数据类型、基本语句到可用资源（库）以及子程序，由简单到复杂，并对常用的基本逻辑单元进行了 VHDL 的描述和仿真，有利于知识的进一步消化。

2) 编译环境基础知识的介绍循序渐进，激发学生的学习兴趣，使学生的学习由被动变为主动，提高学生的动手能力。实验自成一章，结合自行开发的实验板，使学生能够较好地和硬件知识联系在一起，有助于学生将来从事产品设计和应用，省去再选择实验教材的麻烦。

3) EDA 技术的应用实例都来源于工程或者电子设计竞赛的内容，能有效地培养学生分析问题和解决问题的能力。

本书由孙宏国、周磊、陆广平编著，并由孙宏国负责统稿。具体分工为：第1~3章由孙宏国编写，第4、5章由周磊编写，第6章由孙宏国和陆广平共同编写，陆广平还对部分习题进行了修订。本书得到了盐城工学院教材出版基金的资助。本书初稿在校内使用时许多老师提出了宝贵的意见和建议，在此表示衷心的感谢。

本书在编写的过程中，参考了许多文献资料，对这些资料的作者一并在此表示感谢。

由于编者水平有限，不足之处在所难免，敬请各位读者批评指正。

编者邮箱：sunhg@ycit.edu.cn

作　者

目 录

前言
第1章 EDA技术概述 ·············· 1
1.1 EDA技术的含义 ·············· 1
1.2 EDA技术的发展历程 ·············· 1
1.3 EDA技术的主要内容 ·············· 2
1.4 EDA软件系统的构成 ·············· 4
1.5 EDA的工程设计流程 ·············· 6
1.6 数字系统的设计 ·············· 10
1.6.1 数字系统的设计模型 ·············· 10
1.6.2 数字系统的设计方法 ·············· 10
1.6.3 数字系统的设计准则 ·············· 11
1.6.4 数字系统的设计步骤 ·············· 12
习题 ·············· 13
第2章 VHDL程序基础 ·············· 14
2.1 概述 ·············· 14
2.2 VHDL程序的结构 ·············· 15
2.2.1 VHDL程序设计的基本单元 ·············· 15
2.2.2 实体 ·············· 16
2.2.3 构造体 ·············· 18
2.2.4 配置 ·············· 19
2.3 VHDL设计资源 ·············· 21
2.3.1 库 ·············· 21
2.3.2 包集合 ·············· 23
2.4 VHDL要素 ·············· 24
2.4.1 标志符 ·············· 24
2.4.2 数据对象 ·············· 25
2.4.3 VHDL的数据类型 ·············· 29
2.4.4 VHDL运算符 ·············· 36
2.4.5 VHDL的属性 ·············· 38
2.4.6 常见错误 ·············· 39
2.5 VHDL的描述方式 ·············· 40
2.5.1 行为描述 ·············· 40
2.5.2 数据流描述 ·············· 41
2.5.3 结构描述 ·············· 42
2.6 VHDL顺序语句 ·············· 43
2.6.1 赋值语句 ·············· 43
2.6.2 转向控制语句 ·············· 45
2.6.3 等待语句 ·············· 51
2.6.4 子程序调用语句 ·············· 52
2.6.5 返回语句 ·············· 52
2.6.6 空操作语句 ·············· 53
2.6.7 其他语句 ·············· 53
2.7 VHDL并行语句 ·············· 55
2.7.1 进程语句 ·············· 56
2.7.2 块语句 ·············· 59
2.7.3 并行信号赋值语句 ·············· 60
2.7.4 并行过程调用语句 ·············· 62
2.7.5 元件例化语句 ·············· 62
2.7.6 生成语句 ·············· 66
2.8 子程序 ·············· 69
2.8.1 函数 ·············· 69
2.8.2 重载函数 ·············· 71
2.8.3 过程 ·············· 71
2.8.4 重载过程 ·············· 73
习题 ·············· 73
第3章 基本逻辑单元的VHDL模型 ·············· 76
3.1 组合逻辑电路设计 ·············· 76
3.1.1 基本逻辑门电路 ·············· 76
3.1.2 编码器、译码器和数据选择器 ·············· 77
3.1.3 加法器 ·············· 82
3.1.4 三态门及总线缓冲器 ·············· 83
3.1.5 运算电路 ·············· 86
3.2 时序逻辑电路设计 ·············· 89
3.2.1 触发器 ·············· 89
3.2.2 寄存器 ·············· 91
3.2.3 计数器 ·············· 94
3.2.4 分频器 ·············· 99
3.2.5 序列信号发生器和检测器 ·············· 102
3.3 存储器 ·············· 106
3.3.1 存储器描述中的一些共性问题 ·············· 106
3.3.2 只读存储器 ·············· 107
3.3.3 随机存储器 ·············· 109
3.3.4 堆栈 ·············· 110
3.4 有限状态机 ·············· 115

3.4.1　有限状态机的分类 …………… 116
　3.4.2　有限状态机的应用 …………… 119
　习题 …………………………………… 123

第 4 章　Quartus Ⅱ 与 ModelSim 软件及使用 …………………………… 125

4.1　半加器和全加器 …………………… 125
4.2　半加器的实现与仿真 ……………… 125
　4.2.1　创建一个新工程 ……………… 126
　4.2.2　半加器设计 …………………… 130
　4.2.3　半加器的仿真 ………………… 136
　4.2.4　半加器的 IP 核输入方式和 VHDL 输入方式 ……………… 143
4.3　一位全加器设计 …………………… 148
　4.3.1　基本的输入方式 ……………… 148
　4.3.2　全加器的仿真 ………………… 153
4.4　ModelSim 批处理 ………………… 155
习题 ……………………………………… 157

第 5 章　EDA 技术工程应用实例 …… 158

5.1　跑马灯 SOPC 实现 ………………… 158
　5.1.1　概述 …………………………… 158
　5.1.2　片上 RAM 实现跑马灯 ……… 159
　5.1.3　外置并行 Flash 和 SDRAM 结构实现跑马灯 ……………… 176
　5.1.4　外置串行 EPCS 和并行 SDRAM 结构实现跑马灯 ………………… 183
5.2　时间数字转换器延时链的 FPGA 实现 ………………………………… 188
　5.2.1　时序电路的建立和保持时间 …… 188
　5.2.2　TDC 延时链的构建 …………… 189
　5.2.3　TDC 延时链的时序约束及时序分析 ……………………… 195
　5.2.4　TDC 延时链的 SignalTap Ⅱ 数据采集 ……………………………… 199
习题 ……………………………………… 201

第 6 章　EDA 技术实验 ……………… 202

6.1　Quartus Ⅱ 的使用 ………………… 202
6.2　7 人表决器 ………………………… 203
6.3　格雷码变换电路 …………………… 204
6.4　BCD 码加法器 …………………… 205
6.5　4 位全加器 ………………………… 207
6.6　英语字母显示电路 ………………… 207
6.7　4 位并行乘法器 …………………… 208
6.8　设计基本触发器 …………………… 210
6.9　设计 74LS160 计数器功能模块 …… 211
6.10　步长可变的加减计数器 …………… 212
6.11　可控脉冲发生器 …………………… 213
6.12　正负脉宽数控调制信号发生器 …… 214
6.13　序列检测器 ………………………… 214
6.14　4 位移位乘法器 …………………… 215
6.15　出租车计费器 ……………………… 217
6.16　数字秒表 …………………………… 218
6.17　频率计 ……………………………… 219
6.18　交通灯控制器 ……………………… 221
6.19　数码锁 ……………………………… 223
6.20　乒乓球游戏机 ……………………… 224

参考文献 ……………………………… 227

第1章 EDA 技术概述

1.1 EDA 技术的含义

什么叫 EDA 技术？它是以大规模可编程逻辑器件为设计载体，以硬件描述语言为系统逻辑描述的主要表达方式，以计算机、大规模可编程逻辑器件的开发软件及实验开发系统为设计工具，自动完成用软件方式设计的电子系统到硬件系统的逻辑编译、逻辑化简、逻辑分割、逻辑综合及优化、逻辑布局布线、逻辑仿真，直至对于特定目标芯片的适配编译、逻辑映射、编程下载等工作，最终形成集成电子系统或专用集成芯片的一门技术。

利用 EDA 技术进行电子系统的设计，具有以下几个特点：①用软件的方式设计硬件；②用软件方式设计的系统到硬件系统的转换是由有关的开发软件自动完成的；③设计过程中可用有关软件进行各种仿真；④系统可现场编程，在线升级；⑤整个系统可集成在一个芯片上，体积小、功耗低、可靠性高。因此，EDA 技术是现代电子系统设计的发展趋势并成为主流。

1.2 EDA 技术的发展历程

EDA 技术伴随着计算机、集成电路、电子系统设计的发展，经历了计算机辅助设计（Computer Aided Design，CAD）、计算机辅助工程设计（Computer Aided Engineering Design，CAE）和电子设计自动化（Electronic Design Automation，EDA）三个发展阶段。

1. 20 世纪 70 年代的计算机辅助设计（CAD）阶段

早期的电子系统硬件设计采用的是分立元件，随着集成电路的出现和应用，硬件设计进入到发展的初级阶段。初级阶段的硬件设计大量选用中小规模标准集成电路，人们将这些器件焊接在电路板上，做成初级电子系统，对电子系统的调试是在组装好的印制电路板（Printed Circuit Board，PCB）上进行的。

由于设计师对图形符号使用数量有限，传统的手工布图方法无法满足产品复杂性的要求，更不能满足工作效率的要求。这时，人们开始将产品设计过程中高度重复性的繁杂劳动（如布图布线工作），用二维图形编辑与分析的 CAD 工具替代，最具代表性的产品就是美国 ACCEL 公司开发的 Tango 布线软件。20 世纪 70 年代，是 EDA 技术发展初期，由于 PCB 布图布线工具受到计算机工作平台的制约，其支持的设计工作有限且性能比较差。

2. 20 世纪 80 年代的计算机辅助工程设计（CAE）阶段

初级阶段的硬件设计是用大量不同型号的标准芯片实现电子系统设计的。随着微电子工艺的发展，相继出现了集成上万只晶体管的微处理器、集成几十万直到上百万储存单元的随机存储器（Random Access Memory，RAM）和只读存储器（Read-Only Memory，ROM）。此外，支持定制单元电路设计的硅编辑、掩模编程的门阵列，如标准单元的半定制设计方法以及可编程逻辑器件（Programmable Array Logic，PAL 和 Generic Array Logic，GAL）等一系列微结构和微电子学的研究成果都为电子系统的设计提供了新天地。因此，可以用少数几种通用的标准芯片实现电子系统的设计。

伴随计算机和集成电路的发展，EDA技术进入到计算机辅助工程设计阶段。20世纪80年代初，推出的EDA工具则以逻辑模拟、定时分析、故障仿真、自动布局和布线为核心，重点解决电路设计没有完成之前的功能检测等问题。利用这些工具，设计师能在产品制作之前预知产品的功能与性能，能生成产品制造文件，在设计阶段对产品性能的分析前进了一大步。

如果说20世纪70年代的自动布局布线代替了设计工作中绘图的重复劳动，那么，到了80年代出现的具有自动综合能力的CAE工具则代替了设计师的部分工作，对保证电子系统的设计，制造出最佳的电子产品起着关键的作用。到了80年代后期，EDA工具已经可以进行设计描述、综合与优化和设计结果验证，CAE阶段的EDA工具不仅为成功开发电子产品创造了有利条件，而且为高级设计人员的创造性劳动提供了方便。但是，大部分从原理图出发的EDA工具仍然不能适应复杂电子系统的设计要求，而具体化的元件图形制约着优化设计。

3. 20世纪90年代电子设计自动化（EDA）阶段

为了满足千差万别的系统用户提出的设计要求，最好的办法是由用户自己设计芯片，让他们把想设计的电路直接设计在自己的专用芯片上。微电子技术的发展，特别是可编程逻辑器件（Programmable Logic Device，PLD）的发展，使得微电子厂家可以为用户提供各种规模的可编程逻辑器件，使设计者通过设计芯片实现电子系统功能。EDA工具的发展，又为设计师提供了全线EDA工具。这个阶段发展起来的EDA工具，目的是在设计前期将设计师从事的许多高层次设计由工具来完成，如可以将用户要求转换为设计技术规范，有效处理可用设计资源与理想设计目标之间的矛盾，按具体的硬件、软件和算法进行设计分解等。由于电子技术和EDA工具的发展，设计师可以在不太长的时间内使用EDA工具，通过一些简单标准化的设计过程，利用微电子厂家提供的设计库来完成数万门专用集成电路（Application Specific Integrated Ciriut，ASIC）和集成系统的设计与验证。

20世纪90年代，设计师逐步从使用硬件转向设计硬件，从单个电子个品开发转向系统级电子产品开发，即片上系统集成（System on Chip，SOC）。因此，EDA工具是以系统级设计为核心，包括系统行为级描述与结构综合、系统仿真与测试验证、系统划分与指标分配、系统决策与文件生成等一整套的电子系统设计自动化工具。这时的EDA工具不仅具有电子系统设计的能力，而且能提供独立于工艺与厂家的系统级设计能力，具有高级抽象的设计构思手段。例如，提供框图、状态图和流程图的编辑能力，具有适合层次描述和混合信号描述的硬件描述语言（Hardware Description Language，HDL），同时含有各种工艺的标准元件库。只有具备上述功能的EDA工具，才可能使电子系统工程师在不熟悉各种半导体工艺的情况下，完成电子系统的设计。

未来EDA技术将向广度和深度两个方向发展，EDA将会超越电子设计的范畴进入其他领域，软、硬核（Core）功能库的建立，以及基于自顶向下的电子系统设计理念的确定。

1.3 EDA技术的主要内容

EDA技术涉及面广，内容丰富，从教学和实用的角度看，究竟应掌握些什么内容呢？主要应掌握如下4个方面的内容：①大规模可编程逻辑器件；②硬件描述语言；③软件开发工具；④实验开发系统。其中，大规模可编程逻辑器件是利用EDA技术进行电子系统设计的载体，硬件描述语言是利用 EDA 技术进行电子系统设计的主要表达手段，软件开发工具是利用 EDA 技术进行电子系统设计自动化的设计工具，实验开发系统则是利用 EDA 技术进行电子系统设计的下载工具及软件验证工具。为了便于读者对 EDA 技术有一个总体印象，下面对 EDA 技术的主要内容进行概要的介绍。

1. 大规模可编程逻辑器件

可编程逻辑器件（PLD）是一种由用户编程以实现某种逻辑功能的逻辑器件。FPGA 和 CPLD 分别是现场可编程门阵列和复杂可编程逻辑器件的简称，现在，FPGA 和 CPLD 的应用已十分广泛，它们将随着 EDA 技术的发展而成为电子设计领域的重要角色。国际上生产 FPGA/CPLD 的主流公司，并且在国内占有市场份额较大的主要是 Xilinx、Altera、Lattice 三家公司。Xilinx 以 CoolRunner、XC9500 系列为代表的 CPLD，以及以 XC4000、Spartan、Virtex 系列为代表的 FPGA 器件，如 C2000、XC4000、Spartan 和 Virtex、Virtex Ⅱ pro、Virtex-4、Virtex-6、Spartan-6 等系列，其性能不断提高。Altera 公司提供的主要可编程逻辑器件系列有 Classic 系列、MAX（Multiple Array Matrix）系列、FLEX（Flexible Logic Element Matrix）系列、APEX（Advanced Logic Array Matrix）系列、ACEX 系列、APEX Ⅱ系列、Cyclone 系列、Stratix 系列、MAX Ⅱ系列、Cyclone Ⅱ系列以及 Stratix Ⅱ系列等。Lattice 公司的 ISP-PLD 器件有 isPLSI1000、isPLSI2000、isPLSI3000、isPLSI6000 系列等。

FPGA 在结构上主要分为三个部分，即可编程逻辑单元、可编程输入/输出单元和可编程连线。CPLD 在结构上主要包括三个部分，即可编程逻辑宏单元、可编程输入/输出单元和可编程内部连线。

高集成度、高速度和高可靠性是 FPGA/CPLD 最明显的特点，其时钟延时可小至 ns 级，结合其并行工作方式，在超高速应用领域和实时测控方面有着非常广阔的应用前景。在高可靠应用领域，如果设计得当，将不会存在类似于 MCU 的复位不可靠和 PC 可能跑飞等问题。FPGA/CPLD 的高可靠性还表现在几乎可将整个系统下载于同一芯片中，实现所谓片上系统，从而大大缩小了体积，易于管理和屏蔽。

由于 FPGA/CPLD 的集成规模非常大，故可利用先进的 EDA 工具进行电子系统设计和产品开发。由于开发工具的通用性、设计语言的标准化以及设计过程几乎与所用器件的硬件结构无关，因而设计开发成功的各类逻辑功能块软件有很好的兼容性和可移植性。它几乎可用于任何型号和规模的 FPGA/CPLD 中，从而使得产品设计效率大幅度提高。可以在很短时间内完成十分复杂的系统设计，这正是产品快速进入市场最宝贵的特征。美国 IT 公司认为，一个 ASIC 的 80% 功能可用于 IP 核（Intellectual Property core）等现成逻辑合成。而未来大系统的 FPGA/CPLD 设计仅仅是各类再应用逻辑与 IP 核的拼装，其设计周期将更短。

与 ASIC 设计相比，FPGA/CPLD 显著的优势是开发周期短、投资风险小、产品上市速度快、市场适应能力强和硬件升级回旋余地大，而且当产品定型和产量扩大后，可将在生产中达到充分检验的 VHDL 设计迅速实现 ASIC 投产。

对于一个开发项目，究竟是选择 FPGA 还是选择 CPLD 呢？主要看开发项目本身的需要。对于普通规模，且产量不是很大的产品项目，通常使用 CPLD 比较好。对于大规模的逻辑设计 ASIC 设计，或单片系统设计，则多采用 FPGA。另外，FPGA 掉电后将丢失原有的逻辑信息，所以在实用中需要为 FPGA 芯片配置一个专用 ROM。

2. 硬件描述语言

使用硬件描述语言，在 EDA 软件提供的设计向导或语言助手的支持之下进行设计，是目前工程设计最主要的设计方法。近年来广泛使用 HDL 的有 ABEL、AHDL、VHDL 和 Verilog HDL。VHDL 和 Verilog HDL 是两种最常用的硬件描述语言。

（1）VHDL　VHDL（Very High Speed Integrated Circuit HDL）即超高速集成电路硬件描述语言，是随着集成电路系统化和高集成化发展起来的，是一种用于数字电子系统的设计和测试方法的描述语言。它是由美国国防部发起、开发并标准化，1987 年公布为 IEEE 标准（IEEE STD1076—1987 [LRM87]），1993 年 VHDL 重新修订，形成新的标准，即 IEEE STD1076—1993 [LRM93]。1996 年，IEEE 1076.3 成为 VHDL 的综合标准。

VHDL 设计技术齐全、方法灵活、与制作工艺无关、编程易于共享，所以成为硬件描述语言的主流。该语言较早被引入我国，已经被我国许多高校所接受。1995 年我国国家技术监督局制定《CAD 通用技术规范》推荐 VHDL 作为我国电子设计自动化硬件描述语言的国家标准。掌握 VHDL，利用 VHDL 设计电子电路，是当前进行技术竞争的一项技能和强有力的工具。

VHDL 是语法非常严格的语言，同时，对于同一功能的模块，描述方法也可以有各种形式，因此，VHDL 对于初学者有一定的难度，但对高级用户来说，却是强有力的编程语言。

（2）Verilog HDL　Verilog HDL 是在应用最广泛的 C 语言的基础上发展起来的一种硬件描述语言，它是由美国 GDA（Gateway Design Automation）公司的 Philmoorby 在 1983 年年末首创的，最初只设计了一个仿真与验证工具，之后陆续开发了相关的故障模拟与时序分析工具。1989 年 Cadence 公司收购 GDA 公司，并于 1990 年公开发表了 Verilog HDL，成立了 OVI（Open Verilog International）组织来负责该语言的发展。由于该语言的优越性，各大半导体器件公司纷纷采用它作为开发本公司产品的工具，IEEE 也于 1995 年将它定为协会的标准（即 IEEE 1364—1995）。

Verilog HDL 虽然是硬件描述语言，但其风格与 C 语言非常相近，对已具有 C 语言编程基础的读者，掌握这种语言是很容易的。它适用于 RTL 级和门级的描述，其综合过程较 VHDL 稍简单，较自由的语法也容易使初学者犯一些错误，但其在高级描述方面不如 VHDL。与之相比，VHDL 的学习要困难一些。

3. 软件开发工具

目前比较流行的、主流厂家的 EDA 的软件工具有 Altera 公司的 MaxplusⅡ、QuartusⅡ，Lattice 公司的 ispEXPERT，Xilinx 公司 Foundation Series。

这几种软件的基本功能相同，主要差别在于：面向的目标器件不一样（各公司有自己的系列产品）。它们的性能各有优劣。

4. 实验开发系统

实验开发系统提供芯片下载电路及 EDA 实验/开发的外围资源，以供硬件验证用。主要包括：①实验或开发所需的各类基本信号发生模块，包括时钟、脉冲、高低电平等；②FPGA/CPLD 输出信息显示模块，包括数码显示、发光管显示、声响显示或液晶（LCD）显示；③监控程序模块，提供"电路重构软配置"；④目标芯片适配座以及上面的 FPGA/CPLD 目标芯片和编程下载电路。

1.4　EDA 软件系统的构成

EDA 技术研究的对象是电子设计的全过程，有系统级、电路级和物理级 3 个层次的设计。其涉及的电子系统从低频、高频到微波，从线性到非线性，从模拟到数字，从通用集成电路到专用集成电路，因此 EDA 技术研究的范畴相当广泛。如果从专用集成电路（ASIC）开发与应用角度看，EDA 软件系统应当包含以下子模块：设计输入子模块、设计数据库子模块、分析验证子模块、综合仿真子模块、布局布线子模块等。

（1）设计输入子模块　该模块接受用户的设计描述，并进行语义正确性、语法规则的检查。检查通过后，将用户的设计描述数据转换为 EDA 软件系统的内部数据格式，存入设计数据库被其他子模块调用。设计输入子模块不仅能接受图形描述输入、硬件描述语言（HDL）描述输入，还能接受图文混合描述输入。该子模块一般包含针对不同描述方式的编辑器，如图形编辑器、文本编辑器等，同时包含对应的分析器。

（2）设计数据库子模块　该模块存放系统提供的库单元以及用户的设计描述和中间设计结果。

（3）分析验证子模块　该模块包括各个层次的模拟验证、设计规则的检查、故障诊断等。

（4）综合仿真子模块　该模块包括各个层次的综合工具，理想的情况是从高层次到低层次的综合仿真全部由 EDA 工具自动实现。

（5）布局布线子模块　该模块实现由逻辑设计到物理实现的映射，因此与物理实现的方式密切相关。例如，最终的物理实现可以是门阵列、可编程逻辑器件等，由于对应的器件不同，因此各自的布局布线工具会有很大的差异。

近些年，许多生产可编程逻辑器件的公司都相继推出适于开发自己公司器件的 EDA 工具，这些工具一般都具有上面提到的各个模块，操作简单，对硬件环境要求低，运行平台是 PC 和 Windows 操作系统。例如 Xilinx、Altera、Lattice、Actel、AMD 等器件公司都有自己的 EDA 工具。

有的 EDA 软件是由专业 EDA 软件商提供的，称第三方设计软件，例如：目前比较著名的 EDA 综合器有 Synopsys 公司的 FPGA Compiler、FPGA Express；Synplicity 公司的 Synplify；Mentor Graphics 公司的 Autologic Ⅱ；Data I/O 公司的 Synario。目前，器件生产厂家往往委托专业 EDA 软件商开发或共同开发设计输入、模拟验证和编程等软件，器件生产厂家只研制适合自身器件要求的编译或转换程序，所以第三方设计软件往往能够开发多家公司的器件，但在设计具体型号的器件时，需要器件制造商提供器件库和适配器（Fitter）软件。表 1-1 给出了应用较为广泛的几种 EDA 软件。

表 1-1　几种应用较为广泛的 EDA 软件

公司名称	软件名称	网　　址
Altera	Maxplus Ⅱ/Quartus Ⅱ	http：//www.altera.com
Xilinx	Foundation	http：//www.xilinx.com
Data I/O	Synario	http：//www.dataio.com
Mentor Graphics	Autologic Ⅱ	http：//www.mentor.com
Cadence Design	FPGA Station	http：//www.cadence.com
Synopsys	FPGA Express	http：//www.Synopsys.com
Viewlogic	Powerview Tools	http：//www.viewlogic.com
Lattice	Isp Expert System/Synario	http：//www.latticeemi.com

如何选用这些工具，对于电子系统设计师是十分重要的。一般而言，各类 EDA 软件各有其特点和使用范围，不能一概而论。但是，作为一个优秀的 EDA 设计软件至少应具备如下品质：

1）良好的人机界面，便于使用。
2）集成多种设计方法，尤其重要的是原理图设计、语言设计，并易于与其他 EDA 软件容易交换数据。
3）提供较为充分的元件库和模块，且元件库容易扩充。
4）集成项目管理和各种设计编辑工具，设计、仿真、优化各项功能无缝连接。
5）快速编译和重新编译一种设计。
6）使使用者不受内部器件体系结构细节的影响。
7）几乎不需要人工干预而获得很好的性能。
8）能获得网上在线支持。

1.5 EDA 的工程设计流程

EDA 工程设计流程图如图 1-1 所示，现具体说明如下。

1. 源程序的编辑和编译

利用 EDA 技术进行一项工程设计，首先需利用 EDA 工具的文本编辑器或图形编辑器将它用文本方式或图形方式表达出来，进行排错编译，变成 VHDL 文件格式，为进一步的逻辑综合做准备。

常用的源程序输入方式有以下 4 种：

（1）原理图设计　原理图设计是 EDA 工具软件提供的基本设计方法。该方法是选用 EDA 软件提供的器件库资源，并利用电路作图的方法，进行相关的电气连接而构成相应的系统或满足某些特定功能的系统或新元件。这种方式大多用在对系统及各部分电路很熟悉的情况，或在系统对时间特性要求较高的场合。它的主要优点是容易实现仿真，便于信号的观察和电路的调整。原理图设计方法直观、易学，但当系统功能较复杂时，原理图输入方式效率低，它适应不太复杂的小系统和复杂系统的综合设计（与其他设计方法进行联合设计）。原理图设计的编辑窗口示意图如图 1-2 所示。

（2）程序设计　程序设计是使用硬件描述语言，在 EDA 软件提供的设计向导或语言助手的支持下进行设计的。HDL 设计是目前工程设计最主要的设计方法。程序设计的语言种类较多，近年来广泛使用的有 ABEL、AHDL、VHDL 和 Verilog HDL。VHDL 和 Verilog HDL 是两种最常用的硬件描述语言。

（3）状态机设计　一些 EDA 软件提供了可视化图形状态机输入法，可以像绘画似地创建一个状态机，其输入界面图如图 1-3 所示。

这种图形状态机设计方法中，设计者不必关心 PLD 内部结构和布尔表达式，只需要考虑状态转移条件及各状态之间关系，使用作图方法构成状态转移图，由计算机自动生成 VHDL 或其他形式的语言描述的功能模块。

（4）波形输入法　对于那些只关心输入与输出信号之间的关系，而不需要对中间变量进行干预的系统可使用波形输入法。该方法只需给出输入信号与输出信号的波形，主要用建立和编辑波形设计文件及仿真向量和功能测试向量。波形设计输入系统可以根据用户定义的

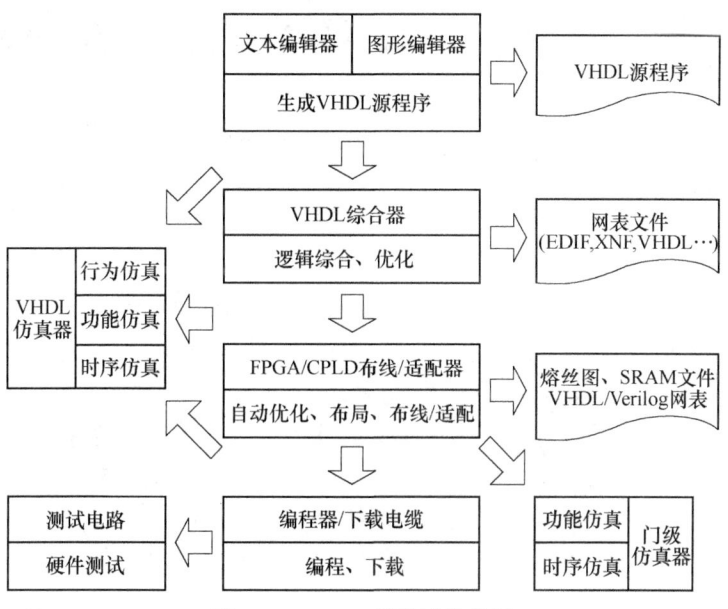

图 1-1 EDA 工程设计流程图

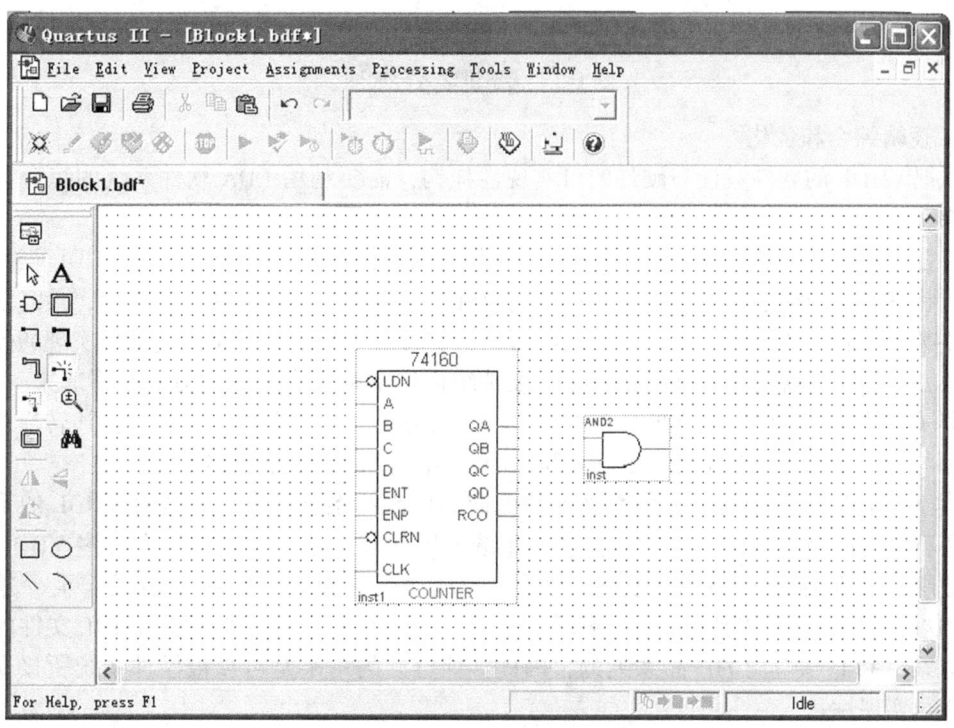

图 1-2 原理图设计的编辑窗口示意图

输入/输出波形自动生成逻辑关系。EDA 软件会自动生成相应功能模块,其语言可由设计者选择。波形输入法是一种简明的设计方法,并且容易查错。该方法编译软件复杂,不适合复杂系统设计,只有在少数 EDA 软件中有集成。

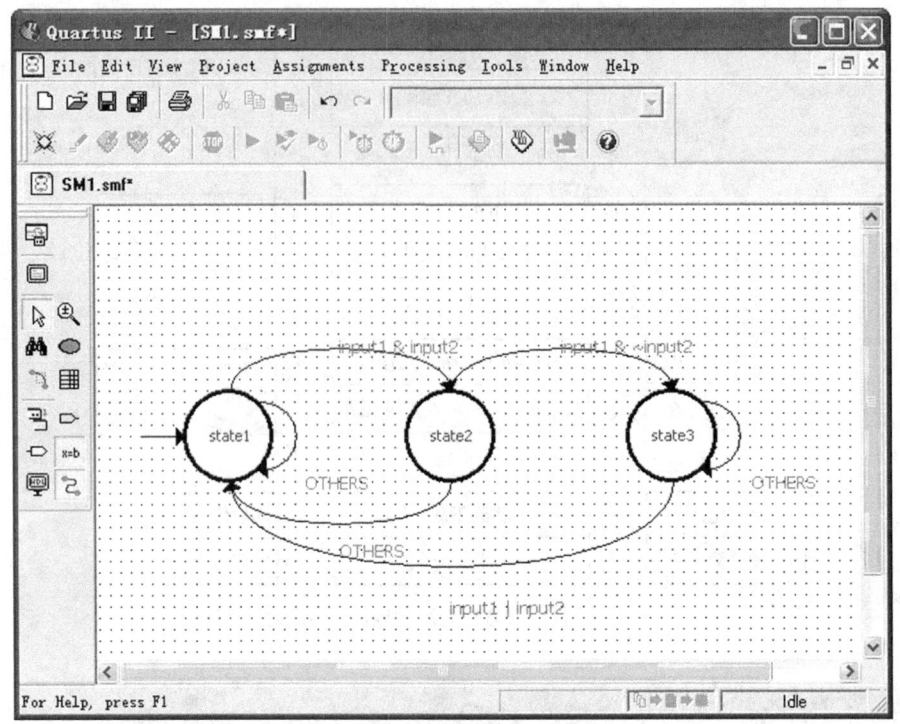

图 1-3 状态机输入界面图

2. 逻辑综合和优化

欲把 VHDL 的软件设计与硬件的可实现性挂钩，需要利用 EDA 软件系统的综合器进行逻辑综合。

综合器的功能就是将设计者在 EDA 平台上完成的针对某个系统项目的 VHDL 程序、原理图或状态图形的描述，针对给定硬件结构组件进行编译、优化、转换和综合，最终获得门级电路甚至更底层的电路描述文件。由此可见，综合器工作前，必须给定最后实现的硬件结构参数，它的功能就是将软件描述与给定硬件结构用某种图表文件的方式联系起来。显然，综合器是软件描述与硬件实现的一座桥梁。综合过程就是将电路的高级语言描述转换成低级的，可与 FPGA/CPLD 或构成 ASIC 的门阵列基本结构相映射的网表文件。

由于 VHDL 仿真器的行为仿真功能是面向高层次的系统仿真，只能对 VHDL 的系统描述做可行性的评估测试，不针对任何硬件系统，因此基于这一仿真层次的许多 VHDL 语句不能被综合器所接受。这就是说，这类语句的描述无法在硬件系统中实现（至少是现阶段），这时，综合器不支持的语句在综合过程中将被忽略掉。综合器对源 VHDL 文件的综合是针对某一 PLD 供应商的产品系列，因此，综合后的结果是可以被硬件系统所接受，具有硬件可实现性。

3. 目标器件的布线/适配

逻辑综合通过后必须利用适配器将综合后的网表文件针对某一具体的目标器进行逻辑映射操作，其中包括底层器件配置、逻辑分割、逻辑优化、布线与操作等，配置于指定的目标器件中，产生最终的下载文件，如 JEDEC 格式的文件。

适配所选定的目标器件（FPGA/CPLD 芯片）必须属于原综合器指定的目标器件系列。

对于一般的可编程模拟器件所对应的 EDA 软件来说，一般仅需包含一个适配器就可以了，如 Lattice 公司的 PAC-DESIGNER。通常，EDA 软件中的综合器可由专业的第三方 EDA 公司提供，而适配器则需由 FPGA/CPLD 供应商自己提供，因为适配器的适配对象直接与器件结构相对应。

4. 目标器件的编程/下载

如果编译、综合、布线/适配和行为仿真、功能仿真、时序仿真等过程都没有发现问题，即满足原设计的要求，则可以将由 FPGA/CPLD 布线/适配器产生的配置下载文件通过编程器或下载电缆载入目标芯片 FPGA 或 CPLD 中。

5. 设计过程中的有关仿真

设计过程中的仿真有 3 种，它们是行为仿真、功能仿真和时序仿真。

所谓行为仿真，就是将 VHDL 设计的源程序直接送到 VHDL 仿真器中进行的仿真。该仿真是根据 VHDL 的语义进行的，与具体电路没有关系。在这种仿真中，可以充分发挥 VHDL 中适用于仿真控制的语句及有关的预定义函数和库文件。

所谓功能仿真，就是将综合后的 VHDL 网表文件再送到 VHDL 仿真器中所进行的仿真。这时功能仿真是仅对 VHDL 描述的逻辑功能进行测试模拟，以了解其实现的功能是否满足原设计的要求，仿真过程不涉及具体器件的硬件特性，如延时特性。该仿真结果与门级仿真器所做的功能仿真的结果基本一致。

所谓时序仿真，就是将布线/适配器所产生的 VHDL 网表文件送到 VHDL 仿真器所进行的仿真。仿真过程中已将器件特性考虑进去了，因而可以得到精确的时序仿真结果。通过布线/适配的处理后，布线/适配器将生成一个 VHDL 网表文件，这个网表文件中包含了较为精确的延时信息，网表文件中描述的电路结构与布线/适配后的结果是一致的。

需要注意的是，图 1-1 中有两个仿真器：一是 VHDL 仿真器，另一个是门级仿真器，它们都能进行功能仿真和时序仿真。所不同的是仿真用的文件格式不同，即网表文件不同。这里所谓的网表（Net list），是特指电路网络，网表文件描述了一个电路网络。目前流行多种网表文件格式，其中最通用的是 EDIF 格式的网表文件。VHDL 文件格式也可以用来描述电路网络，即采用 VHDL 语法描述各级电路互连，称之为 VHDL 网表。

6. 硬件仿真/硬件测试

所谓硬件仿真是针对 ASIC 设计而言的。常利用 FPGA 对系统的设计进行功能检测，通过后再将其 VHDL 设计以 ASIC 形式实现。所谓硬件测试就是 FPGA/CPLD 直接用于应用系统的设计中，将下载文件下载到目标器件后，对系统的设计进行的功能检测的过程。

硬件仿真和硬件测试的目的，是为了在更真实的环境中检验 VHDL 设计的运行情况，特别是对于 VHDL 程序设计上不是十分规范、语义上含有一定歧义的程序。一般的仿真器包括 VHDL 行为仿真器和 VHDL 功能仿真器，它们对于同一 VHDL 设计的"理解"，即仿真模型的产生，与 VHDL 综合器的"理解"，即综合模型的产生，常常是不一致的。此外，由于目标器件功能的可行性约束，综合器对于设计的"理解"常在一个有限范围内选择，而 VHDL 仿真器的"理解"是纯软件行为，其"理解"的选择范围要宽得多，结果这种"理解"的偏差势必导致仿真结果与综合后实现的硬件电路在功能上的不一致。当然，还有许多其他的因素也会产生这种不一致，由此可见，VHDL 设计的硬件仿真和硬件测试是十分必要的。

1.6 数字系统的设计

1.6.1 数字系统的设计模型

数字系统指的是交互式的、以离散形式表示的具有存储、传输、信息处理能力的逻辑子系统的集合。用于描述数字系统的模型有多种，各种模型描述数字系统的侧重点不同。下面介绍一种普遍采用的模型。这种模型根据数字系统的定义，将整个系统划分为两个模块或两个子系统：数据处理子系统和控制子系统，如图1-4所示。

数据处理子系统主要完成数据的采集、存储、运算和传输。数据处理子系统主要由存储器、运算器、数据选择器等功能电路组成。数据处理子系统与外界进行数据交换，在控制子系统（控制器）发出的控制信号作用下，数据处理子系统将进行数据的存储和

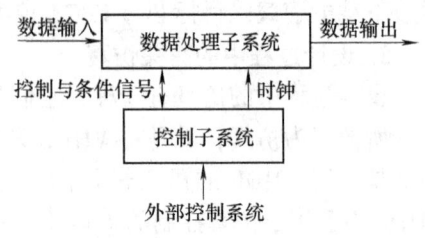

图1-4 数字系统的设计模型

运算等操作。数据处理子系统将接收由控制器发出的控制信号，同时将自己的操作进程或操作结果作为条件信号传给控制器。应当根据数字系统实现的功能或算法设计数据处理子系统。

控制子系统是执行数字系统算法的核心，具有记忆功能，因此控制子系统是时序系统。控制子系统由组合逻辑电路和触发器组成，与数据处理子系统共用时钟。控制子系统的输入信号是外部控制信号和由数据处理子系统送来的条件信号，按照数字系统设计方案要求的算法流程，在时钟信号的控制下进行状态的转换，同时产生与状态和条件信号相对应的输出信号，该输出信号将控制数据处理子系统的具体操作。应当根据数字系统功能及数据处理子系统的需求设计控制子系统。

把数字系统划分成数据处理子系统和控制子系统进行设计，只是一种手段，不是目的。它用来帮助设计者有层次地理解和处理问题，进而获得清晰、完整正确的电路图。因此，数字系统的划分应当遵循自然、易于理解的原则。

设计一个数字系统时，采用该模型的优点是：

1）把数字系统划分为控制子系统和数据处理子系统两个主要部分，使设计者面对的电路规模减小，两者可以分别设计。

2）由于数字系统中控制子系统的逻辑关系比较复杂，将其独立划分出来后，可突出设计重点和分散设计难点。

3）当数字系统划分为控制子系统和数据处理子系统后，逻辑分工清楚，各自的任务明确，这可以使电路的设计、调试测量和故障处理都比较方便。

但采用该模型设计一个数字系统时，必须先分析和找出实现系统逻辑的算法，根据具体的算法要求提出系统内部的结构要求，再根据各个部分分担的任务划分出控制子系统和数据处理子系统。算法不同，系统的内部结构不同，控制子系统和数据处理子系统电路也不同。有时控制子系统和数据处理子系统的界限划分也比较困难，需要反复比较和调整才能确定。

1.6.2 数字系统的设计方法

数字系统设计有多种方法，如模块设计法、自顶向下设计法和自底向上设计法等。

数字系统的设计一般采用自顶向下、由粗到细、逐步求精的方法。自顶向下是指将数字系统的整体逐步分解为各个子系统和模块，若子系统规模较大，则还需将子系统进一步分解为更小的子系统和模块，层层分解，直至整个系统中各子系统关系合理，并便于逻辑电路级的设计和实现为止。采用该方法设计时，高层设计进行功能和接口描述，说明模块的功能和接口，模块功能的更详细的描述在下一设计层次说明，最底层的设计才涉及具体的寄存器和逻辑门电路等实现方式的描述。

采用自顶向下的设计方法有如下优点：

1) 自顶向下设计方法是一种模块化设计方法。对设计的描述从上到下逐步由粗略到详细，符合常规的逻辑思维习惯。由于高层设计与器件无关，设计易于在各种集成电路工艺或可编程器件之间移植。

2) 适合多个设计者同时进行设计。随着技术的不断进步，许多设计由一个设计者已无法完成，必须经过多个设计者分工协作完成一项设计的情况越来越多。在这种情况下，应用自顶向下的设计方法便于由多个设计者同时进行设计，对设计任务进行合理分配，用系统工程的方法对设计进行管理。

针对具体的设计，实施自顶向下的设计方法的形式会有所不同，但均需遵循以下两条原则：逐层分解功能，分层次进行设计。同时，应在各个设计层次上，考虑相应的仿真验证问题。

1.6.3 数字系统的设计准则

进行数字系统设计时，通常需要考虑多方面的条件和要求，如设计的功能和性能要求，元器件的资源分配和设计工具的可实现性，系统的开发费用和成本等。虽然具体设计的条件和要求千差万别，实现的方法也各不相同，但数字系统设计还是具备一些共同的方法和准则的。

1. 分割准则

自顶向下的设计方法或其他层次化的设计方法，需要对系统功能进行分割，然后用逻辑语言进行描述。分割过程中，若分割过粗，则不易用逻辑语言表达；分割过细，则带来不必要的重复和烦琐。因此，分割的粗细需要根据具体的设计和设计工具情况而定。掌握分割程度，可以遵循以下原则：分割后最底层的逻辑块应适合用逻辑语言进行表达；相似的功能应该设计成共享的基本模块；接口信号尽可能少；同层次的模块之间，在资源和 I/O 分配下，尽可能平衡，以便结构匀称；模块的划分和设计，尽可能做到通用性好，易于移植。

2. 系统的可观测性

在系统设计中，应该同时考虑功能检查和性能的测试，即系统可观测性的问题。一些有经验的设计者会自觉地在设计系统的同时设计观测电路，即观测器，指示系统内部的工作状态。

建立观测器，应遵循以下原则：具有系统的关键点信号，如时钟、同步信号和状态等信号；具有代表性的节点和线路上的信号；具备简单的"系统工作是否正常"的判断能力。

3. 同步和异步电路

异步电路会造成较大延时和逻辑竞争，容易引起系统的不稳定，而同步电路则是按照统一的时钟工作，稳定性好。因此在设计时应尽可能采用同步电路进行设计，避免使用异步电路。在必须使用异步电路时，应采取措施来避免竞争和增加稳定性。

4. 最优化设计

由于可编程器件的逻辑资源、连接资源和 I/O 资源有限，器件的速度和性能也是有限的，用器件设计系统的过程相当于求最优解的过程。因此，需要给定两个约束条件：边界条件和最优化目标。

所谓边界条件，是指器件的资源及性能限制。最优化目标有多种，设计中常见的最优化目标有：器件资源利用率最高；系统工作速度最快，即延时最小；布线最容易，即可实现性最好。具体设计中，各个最优化目标间可能会产生冲突，这时应满足设计的主要要求。

5. 系统设计的艺术

一个系统的设计，通常需要经过反复地修改、优化才能达到设计的要求。一个好的设计应该满足"和谐"的基本特征，对数字系统可以根据以下几点做出判断：

设计是否总体上流畅，无拖泥带水的感觉；资源分配、I/O 分配是否合理，设计上和性能上的是否有瓶颈，系统结构是否协调；是否具有良好的可观测性；是否易于修改和移植；器件的特点是否能得到充分的发挥。

1.6.4 数字系统的设计步骤

1. 系统任务分析

数字系统设计中的第一步是明确系统的任务。在设计任务书中，可用各种方式提出对整个数字系统的逻辑要求，常用的方式有自然语言、逻辑流程图、时序图或几种方法的结合。当系统较大或逻辑关系较复杂时，系统任务（逻辑要求）逻辑的表述和理解都不是一件容易的工作。所以，分析系统的任务必须细致、全面，不能有理解上的偏差和疏漏。

2. 确定逻辑算法

实现系统逻辑运算的方法称为逻辑算法，简称为算法。一个数字系统的逻辑运算往往有多种算法，设计者的任务不但是要找出各种算法，还必须比较优劣，取长补短，从而确定最合理的一种。数字系统的算法是逻辑设计的基础，算法不同，则系统的结构也不同，算法的合理与否直接影响系统结构的合理性。确定算法是数字系统设计中最具创造性的一环，也是最难和最重要的一步。

3. 建立系统及子系统模型

当算法明确后，应根据算法构造系统的硬件框架（也称为系统框图），将系统划分为若干个部分，各部分分别承担算法中不同的逻辑操作功能。如果某一部分的规模仍嫌大，则需进一步划分。划分后的各个部分应逻辑功能清楚，规模大小合适，便于进行电路级的设计。

4. 系统（或模块）逻辑描述

当系统中各个子系统（指最底层子系统）和模块的逻辑功能和结构确定后，则需采用比较规范的形式来描述系统的逻辑功能。设计方案的描述方法可以有多种，常用的有框图、流程图和描述语言等。

对系统的逻辑描述可先采用较粗略的逻辑流程图，再将逻辑流程图逐步细化为详细逻辑流程图，最后将详细逻辑流程图表示成与硬件有对应关系的形式，为下一步的电路级设计提供依据。

5. 逻辑电路级设计及系统仿真

电路级设计是指选择合理的器件和连接关系以实现系统逻辑要求。电路级设计的结果常采用两种方式来表达：电路图方式和硬件描述语言方式。

当电路设计完成后必须验证设计是否正确。在早期，只能通过搭试硬件电路才能得到设计的结果。目前，数字电路设计的 EDA 软件都具有仿真功能，先通过系统仿真，当系统仿真结果正确后再进行实际电路的测试。由于 EDA 软件的验证结果和实际结果十分接近，因此，可极大地提高电路设计的效率。

6. 系统的物理级实现

物理实现是指用实际的器件实现数字系统的设计，用仪表测量设计的电路是否符合设计要求。现在的数字系统往往采用大规模和超大规模集成电路，由于器件集成度高、导线密集，故一般在电路设计完成后即设计印制电路板，在印制电路板上组装电路进行测试。需要注意的是，印制电路板本身的物理特性也会影响电路的逻辑关系。

习 题

1. EDA 技术的内涵是什么？一般包含哪几方面的内容？
2. 常用的硬件描述语言有哪几种？目前比较流行的、主流厂家的 EDA 软件有哪些？
3. EDA 技术设计过程中有哪几种仿真，它们分别有哪些功能？
4. 数字系统自顶向下的设计方法有哪些优点？
5. 数字系统设计时一般应遵循哪些原则？
6. 数字系统的设计包含哪些步骤？

第 2 章 VHDL 程序基础

2.1 概述

传统的硬件系统设计方法是采用自下而上（Bottom up）的设计方法，即系统硬件的设计是从选择具体元器件开始，并用这些元器件进行逻辑电路设计，完成系统各独立功能模块设计，然后再将各功能模块连接起来，完成整个系统的硬件设计。上述过程从最底层开始设计，直至到最高层设计完毕，故将这种设计方法称为自下而上的设计方法。

随着大规模专用集成电路（ASIC）的开发和研制，为了提高开发的效率，增加已有开发成果的可继承性以及缩短开发时间，各 ASIC 研制和生产厂家相继开发了用于各自目的的硬件描述语言。硬件描述语言（HDL）就是顺应人们的这一需要而产生和发展起来的，它是一种能够以形式化方式描述电路的结构和行为，并用于模拟和综合的高级描述方法，是可以描述硬件电路的功能、信号连接关系及定时关系的语言，它能比电原理图更有效地表示硬件电路的特性。HDL 具有类似于高级程序设计语言的抽象能力，有些 HDL 本身就是从已有的程序设计语言（如 PASCAL）发展而来的，但其主要目的是用来编写设计文件并建立硬件电路（器件）的逻辑模型。硬件系统的基本性质和硬件设计的方法决定了 HDL 的主要特性。

HDL 的语法和语义定义都是为描述硬件的行为服务的，它应当能自然地描述硬件中并行的、非递归的特性以及时间关系。一般认为，HDL 应当具有以下能力：

1）能在希望的抽象层次上进行精确而简练的描述。
2）易于产生用户手册、服务手册等文件，以便用户配合工作。
3）在不同层次上都易于形成用于模拟和验证的设计描述。
4）在自动设计系统（如高层次综合）中可作为设计输入。
5）可以进行硬、软件的联合设计，消除硬、软件开发时间上的间隔。
6）易于修改设计和把相应的修改纳入到设计文件中。
7）在希望的抽象层次上可以建立设计者与用户的通信界面。

从 20 世纪 60 年代开始，为了解决大规模复杂集成电路的设计问题，许多 EDA 厂商和科研机构就建立和使用着自己的电路硬件描述语言，如 Data I/O 公司的 ABEL-HDL、Altera 公司的 AHDL 等。这些硬件描述语言各具特色，普遍收到了优于传统方法的实际效果，语言本身也在应用中不断地发展和完善，逐步成为描述硬件电路的重要工具。然而，随着 HDL 应用的逐步深入，人们发现，各种非标准 HDL 之间存在的差异已成为设计者选择最佳设计环境和进行相互交流的巨大障碍，因此，要求 HDL 标准化的呼声越来越高。20 世纪 80 年代初美国国防部为其超高速集成电路计划（VHSIC）提出了超高速集成电路硬件描述语言（VHSIC Hardware Description Language，VHDL）。1987 年 12 月，IEEE（Institute of Electrical and Electronics Engineers）正式接受 VHDL 为国际标准。

VHDL 具有以下主要优点：

1) VHDL 具有强大的功能，覆盖面广，描述能力强，可用于从门级、寄存器传输级（Register Transfer Level，RTL）直至系统级的描述、仿真和综合。VHDL 支持层次化设计，可以在编译环境下，完成从简练的设计原始描述开始，经过层层细化求精，到最终获得可直接投入生产的电路级或版图参数描述的全过程。

2) VHDL 具有良好的可读性。它可以被计算机接受，也容易被读者理解。用 VHDL 书写的源文件，既是技术人员之间交换信息的文件，又可作为合同签约者之间的文件。

3) VHDL 具有良好的可移植性。作为一种已被 IEEE 承认的工业标准，VHDL 事实上已成为通用的硬件描述语言，可以在不同的设计环境和系统平台中使用。

4) 使用 VHDL 可以延长设计的生命周期。因为 VHDL 的硬件描述与工艺技术无关，不会因工艺变化而使描述过时。与工艺技术有关的参数可通过 VHDL 提供的属性加以描述，工艺改变时，只需修改相应程序中的属性参数即可。

5) VHDL 支持对大规模设计的分解和已有设计的再利用。VHDL 可以描述复杂的电路系统，支持对大规模设计进行分解后由多人、多项目组来共同承担和完成。标准化的规则和风格为设计的再利用提供了有力的支持。

一个完整的 VHDL 程序通常包含实体（entity）、构造体（architecture）、包集合（package）、配置（configuration）和库（library）5 个部分。前 4 部分是可分别编译的源设计单元。实体用于描述所设计的系统的外部接口信号；构造体用于描述系统内部的结构和行为；包集合存放各设计模块都能共享的数据类型、常数和子程序等；配置用于从库中选取所需单元来组成系统设计的不同版本；库存放已经编译的实体、构造体、包集合和配置。库可由用户生成或由 ASIC 芯片制造商提供，以便于在设计中为大家所共享。本章将对上述 VHDL 设计的主要组成部分做详细介绍。

2.2 VHDL 程序的结构

2.2.1 VHDL 程序设计的基本单元

所谓 VHDL 程序设计的基本单元（design unit），就是 VHDL 的一个基本设计实体。一个基本设计单元，简单的可以是一个与门（and gate），复杂的可以是一个微处理器或一个系统。但是，不管是简单的还是复杂的数字电路，其基本构成都是相同的，它们都由实体说明（entity decoration）和构造体（architecture body）两部分构成。如前所述，实体部分规定了设计单元的输入/输出接口信号或引脚，构造体部分定义了设计单元的具体构造和操作（行为）。下面以 2 选 1 器件的描述为例，说明这两部分的具体规定。

【例 2-1】
entity mux is
    generic(m:time: =1ns);
    port(d0,d1,sel:in bit;
        q:out bit);
end mux;
architecture behave of mux is
    signal tmp:bit;

```
        begin
        cale:process(d0,d1,sel)
        variable tmp1,tmp2,tmp3:bit;
        begin
            tmp1: = d0 and sel;
            tmp2: = d1 and (not sel);
            tmp3: = tmpl or tmp2;
            tmp <= tmp3;
            q <= tmp after m;
        end process;
    end behave;
```

由例 2-1 可以看出，1~5 行为实体说明，是对 2 选 1 器件外部引脚的定义；6~13 行为构造体，描述了 2 选 1 器件的逻辑电路和逻辑关系。

从这个简单的例子还可以看出，VHDL 和 PASCAL 等高级语言在结构和风格上非常相似。例如，每个语句均以";"结尾（切记不要忘了";"），采用缩进格式等。其语序和语义也与英语很相似，有时"望文生义"也能"猜个八九不离十"。因此，在学习的过程中，应善于利用这些相似性，充分调动已有的程序设计知识和英语知识，努力通过对比和联想来帮助理解，加深记忆。

但与此同时还必须时刻牢记，VHDL 是用来描述硬件电路的，它与 C 语言等高级语言存在许多差别。最重要的差别有两点：一是其中的某些语句（如并行语句）可以自动地重复执行，而不必显式地使用循环等来保证，因为每条语句都描述着硬件电路的某一具体部分或者某一种特性，而电路只要通上电（相当于 VHDL 程序投入运行）就会连续工作，根本不必反复接通电源；二是 VHDL 的许多语句不是按排列顺序执行的，而是可以同时执行的，称为 VHDL 的并行性。这样规定，也是为了模拟硬件电路（不含处理器）本身固有的并行性，实际电路的各个部分在工作时是相对独立的，没有人能指定它们的操作顺序。明白这个道理，对分析和编写 VHDL 程序都非常重要。

2.2.2 实体

任何一个基本设计单元的实体说明都具有如下的结构：
entity 实体名 is
[类属参数说明];
[端口说明];
end 实体名;

一个基本设计单元的实体说明以"entity 实体名 is"开始，至"end 实体名"结束。例如，在例 2-1 中从"entity mux is"开始，至"end mux"结束。对 VHDL 而言，大写或小写都一视同仁，不加区分。为便于阅读，本书一律采用小写。实体名不能以数字或下划线"_"开头，也不能连续使用"__"，保存时，文件名必须和实体名相同，文件必须存放在为本项工程设计建立的文件夹中，文件夹名不能用中文，且不可带空格，文件不可以直接存放在根目录下，否则编译时会报错。

1. 类属参数说明

类属参数说明必须放在端口说明之前，用于指定参数。例如，例2-1 的语句 generic（m：time：=1ns）；指定了构造体内 m 的值为 1ns，而语句 q<=tmp after m；表示 tmp 经 1ns 延迟才送到 q。在此例中类属参数为 tmp，建立一个延迟时间值。

2. 端口说明

端口说明是对基本设计实体（单元）与外部接口的描述，也可以说是对外部引脚信号的名称、数据类型和输入、输出方向的描述。其一般书写格式如下：

port(端口名{,端口名}： 方向   数据类型名；
　　　端口名{,端口名}： 方向   数据类型名)；

（1）端口名　端口名是赋予每个外部引脚的名称，通常用一个或多个英文字母加数字命名。如例2-1 中的外部引脚为 d0、d1、sel 和 q。端口名在实体中必须是唯一的。

（2）端口方向　端口方向用来定义外部引脚的信号方向是输入还是输出。例如，例2-1 中的 d0、d1、sel 为输入引脚，故用方向说明符"in"说明之，而 q 则为输出引脚，用方向说明符"out"说明之。

凡是用"in"进行方向说明的端口，其信号自端口输入到构造体，而构造体内部的信号不能从该端口输出。相反，凡是用"out"进行方向说明的端口，其信号将从构造体内经端口输出，而不能通过该端口向构造体输入信号。另外，"inout"用以说明该端口是双向的，可以输入也可以输出；"buffer"用以说明该端口可以输出信号，在构造体内部也可以利用该端口输出信号；"linkage"用以说明该端口无指定方向，可以与任何方向的信号相连接。当一个构造体用"buffer"说明输出端口时，与其连接的另一个构造体的端口也要用"buffer"说明。对于"out"则没有这样的要求。端口模式可用图2-1 说明（黑框代表一个系统、模块或元件）。

（3）数据类型　在 VHDL 中有 10 种数据类型，但是在逻辑电路设计中只用到两种：bit 和 bit_vector。当端口被说明为 bit 数据类型时，该端口的信号取值只可能是 1 或 0。

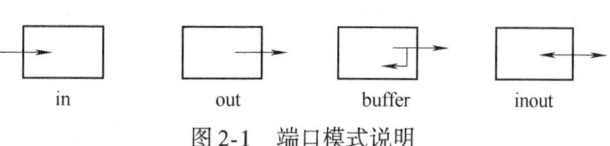

图2-1　端口模式说明

注意，这里的 1 和 0 是指逻辑值。因此，bit 数据类型是位逻辑数据类型，其取值只能是两个逻辑值（1 和 0）中的一个。

当端口被说明为 bit_vector 数据类型时，该端口的取值可能是一组二进制位的值。例如，某一数据总线输出端口，具有 8 位的总线宽度，那么这样的总线端口的数据类型可以被说明成 bit_vector，总线端口上的值由 8 位二进制位的值所确定。较完整的端口说明如例2-2 所示。

【例2-2】
```
library IEEE；
use IEEE.std_logic_1164.all；
entity ex is
    port(d0,d1,sel:in bit；
            q:out bit；
            bus_out:out bit_vector (7 downto 0))；
```

end;

例 2-2 中 d0、d1、sel、q 都是 bit 数据类型，而 bus_out 是 bit_vector 数据类型，（7 downto 0）表示该 bus_out 端口是一个 8 位端口，由 $b_7 \sim b_0$ 8 位构成。位矢量长度为 8 位。在某些 VHDL 的程序中，数据类型的说明符号有所不同。现仍以例 2-2 为例进行说明。

例 2-2 中 bit 类型可用 std_logic 说明，而 bus_out 则可用 std_logic_vector（7 downto 0）说明。上述两种描述实际上是完全等效的。在 VHDL 中存在一个库，该库有一个包集合，专门对数据类型进行说明，其作用像 C 语言中的 include 文件一样。这样做主要为了标准和统一。因此，在用 std_logic 和 std_logic_vector 说明时，在实体说明以前必须增加例 2-2 中所示的前两个语句，以便在对 VHDL 程序编译时，从指定库的包集合中寻找数据类型的定义。

2.2.3 构造体

所有的构造体均附属于该实体的一个说明，主要用来描述实体的内在，即描述一个实体的功能。实体说明可被看作是一个"黑盒子"，只能了解其输入和输出，无法知道其内部的内容，而构造体则是描述盒子内部的详细内容的。构造体将具体实现一个实体，它具体地指明了该基本设计单元的行为、元件及内部的连接关系，也就是说定义了设计单元具体的功能。构造体对基本设计单元具体的输入/输出关系可以用 3 种方式进行描述，即行为描述（基本设计单元的数学模型描述）、寄存器传输描述（数据流描述）和结构描述（逻辑元器件连接描述）。不同的描述方式，只体现在描述语句上，而构造体的结构是完全一样的。

由于构造体是对实体功能的具体描述，因此它一定要跟在实体的后面。通常，编译实体之后才能对构造体进行编译。如果实体需要重新编译，那么相应构造体也应重新进行编译。一个构造体的具体结构描述如下：

architecture 构造体名 of 实体名 is

［定义语句］内部信号、常数、数据类型、函数等的定义；

begin

［并行处理语句］；

end 构造体名；

一个构造体从"architecture 构造体名 of 实体名 is"开始，至"end 构造体名"结束。下面对构造体的有关内容和书写方法做一说明。

1. 构造体名称的命名

构造体的名称是对该构造体的命名，它是该构造体的唯一名称。of 后面紧跟的实体名表明了该构造体所对应的是哪一个实体。用 is 来结束构造体的命名。

构造体的名称可以由设计者自由命名。但是在大多数的文献和资料中，通常把构造体的名称命名为 behavioral（行为）、dataflow（数据流）或者 structural（结构）。如前所述，这 3 个名称实际上是 3 种构造体描述方式的名称。当设计者采用某一种描述方式来描述构造体时，该构造体就以其描述方式来命名。这样，使阅读 VHDL 程序的人能直接了解设计者所采用的描述方式。例如，使用结构描述方式来描述 2 选 1 电路，那么 2 选 1 电路的构造体就可以命名为：

architecture structural of mux is

2. 定义语句

定义语句位于 architecture 和 begin 之间，用于对构造体内部所使用的信号、常数、数据类型和函数进行定义。例如：
architecture behave of mux is
　　signal nes1：bit；
　　begin
end behave；

信号定义和端口说明的语句一样，应有信号名和数据类型的说明。因是内部连接用的信号，故没有也不需要有方向说明。注意：变量不能在此说明。

3. 并行处理语句

并行处理语句位于语句 begin 和 end 之间，这些语句具体地描述了构造体的行为。例如，2 选 1 数据选择器的数据流方式描述如例 2-3 所示。

【例 2-3】
entity mux is
　　port(d0,d1：in bit；
　　　　sel：in bit；
　　　　q：out bit)；
end mux；
architecture dataflow of mux is
　　begin
　　　　q<=(d0 and sel)or(not sel and d1)；
end dataflow；

在该程序的构造体中所使用的语句，实际上是 2 选 1 电路的逻辑表达式的描述语句。它正确地反映了 2 选 1 数据选择器的行为。这种语句和其他高级语言是相当类似的，读者只要具有一点基本的语言知识就可以读懂。在语句中，符号"<="表示传送（或代入）的意思，即将逻辑运算结果送 q 输出。

另外，在构造体中的语句都是可以并行执行的，语句的执行不以书写的语句顺序为准。

2.2.4　配置

配置（configuration）语句描述了层与层之间的连接关系，以及实体与构造体之间的连接关系。设计者可以利用配置语句来选择不同的构造体，使其与要设计的实体相对应。在仿真某一个实体时，可以利用配置语句选择不同的构造体进行性能对比试验，以得到性能最佳的构造体。例如，要设计一个 2 输入 4 输出的译码器。假设一种结构中的基本元器件采用反相器和 3 输入与门，另一种结构中的基本元器件都采用与非门，它们各自的构造体是不一样的，并且放在各自不同的库中，因而要设计的译码器，可以利用配置语句实现对两种不同的构造体的选择。

配置语句的基本书写格式如下：
configuration 配置名 of 实体名 is
［语句说明］；
end 配置名；

配置语句根据不同情况，其说明语句有简有繁，下面举几个例子做一些说明。最简单的默认配置格式为：

```
configuration 配置名 of 实体名 is
    for 选配构造体名            --此处无";"号
    end for;
end 配置名;
```

【例2-4】
```vhdl
library IEEE;
use IEEE.std_logic_1164.all;
entity counter is
port(load,clr,clk:in std_logic;
    data_in:in integer;
    data_out:out integer);
end counter;
architecture count_255 of counter is
begin
    process(clk)
    variable count:integer:=0;
    begin
        if clr='1' then
            count:=0;
        elsif load='1' then
            count:=data_in;
            elsif clk'event and clk='1' then
                if count=255 then
                    count:=0;
                else
                    count:=count+1;
                end if;
        end if;
        data_out<=count;
    end process;
end count_255;

architecture count_64k of counter is
begin
    process(clk)
    variable count:integer:=0;
    begin
        if clr='1' then
            count:=0;
        elsif load='1' then
```

```
                    count: = data_in;
                elsif clk'event and clk = '1' then
                    if count = 65535 then
                        count: = 0;
                    else
                        count: = count + 1;
                    end if;
            end if;
            data_out <= count;
        end process;
    end count_64k;

    configuration small_count of counter is
        for count_255
        end for;
    end small_count;

    configuration big_count of counter is
        for count_64k
        end for;
    end big_count;
```

在例2-4中，一个计数器实体可以实现两种不同构造体的配置。需要注意的是，为达到这个目的，在计数器实体中，对装入计数器和构成计数器的数据位宽不应做具体说明，只需将输入和输出数据作为 integer（整数型）数据来对待，这样可以支持多种形式的计数器。

2.3 VHDL 设计资源

除了实体和构造体之外，库、包集合和配置是 VHDL 中另外 3 个可以各自独立进行编译的源设计单元。

2.3.1 库

库（library）是经编译后的数据的集合，用于存放包集合定义、实体定义、构造定义和配置定义。

库的功能类似于 UNIX 和 MS-DOS 操作系统中的目录，库中存放设计的数据。在 VHDL 中，库的说明放在设计单元的最前面，即

library 库名；

这样，在设计单元内的语句时就可以使用库中的数据。由此可见，库的优点就在于可以使设计者共享已经编译过的设计结果。在 VHDL 中可以同时存在多个不同的库，但是库和库之间是独立的，不能互相嵌套。

1. 库的种类

当前，在 VHDL 中存在的库大致可以归纳为 5 种：IEEE 库、std 库、ASIC 库、work 库和用户定义库。

（1）IEEE 库　在 IEEE 库中有一个"std_logic_1164"的包集合，它是 IEEE 正式认可的标准包集合。现在有些公司（如 Synopsys 公司）也提供一些包集合"std_logic_arith""std_logic_unsigned"，尽管它们没有得到 IEEE 的承认，但是仍汇集在 IEEE 库中。

（2）std 库　std 库是 VHDL 的标准库，在库中存放有称为"standard"的数据可以不按标准格式说明。std 库中还包含有称为"textio"的包集合。在使用"textio"包集合中的数据时，应先说明库和包集合名，然后才可使用该包集合中的数据。例如：

library std;

use std.textio.all;

（3）ASIC 库　在 VHDL 中，为了进行门级仿真，各公司可提供面向 ASIC 的逻辑门库。在该库中存放着与逻辑门一一对应的实体。为了使用面向 ASIC 的库，对库进行说明是必要的。

（4）work 库　work 库是现行作业库。设计者所描述的 VHDL 语句不需要任何说明，都将存放在 work 库中，在使用该库时无须进行任何说明。

（5）用户定义库　用户为自己设计需要所开发的公用包集合和实体等，也可以汇集成库，称为用户定义库或用户库。在使用时同样要首先说明库名。

表 2-1 是 IEEE 两个标准库"std"和"IEEE"中所包含的程序包的简单解释。

表 2-1　IEEE 两个标准库"std"和"IEEE"程序包的内容

库名	包名	内容
std	standard	VHDL 类型，如 bit、bit_vector
IEEE	std_logic_1164	定义 std_logic、std_logic_vector
IEEE	numeric_std	基于 std_logic_1164 中算术运算符
IEEE	std_logic_arith	定义有、无符号类型及基于这类型的运算
IEEE	std_logic_signed	有符号的算术运算
IEEE	std_logic_unsigned	无符号的算术运算

2. 库的使用

（1）库的说明　前面提到的 5 种库除 work 库和 std 库之外，其他 3 种库在使用前都首先要做说明，这是由于这 3 种库中的程序包并非符合 VHDL 标准，因此在使用时必须以显式表达出来。第一条语句是"library 库名"，表明使用什么库。另外，还要说明设计者要使用的是库中哪一个包集合以及包集合中的项目（如过程名、函数名等），这样第 2 条语句的格式为：

use library name.package name.item name;

所以，一般在使用库时首先要用两条语句对库进行说明。例如：

library IEEE;

use IEEE.std_logic_1164.all;

上述表明，在该 VHDL 程序中要使用 IEEE 库中 std_logic_1164 包集合的所有项目。这里，项目名为 all，表示包集合中的所有项目都要用。

（2）库说明作用范围　库说明语句的作用范围是从一个实体说明开始到它所属的构造

体、配置为止。当一个源程序中出现两个以上的实体时,两条作为使用的库的说明语句应在每个实体说明语句前重复书写。

2.3.2 包集合

包集合(package)说明像 C 语言中的 include 语句一样,用来单纯地罗列 VHDL 中所要用到的信号定义、常数定义、数据类型、元件语句、函数定义和过程定义等,是一个可编译的设计单元,也是库结构中的一个层次。要使用包集合时可以用 use 语句说明。例如:

use IEEE. std _ logic _ 1164. all;

该语句表示在 VHDL 程序中要使用名为 std _ logic _ 1164 的包集合中的所有定义或说明项。

包集合的结构如下:

package 包集合名 is
[说明语句];   } 包集合标题
end 包集合名;

package body 包集合名 is
[说明语句];   } 包集合体
end body;

一个包集合由两大部分组成:包集合标题(header)和包集合体(package body)。包集合体是一个可选项,也就是说,包集合可以只由包集合标题构成。一般包集合标题列出所有项的名称,而包集合体给出各项的细节。

【例 2-5】

```
library std;
use std. std _ logic. all;
package math is
    type tw16 is array(0 to 15) of std _ logic;
    function add(a,b:in tw16) return tw16;
    function sub(a,b:in tw16) return tw16;
end math;
package body math is
    function vect _ to _ int(s:in tw16) return integer is
        variable result:integer: = 0;
begin
    for i in to 15 loop
    result: = result * 2;
    if s(i) = '1' then
    result: = result + 1;
    end loop;
    return result;
end vect _ to _ int;
```

例 2-5 中的包集合由包集合标题和包集合体两部分组成。在包集合标题中,定义了数据类型和函数的调用说明,而在包集合体中才具体地描述实现该函数功能的语句和数据的赋值。这种分开描述的好处是,当函数的功能需要做某些调整或数据赋值需要变化时,只要改变包集合体的相关语句就行了,而无须改变包集合标题的说明,这样可以使重新编译的单元数目尽可能少。

包集合也可以只有一个包集合标题说明,因为在包集合标题中也允许使用数据赋值和有实质性的操作语句。

【例 2-6】
library IEEE;
use IEEE. std_logic_1164. all;
packag upac is
constant k:integer:=4;
type instruction is (and,sub,sdc,inc,srf);
subtype cpu_bus is std_logic_vector(k-1 downto 0);
end upac;

例 2-6 的包集合是用户自定义的。在该包集合中定义了 CPU 指令(instruction)这一数据类型和 cpu_bus 为一个 4 位的位矢量。由于它是用户自己定义的,因此编译后会自动地加到 work 库中。如果要使用该包集合,则可用如下格式调用:

use work. upac. instruction;

2.4 VHDL 要素

2.4.1 标志符

标志符(identifiers)是由英文字母"a"到"z""A"到"Z",数字"0"到"9"以及下划线"_"组成。使用时应注意以下几点:

1) VHDL 不区分大小写。
2) 标志符一定要以字母开头。
3) 下划线不能放在结尾。
4) 下划线不能连用。

如 a_b_c、SUN_MOON 等是有效的标志符,而 a$b_1、_abc、abc_等是非法标志符。表 2-2 中列出了 VHDL 的常用保留字(又称关键字),它们在 VHDL 中有特殊的含义,不能作为标志符出现。此外,不同的综合系统还定义了各自的子程序,子程序名也不能作为标志符出现。对于逻辑综合而言,并不是所有的保留字都有意义。

表 2-2 常用保留字

abs	architecture	body	constant	entity
access	array	buffer	disconnect	exit
after	assert	bus	downto	file
alias	attribute	case	else	for
all	begin	component	elsif	function
and	block	configuration	end	generate

（续）

generic	map	package	ror	unaffected
group	mod	port	select	units
guarded	nand	postponed	sevrity	until
if	new	procedure	shared	use
impure	next	process	signal	variable
in	nor	pure	sla	wait
inertial	not	range	sll	when
inout	null	record	sra	while
is	of	register	srl	with
label	on	reject	subtype	xnor
library	open	rem	then	xor
linkage	or	report	to	
literal	others	return	transport	
loop	out	rol	type	

2.4.2 数据对象

在 VHDL 中，数据对象（data object）类似于一种容器，它接收不同数据类型的赋值。数据对象主要有 3 种，即常量（constant）、变量（variable）和信号（signal）。前两种可以从传统的计算机高级语言中找到对应的数据类型，其语言行为与高级语言中的变量和常量十分相似。但信号是具有更多的硬件特征的特殊数据对象，是 VHDL 中最有特色的语言要素之一。

1. 常量

常量是全局量，在构造体描述、程序包说明、实体说明、过程说明、函数调用说明和进程说明中使用。

常量的定义和设置主要是为了使设计实体中的常数更容易阅读和修改。例如，将位矢量的宽度定义为一个常量，只要修改这个常量就能很容易地改变宽度，从而改变硬件结构。在程序中，常量是一个恒定不变的值，一旦作了数据类型的赋值定义后，在程序中就不能再改变，常量的定义形式如下：

constant 常量名：数据类型：[= 表达式]；

例如：constant width：integer：= 8；

VHDL 要求所定义的常量数据类型必须和表达式的数据类型一致。常量的数据类型可以是标量类型或复合类型，但不能是文件类型（file）或存取类型（access）。

2. 变量

在 VHDL 语法规则中，变量是一个局部量，只能在进程和子程序中使用，变量不能将信息带出对它做出定义的当前设计单元，变量的赋值是一种理想化的传输，且立即发生，即不存在任何延时的行为。VHDL 规则不支持变量附加延时语句。变量常用在实现某种算法的赋值语句中。

定义变量的语法格式如下：
variable 变量名：数据类型：[= 初始值]；
例如：variable a：std _ logic；

变量作为局部量，其适用范围仅限于在定义了的进程和子程序中使用。变量数值的改变是通过变量赋值来实现的，其赋值语句的语法格式如下：
目标变量名：= 表达式；
例如：a：= b + c；

3. 信号

信号是描述硬件系统的基本数据对象，它类似于连接线。信号可以作为设计实体中并行语句模块间的信息交流通道。在 VHDL 中，信号及其相关的信号赋值语句、决断函数、延时语句等很好地描述了硬件系统的许多基本特征，如硬件系统运行的并行性、信号传输过程中的惯性延时特性、多驱动源的总线行为等。

信号作为一种数值容器，不但可以容纳当前值，也可以保持历史值。容器的记忆功能有很好的对应关系。

信号的定义格式如下：
signal 信号名：数据类型 [：= 初始值]；

信号初始值的设置不是必需的，而且初始值仅在 VHDL 的行为仿真中有效。与变量相比，信号的硬件特征更为明显，它具有全局性特性。例如，在程序包中定义的信号，对于所有调用此程序包的设计实体都是可见的；在实体中定义的信号，在其对应的结构体中都是可见的。

事实上，除了没有方向说明以外，信号与实体的端口（port）概念是一致的。相对于端口来说，其区别只是输出端口不能读入数据，输入端口不能被赋值。信号可以看成是实体内部的端口。反之，实体的端口只是一种隐形的信号，端口的定义实际上是做了隐式的信号定义，并附加了数据流动的方向。信号本身的定义是一种显式的定义，因此，在实体中定义的端口，在其结构体中都可以看成一个信号，并加以使用而不必另做定义。以下是信号的定义示例：

signal s1:std _ logic：= 0；   --定义了一个标准的单值信号 s1,初始值为低电平
signal s2:bit；   --定义了一个 bit 的信号 s2
signal s3:std _ logic _ vector(7 downto 0)；   --定义了一个标准位矢量信号,共有 8 个元素

以下示例定义的信号数据类型是设计者自行定义的，这是 VHDL 所允许的：
type state _ type is(s0,s1,s2,s3)；
signal state:state _ type；

信号的使用和定义范围是实体、构造体和程序包，在进程和子程序中不允许定义信号。信号可以有多个驱动源，或者说赋值信号源，但必须将此信号的数据类型定义为决断性数据类型。

在进程中只能将信号列入敏感表，而不能将变量列入敏感表。可见进程只对信号敏感，而对变量不敏感。

当信号定义了数据类型和表达方式后，在 VHDL 设计中就能对信号进行赋值了。但建议在构造体中用赋值语句完成对信号赋初值的任务，因为综合器往往会忽略信号声明时所赋初值。

信号的赋值语句表达式如下：

目标信号名 <= 表达式；

例如：q <= count；

4. 三者的使用比较

1）从硬件电路系统来看，常量相当于电路中的恒定电平，如 GND 或 V_{CC} 接口，常量和信号则相当于组合电路系统中门电路与门电路间的连接及其连线上的信号值。

2）从行为仿真和 VHDL 语句功能上看，信号、变量的区别主要表现在接收和保持信号的方式、信息保持与传递的区域大小上。例如信号可以设置延时量，而变量则不能；变量只能作为局部的信息载体，而信号则可作为模块间的信息载体。变量的设置有时只是一种过渡，最后的信息传输和界面间的通信都靠信号来完成。

3）从综合后所对应的硬件电路结构来看，信号一般将对应更多的硬件结构，但在许多情况下，信号和变量并没有什么区别。例如在满足一定条件的进程中，综合后它们都能引入寄存器。这时它们都具有能够接收赋值这一重要的共性，而 VHDL 综合器并不理会它们在接收赋值时存在的延时特性。

4）虽然 VHDL 仿真器允许变量和信号设置初始值，但在实际应用中，VHDL 综合器并不会把这些信息综合进去。这是因为实际的 PPGA/CPLD 芯片在上电后，并不能确保其初始状态的取向。因此，对于时序仿真来说，设置的初始值在综合时是没有实际意义的。

在 VHDL 设计中，可以使用信号和变量。考虑到信号的行为更接近于硬件，需要到所在进程结束之时才会更新值，而变量值的改变是立即进行的，因此有可能影响设计的功能等因素。虽然使用变量可以增加仿真的速度，但还是推荐在对硬件进行描述时尽量采用信号。

注意：如果在一个进程中多次为一个信号赋值时，只有最后一个值会起作用；而当为变量赋值时，变量值的改变是立即发生的，即变量将保持着当前值，直到被赋予新的值。

下面的例子分别进一步表明了使用信号和变量的区别。

【例 2-7】

```
library IEEE;
use IEEE. std _ logic _ 1164. all;
entity xor _ sig is
port(a,b,c:in std _ logic;
    x,y:out std _ logic);
end;
architecture behave of xor _ sig is
signal d:std _ logic;
begin
    process(a,b,c)
    begin
        d <= a;
        x <= c xor d;
        d <= b;
        y <= c xor d;
    end process;
```

end behave;

执行结果：x <= c⊕b, y <= c⊕b;

例 2-7 的电路实现如图 2-2 所示。

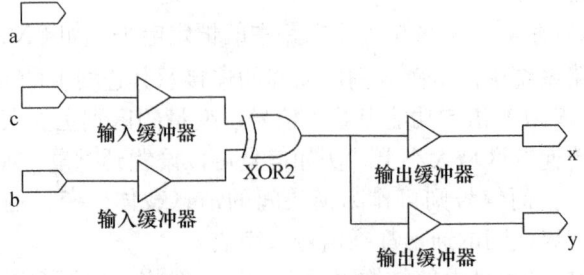

图 2-2　例 2-7 的电路实现

【例 2-8】
```
library IEEE;
use IEEE.std_logic_1164.all;
entity xor_sig is
port(a,b,c:in std_logic;
     x,y:out std_logic);
end;
architecture behave of xor_sig is
begin
    process(a,b,c)
    variable d:std_logic;
    begin
        d:=a;
        x <= c xor d;
        d:=b;
        y <= c xor d;
    end process;
end behave;
```

执行结果：x <= c⊕a, y <= c⊕b;

例 2-8 的电路实现如图 2-3 所示。

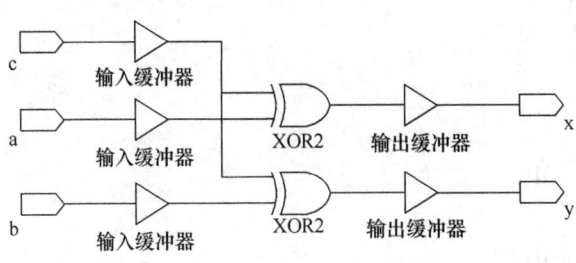

图 2-3　例 2-8 的电路实现

2.4.3 VHDL 的数据类型

如前所述,在 VHDL 中信号、变量、常量都要指定数据类型。为此,VHDL 提供了多种标准的数据类型。另外,为使用户设计方便,还可以由用户自定义数据类型。这样使语言的描述能力及自由度更进一步提高,从而为系统高层次的仿真提供了必要手段。

然而,VHDL 的数据类型的定义相当严格,不同类型之间的数据不能直接代入,而且,即使数据类型相同,但位长不同时也不能直接代入。因此,为了熟练地使用 VHDL 编写程序,读者必须很好地理解各种数据类型的定义。

1. 标准的数据类型

标准的数据类型共有 10 种,如表 2-3 所示。

表 2-3 标准数据类型

数据类型	含 义
整数	整数 32 位,-2147483647~2147483647
实数	浮点数,-1.0e+38~1.0e+38
位	逻辑"0"或"1"
位矢量	位矢量
布尔量	逻辑"假"或"真"
字符	ASCII 字符
字符串	字符矢量
时间	时间单位
错误等级	note, warning, error, failure
自然数、正整数	整数的子集

下面对各数据类型做简要说明。

(1) 整数 整数(integer)与数学中整数的定义相同。在 VHDL 中整数的表示范围为 -2147483647~2147483647,即从 $-(2^{31}-1)$ 到 $(2^{31}-1)$。千万不要把一个实数(含小数点的数)赋予一个整数的变量,因为 VHDL 是一个强类型语言,它要求在赋值语句中的数据类型必须匹配。整数的例子如下:

+136, +12456, -457

尽管整数值在电子系统中可能使用一系列二进制位值来表示,但是整数不能看作位矢量,不能按位来进行访问,也不能用逻辑操作符。当需要进行位操作时,可以用转换函数,将整数转换成位矢量。目前,在有的 CAD 厂商所提供的工具中,对此规定已有所突破,允许对有符号和无符号的整数进行算术逻辑运算。

在电子系统的开发过程中,整数也可以作为对信号总线状态的一种抽象手段准确地表示总线的某一种状态。

(2) 实数 在进行算法研究或实验时,作为对硬件方案的抽象手段,常常采用实数四则运算。实数(real)的定义值范围为 -1.0e+38~1.0e+38。实数有正负数,书写时一定要有小数点。例如:

-1.0, +2.5, -1.0e38

有些数可以用整数表示也可以用实数表示。例如，数字 1 的整数表示为 1，实数表示为 1.0。两个数的值是一样的，但数据类型却不一样。

（3）位　在数字系统中，信号值通常用一个位来表示。位值的表示方法是，用字符'0'或者'1'（将值放在单引号中）表示。位（bit）与整数中的 1 和 0 不同，'1'和'0'仅仅表示一个位的两种取值。例如：

bit（'1'）

位数据可以用来描述数字系统中总线的值。位数据不同于布尔数据，但也可以用转换函数进行转换。

（4）位矢量　位矢量（bit_vector）是用双引号括起来的一组数据。例如：

"001100"，x"00bb"

在这里，位矢量最前面的 x 表示是十六进制。用位矢量数据表示总线状态最形象也最方便，在以后的 VHDL 程序中将会经常遇到。

（5）布尔量　一个布尔量（boolean）具有两种状态，"真"或者"假"。虽然布尔量也是二值枚举量，但它和位不同，没有数值的含义，也不能进行算术运算，它能进行关系运算。例如，它可以在 if 语句中被测试，测试结果产生一个布尔量 true 或者 false。

一个布尔量常用来表示信号的状态或者总线上的情况。如果某个信号或者变量被定义为布尔量，那么在仿真中将自动地对其赋值进行核查。一般这一类型的数据的初始值为 false。

（6）字符　字符（charactor）也是一种数据类型，所定义的字符量通常用单引号括起来，如'a'。一般情况下 VHDL 对大小写不敏感，但是对字符量中的大、小写字符则认为是不一样的。例如，'B'不同于'b'。字符量中的字符可以是从 a 到 z 中的任一个字母，从 0 到 9 中的任一个数以及空格或者特殊字符，如$、@、%等。包集合 standard 中给出了预定义的 128 个 ASCII 码字符，不能打印的用标志符给出。字符'1'与整数 1 和实数 1.0 都是不相同的，当要明确指出 1 的字符数据时，则可写为：

charactor（'1'）

（7）字符串　字符串（string）是由双引号括起来的一个字符序列，也称字符矢量或字符串数组。字符串常用于程序的提示和说明。

（8）时间　时间（time）是一个物理量数据。完整的时间量数据应包含整数和单位两部分，而且整数和单位之间至少应留一个空格的位置。例如，55 s、2 min 等。在包集合 standard 中给出了时间的预定义，其单位为 fs、ps、ns、μs、ms、s、min 和 hr。例如：

20 μs，100 ns，3 s

在系统仿真时，时间数据特别有用，用它可以表示信号延时，从而使模型系统更能逼近实际系统的运行环境。

（9）错误等级　错误等级（severity level）类型数据用来表征系统的状态，共有 4 种：note（注意）、warning（警告）、error（出错）、failure（失败）。在系统仿真过程个可以用这 4 种状态来提示系统当前的工作情况，从而使设计人员随时了解当前系统工作的情况，并根据系统的不同状态采取相应的对策。

（10）自然数、正整数　这两种数据是整数的子类，大于等于零的整数（natural）类数据为取值 0 和 0 以上的整数；而正整数（positive）只能为 0 以上整数。

上述 10 种数据类型是 VHDL 中标准的数据类型，在编程时可以直接引用。如果用户需使用这 10 种以外的数据类型，则必须进行自定义。但是，大多数的 CAD 厂商已在包集合中对标准数据类型进行了扩展，如数组型数据等，这一点请读者注意。

由于 VHDL 属于强类型语言，在仿真过程中，首先要检查赋值语句中的数据类型和区间，任何一个信号和变量的赋值均需落入给定的约束区间中，也就是说要落入有效数值的范围中。约束区间的说明通常跟在数据类型说明的后面。例如：

integer range 99 downto 0
bit_vector(7 downto 0)
real range 2.0 to 50.0

其中，downto 表示下降，to 表示上升。

2. 用户定义的数据类型

在 VHDL 中，由用户定义的数据类型的定义书写格式为：
type 数据类型名 ｛数据类型名｝ 数据类型定义；
在 VHDL 中还存在不完整的用户定义的数据类型的书写格式为：
type 数据类型名 ｛数据类型名｝；

这种由用户做的数据类型定义是一种利用其他已定义的说明所进行的"假"定义，因此它不能进行逻辑综合。

可由用户定义的数据类型有：枚举（enumerated）类型，整数（integer）类型，实数（real）、浮点数（floating）类型，数组（array）类型，存取（access）类型，文件（file）类型，时间（time）类型（物理类型），记录（recode）类型。

下面对常用的几种用户定义的数据类型做一举例说明。

（1）枚举类型 在逻辑电路中，所有的数据都是用'1'或'0'来表示的，但是人们在考虑逻辑关系时，只有数字往往是不方便的。在 VHDL 中，可以用符号名来代替数字。例如，在表示一周每一天状态的逻辑电路中，可以假设"000"为星期天，"001"为星期一。这对联机阅读程序是颇不方便的。为此，可以定义一个叫"week"的数据类型，如下所示：

type week is(sun,mon,tue,wed,thu,fri,sat)

基于上述的定义，凡是用于代表星期二的日子都可以用 tue 来代替，这比用代码"010"表示星期二直观多了，使用时也不易出错误。

枚举类型数据的定义格式为：
type 数据类型名 is（元素，元素，…）；

这种用户定义的数据类型应用相当广，在包集合"std_logic"和"std_logic_1164"中都有此类数据的定义。例如：

type std_logic is('u','x','0','1','z','w','l','h','-')；

（2）整数类型、实数类型 整数类型在 VHDL 中已存在，这里指的是用户所定义的整数类型，实际上可以认为是整数的一个子类。例如，在一个数码管上显示数字，其值只能取 0~9 的整数。如果由用户定义一个用于数码显示的数据类型，则可以写为：

type digit is integer range 0 to 9；

同理，实数类型也如此，例如：

type current is range -1e4 to 1e4；

据此，可以总结出整数或实数用户定义数据类型的格式为：

type 数据类型名 is 数据类型定义约束范围；

（3）数组类型 数组是将相同类型的数据集合在一起形成的一个新的数据类型。它可以是一维也可以是二维或多维的。

数组定义的书写格式为：

type 数组类型名 is array 范围 of 原数据类型名；

在此，如果"范围"这一项没有被指定，则使用整数数据类型范围。例如：

type word is array (1 to 8) of std_logic；

若"范围"这一项需用整数类型以外的其他数据类型的范围时，则在指定数据范围前应加数据类型名。例如：

typeword is array(integer1 to 8) of std_logic；

type instruction is(add, sub, inc, sr1, srf, lda, ldb, xfr)；

subtype digit is integer 0 to 9；

type insflag is array(instruction add to srf) of digit；

数组在总线定义及 ROM、RAM 等的系统模型中使用。"std_logic_vector"也属于数组数据类型，它在包集合"std_logic_1164"中的定义为：

type std_logic_vector is array

(natural range < >) of std_logic；

其中，范围由"range < >"指定，这是一个没有范围限制的数组。在这种情况下，具体范围由信号说明语句等确定。例如：

signal aaa:std_logic_vector(3 downto 0)；

在函数和过程的语句中，若使用无限制范围的数组时，其范围一般由调用者所传递的参数来确定。

多维数组需要用两个以上的范围来描述，而且多维数组不能生成逻辑电路，只能用于仿真图形及硬件的抽象模型。

(4) 时间类型（物理类型） 表示时间的数据类型，在仿真时是必不可少的，其书写格式为：

type 数据类型名 is 范围；

units 基本单位：

    单位；

end units：

例如：

type time is range -1e18 to 1e18；

nuits

fs；

  ps = 1000fs；

  ns = 1000ps；

  μs = 1000ns；

  ms = 1000μs；

  sec = 1000ms；

  min = 60sec；

  hr = 60min；

end units；

这里基本单位是"fs",其 1000 倍是"ps"等,时间是物理类型数据,当然对容量、阻抗值等也可以做定义。

(5) 记录类型　数组是同一类型数据集合起来形成的,而记录则是将不同类型的数据和数据名组织在一起而形成的新客体。记录数据类型的定义格式为:

type 数据类型名 is record

　　元素名:数据类型名;

end record;

在从记录数据类型中提取元素数据类型时应使用"."。例如:

type bank is record

　　addr0:std_logic_vector(7 downto 0);

　　addr1:std_logic_vector(7 downto 0);

　　r0:integer;

　　inst:instruction;

end record;

signal addbus1,addbus2:std_logic_vector(31 downto 0);

signal result:integer;

signal ALU_code:instruction;

signal r_bank:bank:=("00000000","00000000",0,add);

addbus1<=r_bank.addr1;

r_bank.inst<=ALU_code;

用记录描述 SCSI 总线及通信协议是比较方便的,它比较适用于系统仿真,设计电路时最好不用。记录数据类型在生成逻辑电路时应当将它分解开来。

3. 用户定义的子类型

用户定义的子类型是用户对已定义的数据类型,做一些范围限制而形成的一种新的数据类型。子类型的名称通常采用用户较易理解的名字。例如:

subtype iobus is std_logic_vector(7 downto 0);

subtype digit is integer range 0 to 9;

子类型可以由原数据类型指定范围而形成,也可以完全和原数据类型范围一致。例如:

subtype abus is std_logic_vector(7 downto 0);

signal aio:std_logic_vector(7 downto 0);

signal bio:std_logic_vector(15 downto 0);

signal cio:abus;

aio<=cio;　　正确操作

bio<=cio;　　错误操作

除上述应用外,子类型还常用于存储器阵列等的数组描述的场合。新构造的数据类型及子类型通常在包集合中定义,再由 use 语句装载到描述语句中。

4. 数据类型的转换

在 VHDL 中,数据类型的定义是相当严格的,不同类型的数据之间是不能进行运算和直接代入的。为了实现正确的代入操作,必须将要代入的数据进行类型转换。这就是所谓类型变换。转换函数通常由 VHDL 的包集合提供。例如,在"std_logic_1164""std_logic_ arith""std_logic_unsigned"的包集合中都提供了数据类型转换函数。常见的数据类型转换函数如表2-4所示。

表2-4 IEEE库数据类型转换函数

函数名	功能
所在程序包:std_logic_1164	
to_stdlogicvector(A)	由bit_vector类型转换为std_logic_vector类型
to_bitvector(A)	由std_logic_vector类型转换为bit_vector类型
to_stdlogic(A)	由bit类型转换为std_logic类型
to_bit(A)	由std_logic类型转换为bit类型
所在程序包:std_logic_arith	
conv_std_logic_vector(A,位长)	将integer类型转换成std_logic_vector类型,A是整数
conv_integer(A)	将std_logic_vector类型转换成integer类型
conv_unsigned(A,位长)	将unsigned、signed、integer类型转换为指定位长的unsigned类型
conv_signed(A,位长)	将unsigned、signed、integer类型转换为指定位长的signed类型
所在程序包:std_logic_unsigned	
conv_integer(A)	由std_logic_vector类型转换为integer类型

下面举一个数据类型转换的例子。

【例2-9】 由"std_logic_vector"类型转换成"integer"类型实例。

library IEEE;
use IEEE.std_logic_1164.all;
use IEEE.std_logic_unsigned.all;
entity add5 is
port(num:in std_logic_vector(2 downto 0);
…
end add5;
architecture rtl of add5 is
signal in_num:integer range 0 to 5;
begin
in_num <= conv_integer(num);--变换式
end rtl;

此外,由"bit_vector"类型转换成"std_logic_vector"类型也非常方便。代入"std_logic_vector"的值只能是二进制数,而代入"bit_vector"的值除二进制数以外,还可以是十六进制及八进制数。并且,"bit_vector"还可以用"-"来分隔数值位。下面的几个语句表示了"bit_vector"和"std_logic_vector"赋值语句:

signal a:bit_vector(11 downto 0);
signal b:std_logic_vector(11 downto 0);
a <= x"a8";--十六进制值可赋予位矢量
b <= x"a8";--语法错,十六进制值不能赋予位矢量

b <= to _ std _ logic _ vector(x"6f7");
b <= to _ std _ logic _ vector(o"437");--八进制变换
b <= to _ std _ logic _ vector(b"1010-1010-1111");

5. 数据类型的限定

在 VHDL 中，有时可以用所描述的文字的上下关系来判断某一数据的数据类型。例如：
signal a:std _ logic _ vector(7 downto 0);
a <= "10101010";

联系上下文关系，可以断定"10101010"不是字符串（string），也不是位矢量（bit _ vector），而是"std _ logic _ vector"。但是，也有判断不出来的情况。例如：
case(a&b&c) is
when "001" = >y <= "01111111";
when "010" = >y <= "10111111";
…
end case;

在该例中，a&b&c 的数据类型如果不确定就会发生错误。在这种情况下，要对数据进行类型限定（这类似 C 语言中的强制方式）。数据类型限定的方式是在数据前加上"类型名"。例如：
a = std _ logic _ vector("10101010");
subtype std3bit is std _ logic _ vector(0 to 2);
case std3bit(a&b&c) is
    when "001" = >y <= "01111111";
    when "010" = >y <= "10111111";

类型限定方式与数据类型变换很相似，这一点请读者注意。

6. IEEE 标准"std _ logic""std _ logic _ vector"

在数据类型介绍中，曾讲到 VHDL 的标准数据类型"bit"是一个逻辑型的数据类型。这类数据取值只有'0'和'1'。由于该类型数据不存在不定状态'x'，故不便于仿真。另外，它也不存在高阻状态，也很难用它来描述双向数据总线。为此，IEEE1993 制定出了新的标准（IEEE std _ 1164），使得"std _ logic"型数据可以具有如下多种不同的值：
'u'　未初始化；
'x'　不定；
'0'　0；
'1'　1；
'z'　高阻；
'w'　弱信号不定；
'l'　弱信号 0；
'h'　弱信号 1；
'-'　不可能情况。

"std _ logic"和"std _ logic _ vector"是 IEEE 新制定的标准化数据类型，也是在 VHDL 语法外所添加的数据类型，因此将它归属到用户定义的数据类型中。当使用该类型数据时，在程序中必须写出库说明语句和使用包集合的说明语句。

2.4.4 VHDL 运算符

在 VHDL 中共有 4 类操作符，可以分别进行逻辑运算（lgical）、算术运算（arithmetic）、关系运算（relational）和并置运算（concatenation）。需要注意的是，操作符操作的对象是操作数，且操作数的类型应该和操作符所要求的类型相一致。另外，运算操作符是有优先级的，例如，逻辑运算符 not，在所有操作符中优先级最高。

1. 逻辑运算符

在 VHDL 中逻辑运算符共有 6 种：

not	取反；
and	与；
or	或；
nand	与非；
nor	或非；
xor	异或。

这 6 种逻辑运算符可以对"std_logic"和"bit"等逻辑型数据、"std_logic_vector"逻辑型数组及布尔数据进行逻辑运算。必须注意，运算符的左边和右边，以及代入的信号的数据类型必须是相同的。

当一个语句中存在两个或两个以上的逻辑表达式时，在 C 语言中运算有"自左至右"的优先级顺序的规定，而在 VHDL 中，左右没有优先级差别，其规则应遵循数字逻辑电路中的逻辑运算顺序。例如，在下例中，如去掉式中的括号，那么从语法上来说是错误的：

x <= (a and b)or(not c and d);

当然也有例外，如果一个逻辑表达式中只有"and""or"和"xor"运算符，那么改变运算顺序将不会导致逻辑值的改变。此时，括号是可以省略的。在所有的逻辑运算中 not 的优先级最高。

2. 算术运算符

在 VHDL 中有 10 种算术运算符，它们分别是：

+	加；
-	减；
*	乘；
/	除；
mod	求模；
rem	取余；
+	正（一元运算）；
-	负（一元运算）；
**	指数；
abs	取绝对值。

在算术运算中，一元运算的操作数（正、负）可以为任何数据类型（整数、实数、物理量）。加法和减法的操作数也和一元运算一样，具有相同的数据类型，但进行加、减运算的操作数的数据类型也必须相同。乘除法的操作数可以同为整数和实数。物理量可以被整

数或实数相乘或相除，其结果仍为一个物理量；物理量除以同一类型的物理量即可得到一个整数量。求模和取余的操作必须是同种整数类型数据。指数运算符的左操作数可以是任意整数或实数，而右操作数应为一整数（只有在左操作数是实数时，右操作数才可以是负整数）。

实际上，能够真正综合逻辑电路的算术运算符只有"+""-"和"*"。在数据位较长的情况下，使用算术运算符进行运算，特别是使用乘法运算符"*"时，应特别慎重。因为对于16位的乘法运算，综合时逻辑门电路会超过2000个门。对于算术运算符"/""mod"和"rem"，逻辑电路综合是可能的。

对"std_logic_vector"进行"+"（加）"-"（减）运算时，两边的操作数和代入的变量位长如不同，则会产生语法错误。另外，"*"运算符的两边等位长相乘后的值和要代入的变量的位长不相同时，同样也会出现语法错误。

3. 关系运算符

在 VHDL 中有 6 种关系运算符：

  =   等于；
  /=   不等于；
  <   小于；
  <=   小于等于；
  >   大于；
  >=   大于等于。

在关系运算符的左右两边是操作数，不同的关系运算符对两边的操作数的数据类型有不同的要求。其中，等号"="和不等号"/="可以适用所有类型的数据。其他关系运算符则可适用于整数（integer）和实数（real）、位（std_logic）等枚举类型以及位矢量（std_logic_vector）等数组类型的关系运算。在进行关系运算时，左右两边的操作数的数据类型必须相同，但是位长度不一定相同，当然也有例外的情况。在利用关系运算符对位矢量数据进行比较时，比较过程是从最左边的位开始，自左至右按位进行比较的。在位长不同的情况下，只能按自左至右的比较结果作为关系运算的结果。例如，对3位和4位的位矢量进行比较。

  signal a:std_logic_vector(3 downto 0)；
  signal b:std_logic_vector(2 downto 0)；
  a<="1010"；--10
  b<="111"；--7
  if（a>b）then
  …
  else

上例中，a 的值为 10，而 b 的值为 7，a 应该比 b 大。但是，由于位矢量是从左至右按位比较的，当比较到次高位时，a 的次高位为"0"，而 b 的次高位为"1"，故比较结果 b 比 a 大。这样的比较结果显然是不符合实际情况的。

为了能使位矢量进行关系运算，在包集合"std_logic_unsigned"中对"std_logic_vector"的关系运算重新做了定义，使其可以正确地进行关系运算。注意，在使用时必须首先说明调用该包集合。当然，此时位矢量还可以和整数进行关系运算。

在关系运算符中小于等于符"<="和代入符"<="是相同的,在读 VHDL 的语句时,应按照上下文关系来判断此符号到底是关系符还是代入符。

4. 并置运算符

并置运算符"&"用于位的连接,将多个对象或矢量连接成维数更大的矢量,也可以利用并置运算符实现数据的左移和右移,例如:

```
architecture ex of shift is
    begin
    process(a)
    begin
    out1 <='0'&a(7 downto 1);        --右移一位
    out2 <= out1(6 downto 0)&'0';    --左移一位
    out3 <= a&b;                     --合并 a,b
    end process;
```

2.4.5 VHDL 的属性

属性(attribute)指的是关于实体、构造体、类型及信号等项目的指定特征。有些属性对综合(设计)非常有用,如数值类属性、函数类属性以及范围类属性等。其引用的一般形式均为:对象'属性,通常用字符"'"指定属性并且后跟属性名,"'"前的对象是所附属性的对象。以下简单列出这些属性的含义。

1. 数值类属性

数值类属性用于返回数组、块或一般数据的有关值。表示方法有:'left(左边界),'right(右边界),'high(上边界),'low(下边界),'length(数组长度)等。

例如:

sdwon: in std_logic_vector(8 downto 0);
sup: in std_logic_vector(0 to 8);

这两个信号的各属性值如下:

sdwon'left = 8;sdwon'right = 0;sdwon'low = 0;sdwon'high = 8;sdwon'length = 9;
sup'left = 0;sup'right = 8;sup'low = 0;sup'high = 8;sup'length = 9;

2. 函数类属性

信号属性函数属于函数类属性,用来返回有关信号行为功能的信息。这里仅介绍一个对综合及模拟均很有用的信号属性函数:'event,它的值为布尔型。如果刚好有事件发生在该属性所附着的信号上(即信号有变化),则其取值为 true,否则为 false。利用此属性可决定时钟边沿是否有效,即时钟是否发生。

例如:时钟边沿表示。

若有如下定义 signal clk: in std_logic,则:

clk'event and clk = '1'表示时钟的上升沿,即时钟变化了,且其值为 1(从 0 变化到 1),因此表示上升沿。

clk'event and clk = '0'表示时钟的下降沿,即时钟变化了,且其值为 0(从 1 变化到 0),因此表示下降沿。

此外,还可利用预定义好的两个函数来表示时钟的边沿。

rising_edge（clk）表示时钟的上升沿（与 clk'event and clk = '1'等效）。
falling_edge（clk）表示时钟的下降沿（与 clk'event and clk = '0'等效）。

3. 范围类属性

'range 属性，其生成一个限制性数据对象的范围。例如：
signal tmp：std_logic_vector（15 downto 0）；
tmp'range = 15 downto 0；

2.4.6 常见错误

至此，对 VHDL 的基本结构和资源有了足够的了解，可以完成一些简单的程序编写，但常常会犯一些语法或语义上错误。为能及早地识别且能有效地防止语法和语义上的错误，下面是一个具有多个出错的原代码实例，请尝试予以识别。

【例 2-10】

```
entity many_errors is port              --line1
        a:bit_vector(3 to 0);            --line2
        b:out std_logic_vector(0 to3);   --line3
        c:in bit_vector(5 downto 0);)    --line4
end many_errors                          --line5
architecture not_so_good of many_errors  --line6
    begin                                --line7
        my_label:process                 --line8
            begin                        --line9
                if c = x"f" then         --line10
                    b <= a;              --line11
                else                     --line12
                    b <= '0101';         --line13
                end if;                  --line14
            end process;                 --line15
end not_so_good                          --line16
```

因为该段程序存在许多错误，故只能逐行来分析。

1）第1行末或第2行开始，端口说明需要加一个左边的圆括号。

2）第2行的（3 to 0）应改为（3 downto 0）。对于端口标志模式而言，关键字 in 的省略是可以的。如果模式没有明确说明，则可看做是 in 的默认形式。

3）第3行本身没问题，但其端口类型为 std_logic_vector，应注意端口类型属于 IEEE 库中 std_logic_1164 包中，所以在这段程序的最前面，library 和 use 语句必须要加。

4）第4行的";"应放在最后一个半圆括号之外。

5）第5行末应加";"。

6）第6行在实体名"many_errors"后面缺少关键词"is"。

7）第7行正确。第8行缺少敏感表，这在句法上并不错，但却会给进程一个错误的含义（语义出错），进程无法启动。

8）第10行数据 c 宽度不匹配，端口说明时 c 是 6 位，本行 c = x"f" 是 4 位十六进制的数。

9) 第 11 行，某种类型的信号仅仅只能被同种类型的信号赋值，故必须改变 a 和 b，使之成为同种类型。

10) 第 12 行没问题，第 13 行的 "'" 应改为 """，第 14、15 行没问题，第 16 行行末加 ";"。

该设计修改后程序如例 2-11 所示。

【例 2-11】

```
library ieee;
use ieee.std_logic_1164.all;
entity many_errors is port(
        a:std_logic_vector(3 downto 0);
        b:out std_logic_vector(0 to3);
        c:in bit_vector(5 downto 0));
end many_errors;
architecture not_so_good of many_errors is
    begin
        my_label:process(c,a)
            begin
                if c = "001111" then
                    b <= a;
                else
                    b <= "0101";
                end if;
            end process;
end not_so_good;
```

2.5　VHDL 的描述方式

在第 1 章中已经提到，对硬件系统进行描述可以采用 3 种不同风格的描述方式，即行为描述方式、数据流（或寄存器传输）描述方式和结构描述方式。这 3 种描述方式从不同的角度对硬件系统进行行为和功能的描述。目前，采用后两种描述方式的 VHDL 程序可以进行逻辑综合，而采用行为描述的 VHDL 程序，大部分只用于系统仿真，少数的也可以进行逻辑综合。本节针对这 3 种不同风格的描述方式做一介绍。

2.5.1　行为描述

什么样的描述属于行为描述（behavioral descriptions）方式，目前还没有确切的定义。因此，在不同的资料中，对于某些相同的或相似的用 VHDL 描述的逻辑电路的程序，有不同的说明。有的说明为行为描述方式，有的说明为数据流描述方式。但是，有一点是明确的，行为描述方式是对系统数学模型的描述，其抽象程度比数据流描述方式和结构描述方式更高。在行为描述方式的程序中，大量采用了算术运算、关系运算、惯性延时、传输延时等难以进行逻辑综合和不能进行逻辑综合的 VHDL 语句。一般来说，采用行为描述方式的 VHDL 程序主要用于系统数学模型的仿真或者系统工作原理的仿真。

如果 VHDL 的构造体只描述了所希望电路的功能或者说电路行为，而没有直接指明或涉及实现这些行为的硬件结构，则称为行为描述。行为描述只表示输入与输出间转换的行为，它不包含任何结构信息。行为描述主要使用函数、过程和进程语句，以算法形式描述数据的变换和传送。这里所谓的硬件结构，是指具体硬件电路的连接结构、逻辑门的组成结构、元件或其他各种功能单元的层次结构等。

4 位比较器的行为描述如例 2-12 所示。

【例 2-12】
```
library IEEE;
use IEEE.std_logic_1164.all;
entity eqcomp4 is
        port(a,b:bit_vector(3 downto 0);
        equals:out bit);
end eqcomp4;
architecture behavioral of eqcomp4 is
    begin
        process(a,b)
        begin
            if a = b then
                equals <= '1';
            else
                equals <= '0';
            end if;
        end process;
end behavioral;
```

例 2-12 的程序中，不存在任何与硬件选择相关的语句，也不存在任何有关硬件内部连线方面的语句。整个程序中，从表面上看不出是否引入寄存器方面的信息，或是使用组合逻辑还是时序逻辑方面的信息，只是对所设计的电路系统的行为功能做了描述，不涉及任何具体器件方面的内容，这就是所谓的行为描述方式，或行为描述风格。行为描述有时被称作高级描述，其优点在于你无须关注设计的门级实现，而只需注意正确的函数模型的效果。

将 VHDL 的行为描述语句转换成可综合的门级描述是 VHDL 综合器的任务，这是一项十分复杂的工作。不同的 VHDL 综合器，其综合和优化效率是不尽一致的。优秀的 VHDL 综合器对 VHDL 设计的数字系统产品的工作性能和性价比都会有良好的影响。所以，对于产品开发或科研，对 VHDL 综合器应做适当的选择。Cadence、Synplicity、Synopsys 和 Viewlogic 等著名 EDA 公司的 VHDL 综合器都具有上佳的表现。

2.5.2 数据流描述

数据流描述（dataflow descriptions）也称寄存器传输描述，它是以类似于寄存器传输的方式描述数据的传输和变换,以规定设计中的各种寄存器形式为特征,然后在寄存器之间插入组合逻辑。这类寄存器或者显式地通过元件具体装配,或者通过推论作隐含的描述。数据流描述主要使用并行的信号赋值语句,既显式地表示了该设计单元的行为,又隐含了该设计单元的结构。

数据流描述风格是建立在用并行信号赋值语句描述基础上的。当语句中任一输入信号的值发生改变时,赋值语句就被激活,随着这种语句对电路行为的描述,大量的有关这种结构的信息也从这种逻辑描述中"流出"。认为数据是从一个设计中流出,从输入到输出的观点称为数据流风格。数据流描述方式能比较直观地表述底层逻辑行为。

4位比较器的数据流描述如例2-13所示。

【例2-13】
```
library IEEE;
use IEEE.std_logic_1164.all;
entity eqcomp4 is
        port(a,b:bit_vector(3 downto 0);
            equals:out bit);
end eqcomp4;
architecture dataflow of eqcomp4 is
    begin
        equals <= '1' when (a = b) else '0';
end behavioral;
```

数据流描述采用并发信号赋值语句,而不是进程及其顺序语句,这一点可以通过比较例2-12和例2-13。并发语句位于进程语句之外,后面会发现并发语句也可以用进程语句不表达,或者可以说:一条并发语句相当于一个进程。

2.5.3 结构描述

所谓结构描述(structural descriptions)是描述该设计单元的硬件结构,即该硬件是如何构成的。其主要使用元件例化语句及配置语句来描述元件的类型及元件的互连关系。利用结构描述可以用不同类空的结构,来完成多层次的工程,即从简单的门到非常复杂的元件(包括各种已完成的设计实体子模块)来描述整个系统。元件间的连接是通过定义的端口界面来实现的,其风格最接近实际的硬件结构,即设计中的元件是互连的。

4位比较器的结构描述如例2-14所示。

【例2-14】
```
library IEEE;
use IEEE.std_logic_1164.all;
entity eqcomp4 is
        port(a,b:bit_vector(3 downto 0);
            equals:out bit);
end eqcomp4;
use work.gatespkg.all;
architecture struct of eqcomp4 is
```

```
signal x:std_logic_vector(0 to 3);
begin
    u0:nxor2 port map(a(0),b(0),x(0));
    u1:nxor2 port map(a(1),b(1),x(1));
    u2:nxor2 port map(a(2),b(2),x(2));
    u3:nxor2 port map(a(3),b(3),x(3));
    u4:and4 port map(x(0),x(1),x(2),x(3),equals);
end struct;
```

该设计要求在一个程序包内定义一个 4 输入与门（and4）和一个 2 输入异或非门（nxor2），且将该程序包编译到一个库中。可以通过 use 语句来调用这些元件，并从 work 库的 gatespkg 程序包里获取例化元件。

利用结构描述方式，可以采用结构化、模块化设计思想，将一个大的设计划分为许多小的模块，逐一设计调试完成，然后利用结构描述方式将它们组装起来，形成更为复杂的设计。

显然，在三种描述风格中，行为描述的抽象程度最高，最能体现 VHDL 描述高层次结构和系统的能力。

2.6 VHDL 顺序语句

顺序语句（sequential statements）和并行语句（concurrent statements）是 VHDL 程序设计中两大基本描述语句系列。在逻辑系统的设计中，这些语句从多个侧面完整地描述数字系统的硬件结构和基本逻辑功能，其中包括通信的方式、信号的赋值、多层次的元件例化以及系统行为等。

顺序语句是相对于并行语句而言的，其特点是每一条顺序语句的执行（指仿真执行）顺序是与它们的书写顺序基本一致的，但其相应的硬件逻辑工作方式未必如此，希望读者在理解过程中要注意区分 VHDL 的软件行为及描述综合后的硬件行为间的差异。

顺序语句只能出现在进程（process）和子程序中。在 VHDL 中，一个进程是由一系列顺序语句构成的，而进程本身属并行语句，这就是说，在同一设计实体中，所有的进程是并行执行的。然而任一给定的时刻内，在每一个进程内，只能执行一条顺序语句。一个进程与其设计实体的其他部分进行数据交换的方式只能通过信号或端口。如果要在进程中完成某些特定的算法和逻辑操作，也可以通过依次调用子程序来实现，但子程序本身并无顺序和并行语句之分。利用顺序语句可以描述逻辑系统中的组合逻辑、时序逻辑或它们的综合体。

VHDL 有 6 类基本顺序语句：赋值语句、转向控制语句、等待语句、子程序调用语句、返回语句、空操作语句。

2.6.1 赋值语句

赋值语句的功能就是将一个值或一个表达式的运算结果传递给某一数据对象，如信号或变量，或由此组成的数组。VHDL 设计实体内的数据传递以及对端口界面外部数据的读写都必须通过赋值语句来实现。

1. 信号和变量赋值

变量赋值语句和信号赋值语句的语法格式如下：

变量赋值目标：=赋值源；

信号赋值目标<=赋值源；

在信号赋值中，需要注意的是，当在同一进程中，同一信号赋值目标有多个赋值源时，信号赋值目标获得的是最后一个赋值源的赋值，其前面相同的赋值目标不做任何变化。

2. 赋值目标

赋值语句中的赋值目标有 4 种类型。

(1) 标志符赋值目标及数组单元素赋值目标　标志符赋值目标是以简单的标志符作为被赋值的信号或变量名。

数组单元素赋值目标的表达形式为：

数组类信号或变量名（下标名）

下标名可以是一个具体的数字，也可以是一个文字表示的数字名，它的取值范围在该数组元素个数范围内。下标名若是未明确表示取值的文字（不可计算值），则在综合时，将耗用较多的硬件资源，且一般情况下不能被综合。

标志符赋值目标及数组单元素赋值目标的使用如例 2-15 所示。

【例 2-15】

```
signal s1,s2:std_logic;
signal tmp:std_logic_vector(7 downto 0);
process(s1,s2)
variable v1,v2:std_logic;
begin
v1:='1';            --立即将 v1 置为 1
v2:='0';            --立即将 v2 置为 0
s1<='1';            --s1 被赋值为 1
s2<='1';--由于在本进程中,这里的 s2 不是最后一个赋值语句,故不作任何赋值操作
tmp(0)<=v1;         --将 v1 的值赋给 tmp(0)
tmp(1)<=v2;         --将 v2 的值赋给 tmp(1)
tmp(2)<=s1;         --将 s1 的值赋给 tmp(2)
tmp(3)<=s2;         --将 s2 的值赋给 tmp(3)
v1:='0';            --立即将 v1 重新置为 0
v2:='1';            --立即将 v2 重新置为 1
s2<='0';            --这里的 s2 是最后一个赋值语句,s2 被赋值为 0 生效
tmp(4)<=v1;         --将 v1 的值赋给 tmp(4)
tmp(5)<=v2;         --将 v2 的值赋给 tmp(5)
tmp(6)<=s1;         --将 s1 的值赋给 tmp(6)
tmp(7)<=s2;         --将 s2 的值赋给 tmp(7)
end process;
```

(2) 段下标元素赋值目标及集合块赋值目标　段下标元素赋值目标可用以下方式表示：

数组类信号或变量名（下标 1 to/downto 下标 2）

括号中的两个下标必须用具体数值表示,并且其数值范围必须在所定义的数组下标范围内,两个下标的排序方向要符合方向关键词 to 或 downto,具体用法如例 2-16 所示。

【例 2-16】

variable a,b,:std _ logic _ vector(1 to 4);
begin
a(1 to 2):="10";   --等效为 a(1):='1',a(2):='0'
a(4 downto 3):="01";   --等效为 a(4):='0',a(3):='1'

(3) 传输延时和固有延时　在 VHDL 中用于延时行为建模时常用固有延时,在对引线的延时建模时使用传输延时。

固有延时(或称惯性延时)是 VHDL 默认的延时,如果不特别指明延时类型,即采用了固有延时。电路分析时广泛采用了固有延时,因为它可以防止通过该电路毛刺的散布。

传输延时必须在 VHDL 中指定,它表示连线的延时,如果指定了传输延时,不管多么小的脉冲都必须按指定的延时值传给输出,它常用于延时线、PCB 的连线延时和 ASIC 的通道延时建模。

2.6.2　转向控制语句

转向控制语句通过条件控制开关决定是否执行一条或几条语句,或重复执行一条或几条语句,或跳过一条或几条语句。转向控制语句共有 5 种:if 语句、case 语句、loop 语句、next 语句和 exit 语句。

1. if 语句

if 语句是一种条件语句,它根据语句中所设置的一种或多种条件,有选择地执行指定的顺序语句,其语句结构如下:

if 条件句 then
　　顺序语句
{elsif　条件句 then   --注意:此处是 elsif,而不是 else if
　　顺序语句}
[else
　　顺序语句]
end if;

if 语句中至少应有一个条件句,条件句必须由布尔表达式构成。if 语句根据条件句产生的判断结果 true 或 false,有条件地选择执行其后的顺序语句。如果某个条件句的布尔值为真(true),则执行该条件句后的关键词 then 后面的顺序语句,否则结束该条件的执行,或执行 elsif 或 else 后面的顺序语句后结束该条件句的执行……直到执行到最外层的 end if 语句,才完成全部 if 语句的执行。

【例 2-17】　用 if 语句描述 4 选 1 多路选择器。
library IEEE;
use IEEE.std _ logic _ 1164.all;
entity mux4 is
　　port(input:std _ logic _ vector(3 downto 0);
　　　　a,b:in std _ logic;

```
                y:out std_logic);
    end mux4;
    architecture behave of mux4 is
        signal sel:std_logic_vector(1 downto 0);
    begin
        sel <= b&a;
        process(input,sel)
            begin
                if sel = "00" then
                    y <= input(0);
                elsif sel = "01" then
                    y <= input(1);
                elsif sel = "10" then
                    y <= input(2);
                else
                    y <= input(3);
                end if;
        end process;
    end behave;
```

elsif 可允许在一个语句中出现多重条件，每一个 if 语句都必须有一个对应的 end if 语句。if 语句可嵌套使用，但嵌套层数不宜过多。在含有多个互不相关信号的条件时，采用 case 语句程序的可读性比较好。

由于 VHDL 是硬件描述语言，故不能用纯软件的编程概念去理解它。请参阅例 2-18。

【例 2-18】

```
    library IEEE;
    use IEEE.std_logic_1164.all;
    entity and2 is
    port(a,b:in std_logic;
                c:out std_logic);
    end and2;
    architecture behave of and2 is
        begin
            process(a,b)
                begin
                    if(a = '1' and b = '1')then
                    c <= '1';
                    end if;
            end process;
    end behave;
```

该设计原意是设计一个 2 输入与门，但因 "if" 语句中无 "eles 语句"，所以综合器在对此语句逻辑综合时默认为"else 语句为"c <= c",即 c 保持不变,因此可能形成的电路如图 2-4 所示。

此时电路中有一个隐含触发器。利用 Quartus Ⅱ（或 Maxplus Ⅱ）软件仿真时,在第一个"a = 1"及"b = 1"之前,c 处于不定状态。而在第一个"a = 1"及"b = 1"之后,c 始终为 1。为改正此错误,仅需在原程序中加上

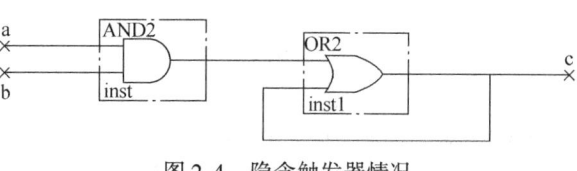

图 2-4 隐含触发器情况

  else c <='0';
就可以有效地去除隐含触发器。

这类错误在利用"if-then-else"语句设计组合电路时常易犯,请特别注意。

2. case 语句

case 语句根据满足的条件直接选择多项顺序语句中的一项执行,它也只能在进程中使用。
case 语句的结构如下:

case   表达式   is
   when   选择值 = >顺序语句;
   when   选择值 = >顺序语句;
   [when   others = >顺序语句;]
end case;

当执行到 case 语句时,首先计算表达式的值,然后根据条件句中与之相同的选择值,执行对应的顺序语句,最后结束 case 语句。表达式可以是一个整数类型或枚举类型的值,也可以是由这些数据类型的值构成的数组(请注意,条件句中的" =>"不是操作符,它只相当于"then"的作用)。

选择值可以有 4 种不同的表达方式:①单个普通数值,如 4;②数值选择范围,如（2 to 4）,表示取值 2、3 或 4;③并列数值,如 3 | 5,表示取值为 3 或者 5;④混合方式,以上 3 种方式的混合。

使用 case 语句需注意以下几点:

1) 条件句中的选择值必须在表达式的取值范围内。

2) 除非所有条件句中的选择值能完整覆盖 case 语句中表达式的取值,否则最末一个条件句中的选择必须用"others"表示。它代表已给的所有条件句中未能列出的其他可能的取值。这样可以避免综合器插入不必要的寄存器。这一点对于定义为 std _ logic 和 std _ logic _ vector 数据类型的值尤为重要,因为这些数据对象的取值除了 1 和 0 以外,还可能有其他的取值,如高阻态 Z、不定态 X 等。

3) case 语句中每一条件句的选择只能出现一次,不能有相同选择值的条件语句出现。

4) case 语句执行中必须选中,且只能选中所列条件语句中的一条。这表明 case 语句中至少要包含一个条件语句。

【例 2-19】 用 case 语句描述 4 选 1 多路选择器。
library IEEE;
use IEEE. std _ logic _ 1164. all;

```vhdl
entity mux4 is
    port(input:std_logic_vector(3 downto 0);
        a,b:in std_logic;
        y:out std_logic);
end mux4;
architecture behave of mux4 is
    signal sel:std_logic_vector(1 downto 0);
begin
    sel <= b&a;
    process(input,sel)
        begin
            case sel is
            when"00" = > y <= input(0);
            when"01" = > y <= input(1);
            when"10" = > y <= input(2);
            when others = > y <= input(3);
            end case;
    end process;
end behave;
```

因为 sel 的类型为 "std_logic_vector"，取值组合除了 00、01、10、11 外，还有 0X、0Z……显然这些取值组合在实际电路中不会出现，但也应列出，即 case_when 语句必须指明所有互斥条件。为方便起见，常使用 "others" 语句代替其他各种组合。

与 if 语句相比，case 语句组的程序可读性比较好，这是因为它把条件中所有可能出现的情况全部列出来了，可执行条件一目了然。而且 case 语句的执行过程不像 if 语句那样有一个逐项条件顺序比较的过程。case 语句中条件句的次序是不重要的，它的执行过程更接近于并行方式。一般地，综合后，对相同的逻辑功能，case 语句比 if 语句的描述耗用更多的硬件资源，而且有的逻辑功能 case 语句无法描述，只能用 if 语句来描述。这是因为 if-then-elsif 语句具有条件相与的功能和自动将逻辑值 "-" 包括进去的功能，逻辑值 "-" 有利于逻辑化简，而 case 语句只有条件相或的功能。

3. loop 语句

loop 语句就是循环语句，它可以使所包含的一组顺序语句被循环执行，其执行次数可由设定的循环参数决定，循环的方式由 next 和 exit 语句来控制。其语句格式如下：

[loop 标号:][重复模式]loop
　　顺序语句
end loop[loop 标号]

重复模式有两种：while 和 for，格式分别为：
[loop 标号:]for 循环变量 in 循环次数范围 loop　　--循环次数已知
[loop 标号:]while 循环控制条件 loop　　　　　　--循环次数未知

注意：loop 循环的范围最好以常数表示，否则，在 loop 体内的逻辑可以重复任何可能的范围，这样将导致耗费过大的硬件资源，综合器不支持没有约束条件的循环。

【例 2-20】 for-loop 语句的使用（8 位奇偶校验逻辑电路的 VHDL 程序）。
```
library IEEE;
use IEEE.std_logic_1164.all;
entity check8 is
port(a:in std_logic_vector(7 downto 0);
     y:out std_logic);
end;
architecture behave of check8 is
signal tmp:std_logic;
begin
process(a)
begin
    tmp<='0';
    for i in 0 to 7 loop
        tmp<=tmp xor a(i);
    end loop;
    y<=tmp;
end process;
end behave;
```

【例 2-21】 while-loop 语句的使用。
```
ex:process(inputx)
    variable n:positive:='1';
    begin
    L1:while n<=8 loop
    outputx(n)<=inputx(n+8);
    n:=n+1;
    end loop L1;
end process ex;
```

在 while-loop 语句的顺序语句中增加了一条循环次数的计算语句，用于循环语句的控制。在循环执行中，当 n 的值等于 9 时将跳出循环。

4. next 语句

next 语句主要用在 loop 语句执行中有条件的或无条件的转向控制。它的语句格式为

next[loop 标号][when 条件表达式];

当 loop 标号默认时，则执行 next 语句时，即刻无条件终止当前的循环，跳回到本次循环 loop 语句开始处，开始下一次循环，否则跳转到指定标号的 loop 语句开始处，重新开始执行循环操作。若 when 子句出现并且条件表达式的值为 true，则执行 next 语句，进入跳转操作，否则继续向下执行。

【例 2-22】
```
…
L1:for i in 1 to 8 loop
```

```
        s1:a(i):='0';
        next when (b=c);
        s2:a(i+8):='0';
    end loop L1;
```

例 2-22 中,当程序执行到 next 语句时,如果条件判断式 (b=c) 的结果为 true,将执行 next 语句,并返回到 L1,使 i 加 1 后执行 s1 开始的赋值语句,否则将执行 s2 开始的赋值语句。

在多重循环中,next 语句必须如例 2-23 所示那样,加上跳转语句。

【例 2-23】
```
L1:for I in 1 to 8 loop
    s1:a(i):='0';
    k:='0';
  L2:loop
        s2:b(k):='0';
        next L1 when (e>f);
        s3:b(k+8):='0';
        k:k+1;
    next loop L2;
next loop L1;
```

当 e>f 为 true 时执行语句 next L1,即跳转到 L1,使 i 加 1,从 s1 处开始执行语句;若为 false,则执行 s3 后使 k 加 1。

5. exit 语句

exit 语句也是 loop 语句的内部循环控制语句,其语句格式如下:

exit[loop 标号][when 条件表达式];

这里,每一种语句格式与前述的 next 语句的格式和操作功能非常相似,唯一的区别是 next 语句是跳向 loop 语句的起始点,而 exit 语句则是跳向 loop 语句的终点。

例 2-24 是一个两元素位矢量值比较程序。在程序中,当发现比较值 a 和 b 不同时,由 exit 语句跳出循环比较程序,并报告比较结果。

【例 2-24】
```
signal a,b:std_logic_vector(1 downto 0);
signal a_less_b:Boolean;
...
a_less_b<=false;
for i in 1 downto 0 loop
    if (a(i)='1' and b(i)='0') then
        a_less_b<=false;
        exit;
    elsif (a(i)='0' and b(i)='1')
        a_less_b<=true;
        exit;
```

　　　　　else null;
　　　end if;
　end loop;
null 为空操作语句,是为了满足 else 的转换。此程序先比较 a 和 b 的高位,高位是 1 者为大,输出判断结果 true 或 false 后中断比较程序;当高位相等时,继续比较低位,这里假设 a 不等于 b。

2.6.3　等待语句

在进程中(包括过程中),当执行到等待(wait)语句时,运行程序将被挂起(suspension),直到满足此语句设置的结束挂起条件后,将重新开始执行进程或过程中的程序。但 VHDL 规定,已列出敏感量的进程中不能使用任何形式的 wait 语句。wait 语句的书写格式如下:

wait[on 信号表][until 条件表达式][for 时间表达式];

单独的 wait,未设置停止挂起条件的表达式,表示永远挂起。

wait on 信号表,称为敏感信号等待语句,在信号表中列出的信号是等待语句的敏感信号。当处于等待状态时,敏感信号的任何变化(如从 0→1 或从 1→0 的变化)将结束挂起,再次启动进程。例如:

wait on s1, s2;

表示当 s1 或 s2 中任一信号发生改变时,就恢复执行 wait 语句之后的语句。

wait until 条件表达式,称为条件等待语句,该语句将把进程挂起,直到条件表达式中所含信号发生了改变,并且条件表达式为真时,进程才能脱离挂起状态,恢复执行 wait until 语句之后的语句。

【例 2-25】

(a) wait until 结构

…

wait until enable = '1';

…

(b) wait on 结构

loop

wait on enable;

exit when enable = '1';

end loop;

例 2-25 中的两种表达方式是等效的。

由以上脱离挂起状态、重新启动进程的两个条件可知,例 2-25 结束挂起所需满足的条件,实际上是一个信号的上跳沿。因为当满足所有条件后 enable 为 1,可推知 enable 一定是由 0 变化来的。因此,例 2-25 中进程的启动条件是 enable 出现一个上跳信号沿。

一般地,只有 wait until 格式的等待语句可以被综合器接受(其余语句格式只能在 VHDL 仿真器中使用)。wait until 语句有以下 3 种表达方式:

wait until 信号 = value;

wait until 信号′event and 信号 = value;

wait until not 信号'stable and 信号 = value；

如果设 clock 为时钟信号输入端，以下 4 条 wait 语句所设的进程启动条件都是时钟上跳沿，所以它们对应的硬件结构是一样的。

wait until clock ='1'；

wait until clock'event and clock ='1'；

wait until rising_edge（clock）；

wait until not clock'stable and clock ='1'；

2.6.4 子程序调用语句

在进程中允许对子程序进行调用。子程序包括过程和函数，可以在 VHDL 的构造体或程序包中的任何位置对子程序进行调用。

从硬件角度讲，一个子程序的调用类似于一个元件模块的例化，也就是说，VHDL 综合器为子程序的每一次调用都生成一个电路逻辑块。所不同的是，元件的例化将产生一个新的设计层次，而子程序调用只对应于当前层次的一部分。

子程序的结构详见 2.8 节，它包括子程序首和子程序体。子程序分成子程序首和子程序体的好处是，在一个大系统的开发过程中，子程序的界面，即子程序首是在公共程序包中定义的。这样一来，一部分开发者可以开发子程序体，另一部分开发者可以使用对应的公共子程序，既可以对程序包中的子程序进行修改，又不会影响对程序包说明部分的使用。这是因为，对于子程序体的修改，并不会改变子程序首的界面参数和出/入口方式的定义，从而对子程序体的改变并不会改变调用子程序的源程序结构。

1. 过程调用

过程调用就是执行一个给定名字和参数的过程。调用过程的语句格式如下：

过程名[（[形参名 =>]实参表达式{，[形参名 =>]实参表达式}）]；

其中，括号中的实参表达式称为实参，它可以是一个具体的数值，也可以是一个标志符，是当前调用程序中过程形参的接受体。在此调用格式中，形参名即为当前欲调用的过程中已说明的参数名，即与实参表达式相联系的形参名。被调用中的形参名与调用语句中的实参表达式的对应关系有位置关联法和名字关联法两种，位置关联可以省去形参名。

一个过程的调用有 3 个步骤：首先将 in 和 inout 模式的实参值赋给欲调用的过程中与它们对应的形参；然后执行这个过程；最后将过程中 in 和 inout 模式的形参值赋还给对应的实参。

2. 函数调用

函数调用与过程调用是十分相似的，不同之处是，函数调用将返回一个指定数据类型的值，函数的参量只能是输入值。

2.6.5 返回语句

返回（return）语句只能用于子程序体中，并用来结束当前子程序体的执行。其语句格式如下：

return [表达式]；

当表达式默认时，只能用于过程，它只是结束过程，并不返回任何值；当有表达式时，只能用于函数，并且必须返回一个值。用于函数的语句中的表达式提供函数返回值。每一函数必须至少包含一个返回语句,并可以拥有多个返回语句,但是在函数调用时,只有其中一个返回语句可以将值带出。

2.6.6 空操作语句

空操作语句的语句格式如下:
null;
空操作语句不完成任何操作,它唯一的功能就是使逻辑运行流程跨入下一步语句的执行。null 常用于 case 语句中,为满足所有可能的条件,利用 null 来表示剩余不用的条件下的操作行为。

在例 2-26 的 case 语句中,null 用于排除一些不用的条件。

【例 2-26】
```
architecture behave of mux4 is
begin
    process(s,a0,a1,a2,a3)
    begin
        case s is
            when "00"  = > y <= a0;
            when "01"  = > y <= a1;
            when "10"  = > y <= a2;
            when "11"  = > y <= a3;
            when others = > null;
        end case;
    end process;
end behave;
```

2.6.7 其他语句

1. assert 语句

assert(断言)语句只能在 VHDL 仿真器中使用,综合器通常忽略此语句。assert 语句判断指定的条件是否为 true,如果为 false 则报告错误。assert 语句格式如下:
assert 条件表达式
report 字符串
severity 错误等级[severity_level];

【例 2-27】
assert not(s = '1' and r = '1')
report "both values of signals s and r are equal to '1'"
severity error;

如果出现 severity 子句,则该子句一定要指定一个类型为 severity_level 的值,severity_level 共有以下 4 种可能的值:

1) note:可以用在仿真时传递信息。
2) warning:用在非平常的情形,此时仿真过程仍可继续,但结果可能是不可预测的。

3) errot：用在仿真过程已经不可能继续执行下去的情况。

4) failure：用在发生致命的错误，仿真过程必须立即停止的情况。

assert 语句可以作为顺序语句使用，也可以作为并行语句使用。作为并行语句时，assert 语句可看成为一个被动进程。

2. report 语句

report 语句类似于 assert 语句，区别是它没有条件。其语句格式如下：

report 字符串;

report 字符串 severity severity_level;

【例 2-28】

```
while counter <= 100 loop
    If counter > 50 then
        report "the counter is over 50"
    end if;
…
end loop;
```

在 VHDL 1993 年 IEEE 1164 标准中，report 语句相当于前面省略了 assert，而在 1987 年 IEEE 1064 标准中不能单独使用 report 语句。

3. 决断函数

决断函数（resolution function）在信号互相连接的时候使用，例如当多重驱动直接连接到同一个信号时，应使用决断函数来指定驱动值，即由决断函数确定信号值是相与、相或，还是保持三态。在仿真的时候可以使用决断函数来解决总线冲突的情况。

注意：即使所有的驱动源都保持相同的值，决断函数也可能改变决断信号的值。

信号的决断函数是信号子类型声明的一部分。可以通过以下 4 个步骤产生决断信号：

1) 声明信号的基类型。

2) 声明决断信号的子类型作为基类型的子类型，并且声明决断函数的类型。

3) 决断函数自身的声明。

4) 决断信号作为决断子类型进行声明。

例 2-29 表明了如何创建并且使用决断信号。信号的基类型为预定义的 bit 类型。

【例 2-29】

```
package res_pack is
    function res_func(data:in bit_vector) return bit;
    subtype resolved_bit is res_func bit;
end;
package body res_pack is
    function res_func(data:in bit_vector) return bit is
    begin
    for i in data'range loop
        if data(i) = '0' then
            return '0';
        end if;
```

```
        end loop;
        return '1';
end function res_func;
end package body res_pack;
use work.res_pack.all;
entity wand_vhdl is
port(x,y:in bit;
    z:out resolved_bit);
end;
architecture behave of wand_vhdl is
begin
    z<=x;
    z<=y;
end behave;
```

通常决断函数只在 VHDL 仿真时使用，但许多综合器支持预定义的几种决断信号。

2.7 VHDL 并行语句

并行语句是硬件描述语言与一般软件程序最大的区别所在，所有并行语句在结构体中的执行都是同时进行的，即它们的执行顺序与语句书写的顺序无关。这种并行性是由硬件本身的并行性决定的，即一旦电路接通电源，它的各部分就会按照事先设计好的方案同时工作。需要注意的是，VHDL 中的并行运行有多层含义，即模块间的运行方式可以有同时运行、异步运行、非同步运行等方式，从电路的工作方式上可以包括组合逻辑运行方式、同步逻辑运行方式和异步逻辑运行方式等。

VHDL 在构造体中的并行语句主要有 7 种：

进程语句；

块语句；

并行信号赋值语句；

条件信号赋值语句；

元件例化语句；

生成语句；

并行过程调用语句。

并行语句在构造体中的使用格式如下：

architecture 构造体名 of 实体名 is
　　［说明语句］
　　begin
　　　　并行语句
end 结构体名；

并行语句与顺序语句并不是相互对立的语句，它们往往互相包含、互为依存，它们是一个矛盾的统一体。严格地说，VHDL 中不存在纯粹的并行行为和顺序行为的语句。例如，相对于其他的并行语句，进程属于并行语句，而进程内部运行的都是顺序语句，而一个单句并行赋值语句，从表面上看是一条完整的并行语句，但实质上却是一条进程语句的缩影，它完全可以用一个相同功能的进程来替代。所不同的是，进程中必须列出所有的敏感信号，而单纯的并行赋值语句的敏感信号是隐性列出的。

2.7.1 进程语句

进程（process）语句是最具 VHDL 特色的语句，因为它提供了一种用算法（顺序语句）描述硬件行为的方法。进程实际上是用顺序语句描述的一种进行过程，也就是说进程用于描述顺序事件。process 语句结构包含了一个代表着设计实体中部分逻辑行为的、独立的顺序语句描述的进程。一个结构体中可以有多个并行运行的进程结构，而每一个进程的内部结构却是由一系列顺序语句构成的。

需要注意的是，process 结构中的顺序语句及其所谓的顺序执行过程只是相对于计算机中的软件行为仿真的模拟过程而言的，这个过程与硬件结构中实现的对应的逻辑行为是不相同的。process 结构中既可以有时序逻辑的描述，也可以有组合逻辑的描述，它们都可以用顺序语句来表达。然而，硬件中的组合逻辑具有最典型的并行逻辑功能，而硬件中的时序逻辑也并非都是以顺序方式工作的。

1. process 语句格式

process 语句的表达格式如下：

［进程标号］process［（敏感信号参数表）］[is]

［进程说明部分］

begin

顺序描述语句

end process；

进程说明部分用于定义该进程所需的局部数据环境。

顺序描述语句部分是一段顺序执行的语句，描述该进程的行为。process 中规定了每个进程语句在它的某个敏感信号（由敏感信号参数表列出）的值改变时都必须立即完成某一功能行为，这个行为由进程顺序语句定义，行为的结果可以赋予信号，并通过信号被其他的 process 或 block 读取或赋值。当进程中定义的任一敏感信号发生更新时，由顺序语句定义的行为就要重复执行一次，当进程中最后一个语句执行完成后，执行过程将返回到第一个语句，以等待下一次敏感信号变化，如此循环往复以至无限。但当遇到 wait 语句时，执行过程将被有条件地终止，即所谓的挂起。

一个构造体中可含有多个 process 结构，每一个 process 结构对于其敏感信号参数表中定义的任一敏感信号参数的变化，每个进程可以在任何时刻被激活或者称为启动。而所有被激活的进程都是并行运行的，这就是为什么取 process 结构本身是并行语句的道理。

2. process 语句组成

process 语句结构是由三个部分组成的，即进程说明部分、功能描述语句部分和敏感信号参数表。

1）进程说明部分主要定义一些局部量，可包括数据类型、常数、属性、子程序等。但需注意，在进程说明部分中不允许定义信号和共享变量。

2）功能描述语句部分可分为赋值语句、进程启动语句、子程序调用语句、顺序描述语句和进程跳出语句等。

信号赋值语句：即在进程中将计算或处理的结果向信号（signal）赋值。

变量赋值语句：即在进程中以变量（variable）的形式存储计算的中间值。

进程启动语句：当 process 的敏感信号参数表中没有列出任何敏感量时，进程的启动只能通过进程启动语句 wait 语句。这时可以利用 wait 语句监视信号的变化情况，以便决定是否启动进程。wait 语句可以看成是一种隐式的敏感信号表。

子程序调用语句：对已定义的过程和函数进行调用，并参与计算。

顺序描述语句：包括 if 语句、case 语句、loop 语句和 next 语句等。

进程跳出语句：包括 next 语句和 exit 语句。

3. 进程设计要点

进程的设计需要注意以下几方面的问题：

1）虽然同一结构体中的进程之间是并行运行的，但同一进程中的逻辑描述语句则是顺序运行的，因而在进程中只能设置顺序语句。

2）进程的激活必须由敏感信号表中定义的任一敏感信号的变化来启动，否则必须有一个显式的 wait 语句来激活。这就是说，进程既可以由敏感信号的变化来启动，也可以由满足条件的 wait 语句来激活；反之，在遇到不满足条件的 wait 语句后，进程将被挂起。因此，进程中必须定义显式或隐式的敏感信号。如果一个进程对一个信号集合总是敏感的，那么，可以使用敏感信号参数表来指定进程的敏感信号。但是，在一个已经使用了敏感表的进程（或者由该进程所调用的子程序）中不能含有任何 wait 语句。

3）构造体中多个进程之所以能并行同步运行，一个很重要的原因是进程之间的通信是通过传递信号和共享变量值来实现的。所以相对于结构体来说，信号具有全局特性，它是进程间进行并行联系的重要途径。因此，在任一进程的说明部分不允许定义信号（共享变量是 VHDL 1993 年 IEEE 1164 标准增加的内容）。

4）进程是重要的建模工具。进程结构不但被综合器所支持，而且进程的建模方式将直接影响仿真和综合结果。需要注意的是综合后对应于进程的硬件结构，对进程中的所有可读入信号都是敏感的，而在 VHDL 行为仿真中并非如此，除非将所有的读入信号列为敏感信号。

进程语句是 VHDL 程序中使用最频繁和最能体现 VHDL 特点的一种语句，其原因是它的并行和顺序行为的双重性，以及行为描述风格的特殊性。为了使 VHDL 的软件仿真与综合后的硬件仿真对应起来，应当将进程中的所有输入信号都列入敏感信号参数表中。不难发现，在对应的硬件系统中，一个进程和一个并行赋值语句确实有十分相似的对应关系，并行赋值语句就相当于一个将所有输入信号隐性列入结构体监测范围（即敏感信号参数表）的进程语句。

综合后的进程语句所对应的硬件逻辑模块，其工作方式可以是组合逻辑方式的，也可以是时序逻辑方式的。例如在一个进程中，一般的 if 语句，综合出的电路多为组合逻辑电路（一定条件下）；若出现 wait 语句，在一定条件下，综合器将引入时序元件，如触发器。

【例 2-30】

library IEEE;
use IEEE. std _ logic _ 1164. all；
use IEEE. std _ logic _ unsigned. all；

```vhdl
entity addr10 is
port(clr:in std_logic;
    in1:in std_logic_vector(3 downto 0);
    out1:out std_logic_vector(3 downto 0));
end addr10;
architecture behave of addr10 is
begin
process(in1,clr)
begin
    if clr='1' and in1="1001" then
        out1<="0000";
    else
        out1<=in1+1;
    end if;
end process;
end behave;
```

【例2-31】 D触发器。

```vhdl
library IEEE;
use IEEE.std_logic_1164.all;
entity dff2 is
    port(clk:in std_logic;
        d:in std_logic;
        en:in std_logic;
        rst:in std_logic;
        prst:in std_logic;
        q:out std_logic);
end dff2;
architecture behave of dff2 is
begin
        process(clk,rst,prst)
        begin
            if rst='1' then
                q<='0';
            elsif prst='1' then
                q<='1';
            elsif clk'event and clk='1' then
                if en='1' then
                    q<=d;
                end if;
            end if;
```

         end process;
　　end;

2.7.2 块语句

　　块（block）语句是将构造体中的并行语句组合在一起，其主要目的是改善并行语句及其结构的可读性，一般用于较复杂的 VHDL 程序中。但从综合的角度看，block 语句没有实用价值。

　　(1) block 语句的结构　　block 语句书写格式如下：
　　块名：block（表达式）
　　begin
　　end block 块结构名；
　　采用 block 语句来描述 2 选 1 电路的程序如例 2-32 所示。

【例 2-32】
　　entity mux is
　　　　port(d0,d1,sel:in bit;
　　　　q:out bit);
　　end mux;
　　architecture connect of mux is
　　　　signal tmp1,tmp2,tmp3:bit;
　　begin
　　　　case:block
　　　　begin
　　　　tmp1 <= d0 and sel;
　　　　tmp2 <= d1 and(not sel):
　　　　tmp3 <= tmp1 or tmp2;
　　　　q <= tmp3;
　　　　end block case;
　　end connect;

　　上述程序的构造体中只有一个 block 块。

　　(2) block 和子原理图的关系　　人们在用计算机电路辅助设计工具输入电原理图时，往往将一个大规模的电原理图分割成多张子原理图，进行输入和存档。同样，在 VHDL 中也不例外，电路的构造体对应整个电原理图，而构造体可以由多个 block 构成，每一个 block 对应一张子原理图。这样，电原理图的分割关系和 VHDL 程序中用 block 分割构造体的关系是一一对应的。

　　在用其他高级语言编程时，总希望程序模块小一点，以利于编程和查错，也利于实现积木化结构。同理，在 VHDL 中采用 block 语句，对编程、查错、仿真及再利用都会带来很大的好处。

　　(3) block 中语句的并发性　　在对程序进行仿真时，block 语句中所描述的各个语句是可以并行执行的，它和书写顺序无关。在 VHDL 中将可以并行执行的语句称为并发语句（concurrent statement）。当然，在构造体内直接书写的语句也是并发的。另外，在 VHDL 中也存在只能顺序执行的语句,这一点将在后面介绍。

(4) 卫式 block (guarded block) 一般地,使用 block 语句,仅仅是将构造体划分成几个独立的程序模块,和执行控制没有直接关系。如前所述,在系统仿真时,block 语句将被无条件地执行。但是,在实际电路设计中,往往会碰到这样的情况:当某一条件得到满足时,block 语句才可以被执行;条件不满足时,该 block 语句将不能执行。这就是卫式 block,它可以实现 block 的执行控制。

例如,用 block 语句来描述一个锁存器的结构,该锁存器是一个 D 触发器,具有一个数据输入端 D1、时钟输入端 clk、输出端 q 和反相输出端 qb。众所周知,只有 clk 有效时(即 clk ='1'),输出端 q 和 qb 才会随输入数据变化而变化。此时,可用卫式 block 语句描述该锁存器结构,如例 2-33 所示。

【例 2-33】
library IEEE;
use IEEE. std _ logic _ 1164. all;
use IEEE. std _ logic _ unsigned. all;
entity latch1 is
port(d,clk:in std _ logic;
    q,qb:out std _ logic);
end latch1;
architecture behave of latch1 is
begin
b1:block(clk ='1')
    begin
        q <= guarded d after 5ns;
        qb <= guarded not(d) after 7ns;
    end block b1;
end behave;

如上述程序所示,卫式 block 语句的格式为:

block [卫式布尔表达式]

当卫式布尔表达式为真时(例中 clk ='1'时为真),该 block 语句被启动执行;布尔表达式为假时,该 block 语句将不被执行。在 block 中的两个信号传送语句都写有前卫关键词 guarded,表明只有卫式布尔表达式为真时,这两个语句才被执行。

现在根据程序,描述一下锁存器的工作过程:当端口 clk 的值为 1 时,卫式布尔表达式为真,D 端的输入值经 5ns 延迟以后从 q 端输出,然后对 D 端的值取反,经 7ns 后从 qb 端输出;当端口 clk 的值为 0 时,D 端到 q、qb 端的信号传递通道被切断,q 端和 qb 端的输出保持原状,不随 D 端值的变化而变化。

2.7.3 并行信号赋值语句

并行信号赋值语句有 3 种形式:简单信号赋值语句、条件信号赋值语句和选择信号赋值语句。

这 3 种信号赋值语句的共同点是:赋值目标必须都是信号,所有赋值语句与其他并行语句一样，在构造体内的执行是同时发生的，与它们的书写顺序和是否在块语句中没有关系。每一信号赋值语句都相当于一条缩写的进程语句，而这条语句的所有输入信号都被隐性地列入此过程的敏感信号参数表中。因此，任何信号的变化都将启动相关并行语句的赋值操作，而这种启动完全是独立于其他语句的，它们都可以直接出现在结构体中。

1. 简单信号赋值语句

并行简单信号赋值语句是 VHDL 并行语句结构的最基本的单元，它的语句格式如下：

信号赋值目标 <= 表达式；

式中信号赋值目标的数据类型必须与赋值符号右边表达式的数据类型一致。

2. 条件信号赋值语句

条件信号赋值语句的表达方式如下：

赋值目标 <= 表达式 when 赋值条件　else；
　　　　　表达式 when 赋值条件　else；
　　　　　…
　　　　　表达式；

在构造体中的条件信号赋值语句的功能与在进程中的 if 语句相同。在执行条件信号赋值语句时，每一赋值条件是按书写的先后顺序逐条测定的，一旦发现赋值条件为 true 时，立即将表达式的值赋给赋值目标。

3. 选择信号赋值语句

选择信号赋值语句格式如下：

with 选择表达式 selecte

赋值目标信号 <= 表达式 when 选择值，
　　　　　　　表达式 when 选择值，
　　　　　　　…
　　　　　　　表达式；

选择信号赋值语句本身不能在进程中应用，但其功能却与进程中的 case 语句的功能相似。case 语句的执行依赖于进程中敏感信号的改变而启动进程，而且要求 case 语句中各子句的条件不能有重叠，必须包容所有的条件。

选择信号赋值语句中也有敏感量，即关键词 with 旁的选择表达式。每当选择表达式的值发生变化时，就将启动此语句对各子句的选择值进行测试对比，当发现有满足条件的子句的选择值时，就将此子句表达式中的值赋给赋值目标信号。与 case 语句相类似，选择赋值语句对于子句条件选择值的测试具有同期性，不像以上的条件信号赋值语句那样是按照子句的书写顺序从上至下逐条测试的。因此，选择赋值语句不允许有条件重叠的现象，也不允许存在条件涵盖不全情况。

例 2-34 是一个简化的指令译码器（见图 2-5）。对应于 a、b、c 不同指令码，由 data1 和 data2 输入的两个值将进行不同的逻辑操作，并将结果从 dataout 输出。

【例 2-34】
library IEEE;
use IEEE. std _ logic _ 1164. all；

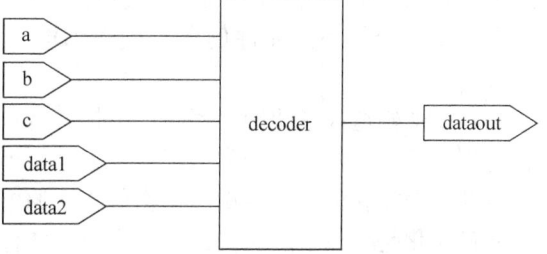

图 2-5　指令译码器

```vhdl
entity decoder is
    port(a,b,c:in std_logic;
         data1,data2:in std_logic;
         dataout:out std_logic);
end;
architecture behave of decoder is
signal tmp:std_logic_vector(2 downto 0);
begin
tmp <= c&b&a;
with tmp select
dataout <= data1 and data2 when "000",         --注意这里是逗号,不是分号
           data1 or data2 when "001",
           data1 nand data2 when "010",
           data1 nor data2 when "011",
           data1 xor data2 when "100",
           data1 xnor data2 when "101",
           'Z' when others;
end behave;
```

2.7.4 并行过程调用语句

并行过程调用语句可以作为一个并行语句直接出现在构造体或块语句中。并行过程调用语句的功能等效于包含了同一个过程调用语句的进程。并行过程调用语句的语句调用格式与前面讲的顺序过程调用语句是相同的，即过程名（关联参量名）。

并行过程的调用，常用于获得被调用过程的多个并行工作的复制电路。例如：要同时检测出一系列有不同位宽的位矢量信号，每一位矢量信号中的位只能有一个位是1，而其余位都是0，否则报告出错。完成这一功能的一种办法是先设计一个具有这种位矢量信号检测功能的过程，然后对不同位宽的信号并行调用这一过程。

2.7.5 元件例化语句

元件例化就是将预先设计好的设计实体定义为一个元件，然后利用特定的语句将此元件与当前的设计实体中的指定端口相连接，从而为当前设计实体引入一个新的低一级的设计层次。在这里，当前设计实体相当于一个较大的电路系统，所定义的例化元件相当于一个要插在这个电路系统板上的芯片，而当前设计实体中指定的端口则相当于这块电路板上准备接受此芯片的一个插座。元件例化是使 VHDL 设计实体构成自上而下层次化设计的一种重要途径。

任意一个构造体中调用子程序，包括并行过程的调用非常类似于元件例化，因为通过调用，为当前系统增加了一个类似于元件的功能模块。但这种调用是在同一层次内进行的，并没有因此而增加新的电路层次，这类似于在原电路系统增加了一个电容或一个电阻。

元件例化是可以多层次的，在一个设计实体中被调用安插的元件本身也可以是一个低层次的当前设计实体，因而可以调用其他的元件，以便构成更低层次的电路模块。因此，元件

例化就意味着在当前结构体内定义了一个新的设计层次,这个设计层次的总称叫元件,但它可以以不同的形式出现。如上所说,这个元件可以是已设计好的一个 VHDL 设计实体,可以是来自 FPGA 元件库中的元件,也可以是其他的硬件描述语言(如 Verilog)设计实体。该元件还可以是软的 IP 核,或者是 FPGA 中的嵌入式 IP 核。

元件例化语句由两部分组成:第一部分是将一个现成的设计实体定义为一个元件的语句;第二部分则是此元件与当前设计实体中的连接说明,它们的语句格式如下。

元件定义语句为:

component 例化元件名 is
generic (类属表)
port (例化元件端口名表)
end component 例化元件名;

元件例化语句为:

元件例化名:例化元件名 port map ([例化元件端口名 = >]连接实体端口名,…);

以上两部分语句在元件例化语句中都是必须存在的。第一部分语句是元件定义语句,相当于对一个现成的设计实体进行封装,使其只保留外面的接口界面。它的类属表可列出端口的数据类型和参数,例化元件端口名表可列出对外通信的各端口名。元件例化的第二部分语句即为元件例化语句,其中的元件例化名是必须存在的,而例化元件名则是已定义好的元件名。port map 是端口映射的意思,其中的例化元件端口名是在元件定义语句中的端口名表中已定义好的例化元件端口的名字,连接实体端口名则是当前系统与准备接入的例化元件对应端口相连的通信端口。

元件例化语句中所定义的例化元件端口名与当前系统的连接实体端口名的接口表达有两种方式:

一种是名字关联方式。在这种关联方式下,例化元件端口名和关联(连接)符号" = >"两者都是必须存在的。这时,例化元件端口名与连接实体端口名的对应式,在 port map 句中的位置可以是任意的。

另一种是位置关联方式。若使用这种方式,例化元件端口名和关联(连接)符号都可省去,在 port map 子句中,只要列出当前系统中的连接实体端口名就行了,但要求连接实体端口名的排列方式与所需例化的元件端口定义中的端口名一一对应。

【例 2-35】
library IEEE;
use IEEE. std _ logic _ 1164. all;
entity cntvh10 is
port(en,rd,ci,clk:in std _ logic;
　　　co:out std _ logic;
　　　qout:out std _ logic _ vector(6 downto 0));
end cntvh10;
architecture behave of cntvh10 is
component decode48
port(adr:in std _ logic _ vector(3 downto 0);
　　　en:in std _ logic;

            decodeout:out std_logic_vector(6 downto 0));
    end component;
    component cntm10
    port
        (ci   :in std_logic;
            nreset: in std_logic;
            clk   : in std_logic;
            co: out std_logic;
            qout : buffer std_logic_vector(3 downto 0));
    end component;
    signal qa:std_logic_vector(3 downto 0);
    begin
    u1:cntm10 port map(ci,rd,clk,co,qa);
    u2:decode48 port map(decodeout => qout,adr => qa,en => en);
    end behave;

从例2-35可以看出：元件例化时的端口列表可采用位置关联方法，如u1。这种方法要求的实参（该设计中连接到端口的实际信号，如ci、rd等）所映射的形参（元件的对外接口信号）的位置同元件声明中一样；元件例化时的端口列表也可采用名称关联方法映射实参与形参，如u2，格式为（形参1 => 形参1，实参2 => 实参2…），这种方法与位置无关。

建议采用位置关联方法映射实参与形参。

我们可以用其描述的电路（见图2-6）对照来看，以加深对元件例化的理解。

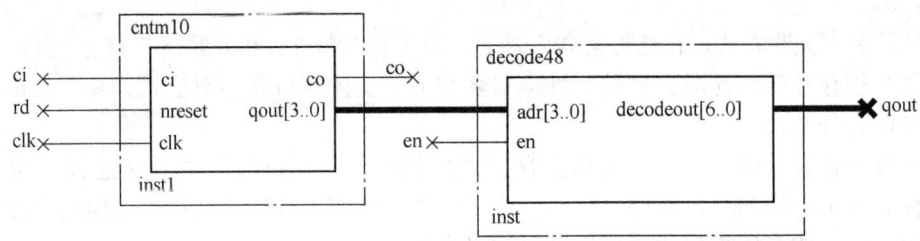

图2-6　元件例化示意图

另外，应注意元件声明时端口名一定要用原元件定义时的端口名，不能变动。若用到库中的元件，如2输入与非门（nand2），在不知其原端口名称的情况下，建议重编nand2，但必须另起文件名（见例2-36）。

【例2-36】　重新定义一个2输入与非门，名称为nand_2.vhd。
library IEEE;
use IEEE.std_logic_1164.all;
entity nand_2 is
port(a:in std_logic;
    b:in std_logic;
    c:out std_logic);
end nand_2;

```
architecture rtl of nand_2 is
begin
    c <= a and b;
end rtl;
```

【例2-37】 用最少的与非门实现异或运算。调用例2-36中的2输入与非门(两个文件存放在同一个工程中即可)。

```
library IEEE;
use IEEE.std_logic_1164.all;
entity xor2 is
port(x1,x2:in std_logic;
        m:out std_logic);
end xor2;
architecture rtl2 of xor2 is
component nand_2
    port(a:in std_logic;
         b:in std_logic;
         c:out std_logic);
end component;
signal s1,s2,s3:std_logic;
begin
    g1:nand_2 port map(x1,x2,s1);
    g2:nand_2 port map(x1,s1,s2);
    g3:nand_2 port map(s1,x2,s3);
    g4:nand_2 port map(s2,s3,m);
end rtl2;
```

参数化元件可增加元件例化的灵活性。所谓参数化元件是指元件的规模(或特性)可以通过引用参数而被指定。使用generic的方式在元件例化时可以传递信息给实体,避免了和实体的实际端口连接。generic在设计更加通用的单元时非常有效,在模拟和综合了实体的设计时非常方便。

【例2-38】 一个位数可调的计数器。

```
library IEEE;
use IEEE.std_logic_1164.all;
use IEEE.std_logic_unsigned.all;
entity cntnbits is
    generic(cntwidth:integer:=4);
    port(en   : in std_logic;
         clear: in std_logic;
         clk  : in std_logic;
         cout : out std_logic;
         qout : buffer std_logic_vector(3 downto 0));
```

end cntnbits;
architecture behave of cntnbits is
constant allis1:std_logic_vector(cntwidth-1 downto 0):=(others=>'1');
begin
cout<='1' when(qout=allis1 and en='1')else '0';
　　process(clk,clear)
　　begin
　　　　if(clear='0')then
　　　　　　qout<="0000";
　　　　　　　　elsif(clk'event and clk='1')then
　　　　　　　　　　if(en='1')then
　　　　　　　　　　　　qout<=qout+1;
　　　　　　　　　　end if;
　　　　end if;
　　end process;
end behave;

可以看出，该计数器同一般的4位计数器相比，只是在实体处增加了一行：
generic(cntwidth:integer:=4);

该行定义了一个整数 cntwidth 并赋初值4，用它代替原来的固定的计数器长度，若想设计的计数器位数为8位，则仅需将 cntwidth 的初值赋为8：
generic(cntwidth:integer:=8);

2.7.6 生成语句

生成语句可以简化为有规则设计结构的逻辑描述。生成语句有一种复制的作用，在设计中，只要根据某些条件，设定好某一元件或设计单位，就可以利用生成语句复制一组完全相同的并行元件或设计单元电路结构。生成语句的语句格式有以下两种：

[标号:] for 循环变量 in 取值范围 generate
说明
begin
并行语句
end generate [标号];

[标号:] if 条件 generate
说明
begin
并行语句
end generate [标号];

这两种语句格式都是由以下4部分组成：

(1) 生成方式　有 generate 语句结构或 if 语句结构，用于规定并行语句的复制方式。
(2) 说明部分　这部分包括对元件数据类型、子程序和数据对象做一些局部说明。
(3) 并行语句　生成语句结构中的并行语句是用来复制的基本单元，主要包括元件、进程语句、块语句、并行过程调用语句、并行信号赋值语句甚至生成语句。这表示生成语句允许存在嵌套结构，因而可用于生成元件的多维阵列结构。

（4）标号　生成语句中的标号并不是必需的，但如果在嵌套生成语句结构中就是很重要的。

对于 for 语句结构，主要是用来描述设计中的一些有规律的单元结构，其生成参数及其取值范围的含义和运行方式与 loop 语句十分相似。但需注意，从软件运行的角度上看，for 语句格式中生成参数（循环变量）的递增方式具有顺序的性质，但是最后生成的设计结构却是完全并行的，这就是为什么必须用并行语句来作为生成设计单元的缘故。

生成参数（循环变量）是自动产生的，它是一个局部变量，根据取值范围自动递增或递减。取值范围的语句格式与 loop 语句是相同的，有两种形式：

表达式　to 表达式；　　　　　　--递增方式

表达式 downto 表达式；　　　　--递减方式

其中的表达式必须是整数。

【例 2-39】　地址锁存器 74LS373 的 VHDL 描述。

```
library IEEE;
use IEEE.std_logic_1164.all;
entity sn74373 is
port(d:in std_logic_vector(7 downto 0);
    oen:in std_logic;
    le:in std_logic;
    q:out std_logic_vector (7 downto 0));
end;
architecture behave of sn74373 is
component latch is
port(d,ena:in std_logic;
    q:out std_logic);
end component;
signal s1: std_logic_vector (7 downto 0);
begin
    g1:for i in 0 to 7 generate
        latchi:latch port map(d(i),le,s1(i));
        end generate g1;
    q <= s1 when oen = '0' else "ZZZZZZZZ";
end architecture behave;
```

由本例可以看出：

1) component 语句对将要例化的器件进行了接口声明，它对应一个已设计好的实体（latch）。VHDL 综合器根据 component 指定的器件名和接口信息来装配器件。本例中 component 语句说明的器件 latch 必须与前面设计的实体 latch 的接口方式完全对应。这是因为，对于构造体在未用 component 声明之前，VHDL 编译器和 VHDL 综合器根本不知道有一个已设计好的 latch 器件存在。

2)在 for-generate 语句使用中,g1 为标号,i 为变量,循环了 8 次。

3)"latchi:latch port map(d(i),le,s1(i));"是一条含有循环变量 i 的例化语句,且信号的连接方式采用的是位置关联方式,安装后的元件标号是 latchi。latch 引脚 d 连在信号线 d(i) 上,引脚 ena 连在信号线 le 上,引脚 q 连在信号线 s1(i) 上。i 的值从 1 至 8,latch 从 1 至 8 共例化了 8 次,即共安装了 8 个 latch。信号线 d(0)~d(7),s1(0)~s1(7) 都分别连在这 8 个 latch 上。

通常情况下,一些电路从总体上看是由许多相同结构的电路模块组成的,但在这些电路的两端却是不规则的,无法直接使用 for-generate 语句描述。例如,由多个 D 触发器构成的移位寄存器,它的串入和串出两个末端结构是不一样的。

对于这种内部由多个规则模块构成而两端结构不规则的电路,可以用 for-generate 语句和 if-generate 语句共同描述。设计中,可以根据电路两端的不规则部分形成的条件用 if-generate 语句来描述,而用 for-generate 语句描述电路内部的规则部分。使用这种描述方法的好处是,使设计文件具有更好的通用性、可移植性和易改性。实用中,只要改变几个参数,就能得到任意规模的电路结构。例如图 2-7 所示的 4 位移位寄存器的描述如例 2-40 所示。

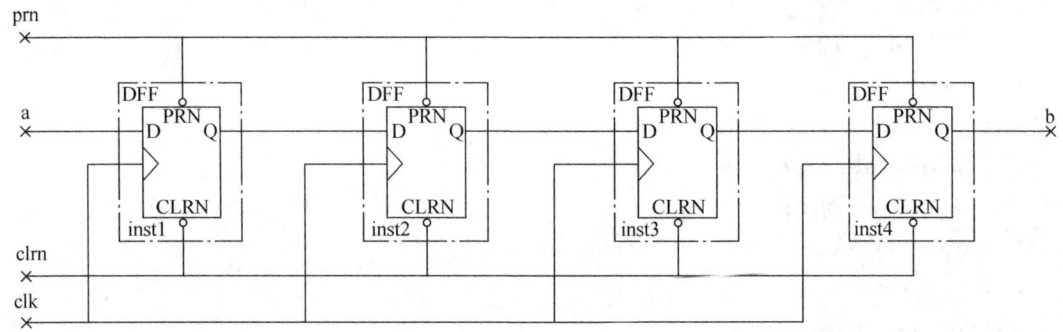

图 2-7 4 位移位寄存器

【例 2-40】 4 位移位寄存器的 VHDL 描述。
library IEEE;
use IEEE.std_logic_1164.all;
entity n_shifter4 is
generic(m:integer:=4);
port(a,clk,clrn,prn:in std_logic;
    b:out std_logic);
end n_shifter4;
architecture behave of n_shifter4 is
component dff
port(d,clk,clrn,prn:in std_logic;
    q:out std_logic);
end component;
signal x:std_logic_vector(0 to (m-1));
begin
shifter:for i in 0 to (m-1) generate

```
u1:if i = 0 generate
dffx:dff port map(a,clk,clrn,prn,x(i));
end generate u1;
u2:if(i>0 and i/=(m-1)) generate
dffx:dff port map(x(i-1),clk,clrn,prn,x(i));
end generate u2;
u3:if i = (m-1) generate
dffx:dff port map(x(i-1),clk,clrn,prn,b);
end generate u3;
end generate;
end behave;
```

2.8 子程序

所谓子程序就是在主程序调用它以后能将处理结果返回主程序的程序模块，其含义和其他高级语言中的子程序概念相当。它可以反复调用，使用非常方便。在调用时，子程序首先要进行初始化，执行结束后子程序就终止；再调用时要再进行初始化。因此，子程序内部的值不能保持。子程序返回以后才能被再调用，它是一个非重入的程序。

子程序是一个 VHDL 程序模块，它是利用顺序语句来定义和完成算法的，应用它能更有效地完成重复性的设计工作。子程序不能从所在的构造体的其他块或进程结构中直接读取信号值或者向信号赋值，而只能通过子程序调用及与子程序的界面端口进行通信。

子程序有两种类型，即过程（procedure）和函数（function）。过程的调用可通过其界面获得多个返回值，而函数只能返回一个值。在函数入口中，所有参数都是输入参数，而过程有输入参数、输出参数和双向参数。过程一般被看作一种语句结构，而函数通常是表达式的一部分。过程可以单独存在，而函数通常作为语句的一部分调用。

VHDL 子程序有一个非常有用的特性，就是具有可重载性，即允许有许多重名的子程序，但这些子程序的多数类型及返回值数据类型是不同的。

在实际应用中必须注意，综合后的子程序将映射于目标芯片中的一个相应的电路模块，且每一次调用都将在硬件结构中产生具有相同结构的不同的模块，这一点与在普通的软件中调用子程序有很大的不同。因此，在面向 VHDL 的应用中，要密切关注和严格控制子程序的调用次数，每调用一次子程序都意味着增加了一个硬件电路模块。

2.8.1 函数

在 VHDL 中有多种函数（function）形式，如在库中现成的具有专用功能的预定义函数和用于不同目的的用户自定义函数。函数的语句格式如下：

function 函数名（参数表）return 数据类型；--函数首
function 函数名（参数表）return 数据类型 is；--函数体开始
[说明部分]
begin
顺序语句；

end function;

一般地，函数定义由两部分组成，即函数首和函数体。

1. 函数首

函数首是由函数名、参数表和返回值的数据类型 3 部分组成的。函数首的名称即为函数的名称，需放在关键词 function 之后，它可以是普通的标志符，也可以是运算符（这时必须加上双引号）。函数的参数表是用来定义输入值的，它可以是信号或常数，参数名需放在关键词 signal 或 constants 之后，若没有特别说明，则参数被默认为常数。如果要将一个已编制好的函数并入程序包，函数首必须放在程序包的说明部分，而函数体需放在程序包的包体内。如果只是在一个构造体中定义并调用函数，则仅需函数体即可。由此可见，函数首的作用只是作为程序包的有关此函数的一个接口界面。

【例 2-41】
function func1(a,b,c:real) returen real;
function " * "(a,b:integer) return integer;
function as2(signal in1,in2:real) return real;

以上是 3 个不同的函数首，它们都放在某一程序包的说明部分。

2. 函数体

函数体包括对数据类型、常数、变量等局部说明，以及用以完成规定算法或转换的顺序语句，并以关键词以及函数名结尾。一旦函数被调用，就将执行这部分语句。

【例 2-42】 比较两个数的大小。

```
library IEEE;
use IEEE.std_logic_1164.all;
package bpac is
    function max(a,b:std_logic_vector)
        return std_logic_vector;
end bpac;
package body bpac is
    function max(a,b:std_logic_vector)
            return std_logic_vector is
        variable tmp:std_logic_vector(a'range);
    begin
        if (a>b) then
            tmp:=a;
        else
            tmp:=b;
        end if;
        return tmp;
    end max;
end bpac;            --以上为用程序包定义了一个函数 max
library IEEE;
use IEEE.std_logic_1164.all;
```

```
use work. bpac. all;
entity peakdetect is
port(data:in std _ logic _ vector(5 downto 0);
    clk,set:in std _ logic;
    dataout:out std _ logic _ vector(5 downto 0));
end;
architecture rtl of peakdetect is
    signal peak:std _ logic _ vector(5 downto 0);
begin
    dataout <= peak;
    process(clk)
    begin
        if clk'event and clk ='1' then
            if set ='1' then
                peak <= data;
            else
                peak <= max(data,peak);--调用函数 max
            end if;
        end if;
    end process;
end rtl;
```

在上述程序中，peak <= max(data，peak）就是调用 function 的语句。在包集合中的参数 a 和 b，在这里用 data 和 peak 替代，函数的返回值 tmp 被赋予 peak。在 max(a，b) 函数的定义中，返回值 tmp 可以赋予信号或者变量在本例中被赋予信号 peak。

2.8.2 重载函数

VHDL 允许以相同的函数名定义函数，即重载函数。但这时要求函数中定义的操作数具有不同的数据类型，以便调用时用以分辨不同功能的同名函数。在具有不同数据类型操作数构成的同名函数中，以运算符重载函数最为常用。这种函数为不同数据类型间的运算带来极大的方便。VHDL 中预定义的操作符如"+""and""mod"">"等运算符均可以被重载，以赋予新的数据类型操作功能，也就是说，通过重新定义运算符的方式，允许被重载的运算符能够对新的数据类型进行操作，或者允许不同的数据类型之间用此运算符进行运算。

2.8.3 过程

过程的语句格式是：
procedure 过程名（参数表）；--过程首
procedure 过程名（参数表）is--过程体开始
[说明部分]；
begin
顺序语句；

end procedure 过程名; --过程体结束

过程由过程首和过程体两部分组成,过程首不是必需的,过程体可以独立存在和使用。

1. 过程首

过程首由过程名和参数表组成。参数表用于对常数、变量和信号三类数据对象目标做出说明,并用关键词 in、out 和 inout 定义这些参数的工作模式,即信息的流向。以下是3个过程首的定义示例。

【例 2-43】

procedure pro1(variable a,b:inout real);

procedure pro2(constant a1:in integer;variable b1;out real);

procedure pro3(signal s1;inout bit);

注意:一般地,可在参量表中定义3种流向模式,即 in、out 和 inout。如果只定义了 in 模式而未定义目标参量类型,则默认为常量;若只定义了 inout 或 out,则默认目标参量类型是变量。

2. 过程体

过程体是由顺序语句组成的,过程的调用即启动了对过程体的顺序语句的执行。过程体中的说明部分只是局部的,其中的各种定义只能适用于过程体内部。过程体的顺序语句部分可以包含任何顺序执行的语句,包括 wait 语句。但如果一个过程是在进程中调用的,且这个进程已列出了敏感参量表,则不能在此过程中使用 wait 语句。

根据调用环境的不同,过程调用有两种方式,即顺序语句方式和并行语句方式。在一般的顺序语句自然执行过程中,一个过程被执行,则属于顺序语句方式;当某个过程处于并行语句环境中时,其过程体中定义的任一 in 或 inout 的目标参量发生改变时,将启动过程的调用,这时的调用是属于并行语句方式的。过程与函数一样可以重复调用或嵌套式调用。综合器一般不支持含有 wait 语句的过程。

【例 2-44】 利用过程完成排序功能。

```
package data _ types is
type data _ element is range 0 to 3;
type data _ array is array (1 to 3) of data _ element;
end data _ types;
use work. data _ types. all;
entity procedure _ ex is
port(in _ array:in data _ array;
    out _ array:out data _ array);
end procedure _ ex;
architecture rtl of procedure _ ex is
begin
process(in _ array)
procedure swap(data:inout data _ array;
        low,high:in integer)is
    variable tmp:data _ element;
begin
```

```
                if(data(low) > data(high)) then
                    tmp: = data(low);
                    data(low): = data(high);
                    data(high): = tmp;
                end if;
        end swap;
        variable my_array:data_array;
        begin
            my_array: = in_array;
            swap(my_array,1,2);
            swap(my_array,2,3);
            swap(my_array,1,2);
            out_array <= my_array;
        end process;
    end rtl;
```

实际上,一个过程对应的硬件结构中,其标志形参的输入、输出是与其内部逻辑相连的。在例2-44中定义了一个名为swap的局部过程(没有放在程序包中的过程),这个过程的功能是对一个数组中的两个元素进行比较,如果发现这两个元素的排列不符合要求,就进行交换,使得左边的元素值总是大于右边的元素值。连续调用三次swap后,就能将一个三元素的数组元素从左至右按序排列好,最大值排在左边。

2.8.4 重载过程

两个或两个以上有相同的过程名和互不相同的参数数量及数据类型的过程称为重载过程。对于重载过程,也是靠参量类型来辨别究竟调用哪一个过程。

【例2-45】
```
procedure a(v1,v2:in real;
            signal o1:out integer);
procedure a(v1,v2:in integer;
            signal o1:out real);
...
    a(1.2,3.4,signal);        --调用第一个重载过程a
    a(12,34,signal);          --调用第二个重载过程a
...
```

上面详细叙述了子程序中过程、函数的结构和使用方法。为了能重复使用这些过程和函数,这些程序通常组织在包集合、库中。它们与包集合和库具有这样的关系,即多个过程和函数汇集在一起构成包集合(package),而几个包集合汇集在一起就形成一个库(library)。

习　题

1. VHDL程序一般包含几个组成部分? 每部分的作用是什么? 哪几个部分是必需的?

2. 库由哪几部分组成？在 VHDL 中常见的有哪几种库？怎样正确有效地使用现有的库？
3. VHDL 中数据对象有几种？各种数据对象的作用范围如何？各种数据对象的实际物理含义是什么？
4. 什么是 VHDL 中标志符？基本标志符是怎样规定的？
5. 信号和变量在描述和使用时有哪些主要区别？有哪些注意点？
6. 数据类型由"integer"变换成"std_logic_vector"的变换函数是什么？在哪个包集合中？反之怎样呢？
7. 写出 4 位大小比较器的实体说明，将输出端口定名为 altb；写出 4 个构造体，其 1 采用 if-then-else 语句，其 2 采用布尔方程，其 3 采用 when-else 语句，其 4 采用 case-when 语句。
8. 改错题。

```
library IEEE;
use IEEE.std_logic_1164.all;
entity terminal_count is
port(clock,reset,enable:in bit;
    data:in std_logic_vector(7 downto 0);
    equals,term_cnt:out std_logic);
end terminal_count;
architecture behave of terminal_count is
    signal count std_logic_vector(7 downto 0);
begin
process
    begin
        if data = count then
            equals = '1';
        end if;
end process;
process(clk)
begin
    if reset = '1' then
        count <- "1111111";
    elsif rising_edge(clock) then
        count <= count + 1;
    end if;
end process;
term_cnt <= 'z' when enable = '0' else
            '1' when count = "1-------" else
            '0';
end behave;
```

9. case 语句在什么情况下可以不要 when others 语句？在什么情况下一定要 when others 语句？
10. 进程（process）的启动方法有几种？请逐一列举。
11. 进程语句和并行赋值语句之间有什么关系？进程之间通信是通过什么来实现的？
12. 并行语句和顺序语句各有何特点？分别包括哪些语句？
13. 用元件例化的位置关联法写出一位半加器到一位全加器的元件例化语句，中间的信号值已在图 2-8 中标出。半加器端口顺序为 A、B、S、CO，全加器端口顺序为 A、B、Cin、S、CO。
14. 构造体的描述方式有哪几种？分别用在什么场合？

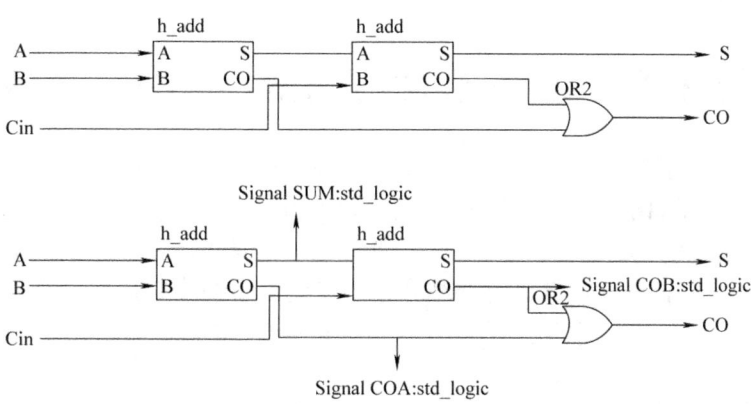

图2-8 元件例化的位置关联图

15. 什么叫子程序？过程语句用于什么场合？其所带的参数是怎样定义的？函数语句用于什么场合？其所带参数是怎样定义的？

第 3 章 基本逻辑单元的 VHDL 模型

在第 2 章中,对 VHDL 的语句、语法及利用 VHDL 设计逻辑电路的基本方法做了详细介绍。为了使读者能深入理解使用 VHDL 设计逻辑电路的具体步骤和方法,本章以常用的基本逻辑电路设计为例,再次对其进行详细介绍,以使读者初步掌握用 VHDL 描述基本逻辑电路的方法。

3.1 组合逻辑电路设计

本节所要叙述的组合逻辑电路有基本逻辑门电路、数据选择器、译码器、三态门、加法器等。下面逐一地对它们进行介绍。

3.1.1 基本逻辑门电路

基本逻辑门电路包括 2 输入"与非"门、集电极开路的 2 输入"与非"门、2 输入"或非"门、反相器、集电极开路的反相器、3 输入"与"门、3 输入"与非"门、2 输入"或"门、2 输入"异或"门等,它们可构成所有逻辑电路的基本电路。利用 VHDL 描述基本逻辑门电路的程序如下:

【例 3-1】
```
library IEEE;
use IEEE.std_logic_1164.all;
entity gate is
    port(a,b:in std_logic;
        y1,y2,y3:out std_logic);
end gate;
architecture behave of gate is
    begin
    process(a,b)
        begin
            y1 <= a and b;
            y2 <= a nand b;
            y3 <= a xor b;
    end process;
end;
```

例 3-1 描述了 2 输入"与"门、2 输入"与非"门和 2 输入"异或"门,a、b 分别作为输入端,用 y1、y2 和 y3 作为输出端,其仿真波形如图 3-1 所示。如果要实现的是其他功能的门电路,只要在实体中增加相应的输出端和在进程中加上相应的功能描述即可。事实上还可以运用 VHDL 中所给出的其他语句来描述这些门电路,这就给编程人员提供了较大的编程灵活性。但是，一般来说，无论是编程人员还是阅读这些程序的人员，都希望能一目了然，因此尽可能采用 VHDL 中所提供的语言和符号，用简捷的语句描述其行为。

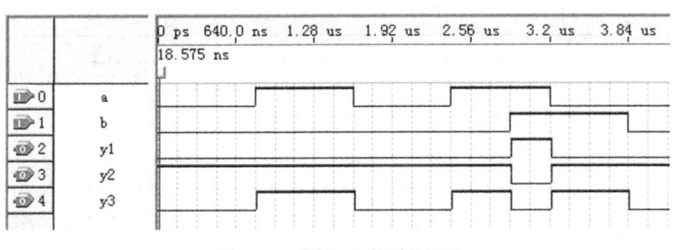

图 3-1　例 3-1 仿真波形

3.1.2　编码器、译码器和数据选择器

1. 编码器

编码器的功能就是把输入的每一个高、低电平信号编成一个对应的二进制代码。用得较多的是优先编码器，优先编码器常用于中断的优先级控制。例如，74LS148 是 1 个 8 输入、3 位二进制码输出的优先级编码器。当其某一个输入有效时，就可以输出一个对应的 3 位二进制编码。另外，当同时有多个输入有效时，将输出优先级最高的那个输入所对应的二进制编码。假设 8 个输入中 a 的级别最低，依次类推，h 的级别最高。其 VHDL 程序描述如例 3-2 所示，仿真波形如图 3-2 所示。

【例 3-2】　优先编码器（priority encoder）。

```
library IEEE;
use IEEE.std_logic_1164.all;
entity encoder is
    port(a,b,c,d,e,f,g,h:in std_logic;
         codeout:out std_logic_vector(2 downto 0));
end encoder;
architecture behave of encoder is
begin
    codeout <= "111" when h = '1' else
               "110" when g = '1' else
               "101" when f = '1' else
               "100" when e = '1' else
               "011" when d = '1' else
               "010" when c = '1' else
               "001" when b = '1' else
               "000" when a = '1' else
               "000";
end behave;
```

利用 VHDL 实现某种功能的编程方法不是唯一的，利用不同的语句可以实现相同的功能，例 3-3 是利用 if 语句实现优先编码功能的 VHDL 程序。

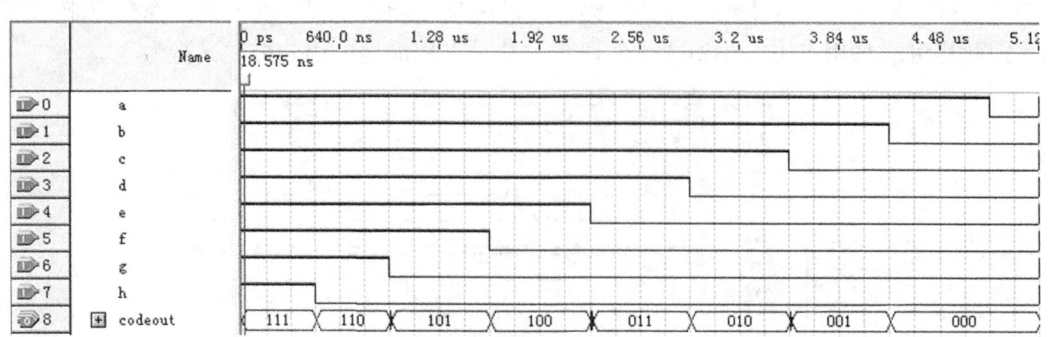

图 3-2 例 3-2 仿真波形

【例 3-3】 优先编码器（priority encoder）。
```
library IEEE;
use IEEE.std_logic_1164.all;
entity encoder is
    port(a,b,c,d,e,f,g,h:in std_logic;
         codeout:out std_logic_vector(2 downto 0));
end encoder;
architecture behave of encoder is
begin
    process(a,b,c,d,e,f,g,h)
    begin
        if h ='1' then codeout <= "111" ;
        elsif g ='1' then codeout <= "110" ;
        elsif f ='1' then codeout <= "101" ;
        elsif e ='1' then codeout <= "100" ;
        elsif d ='1' then codeout <= "011" ;
        elsif c ='1' then codeout <= "010" ;
        elsif b ='1' then codeout <= "001" ;
        elsif a ='1' then codeout <= "000" ;
        else codeout <= "000";
        end if;
    end process;
end behave;
```

2. 译码器

译码是编码的逆过程，其高、低电平用二进制代码来表示。译码器有通用译码器和显示译码器，下面列举例子分别说明。

3-8 译码器是一种常用的小规模集成电路，它有 3 个二进制输入端 a、b、c 和 8 个译码器输出端 $y_0 \sim y_7$。对输入 a、b、c 的值进行译码，就可以确定输出端 $y_0 \sim y_7$ 的哪一个输出端变为有效（低电平），从而达到译码的目的。

3-8 译码器还有 3 个选通输入端 g1、g2a 和 g2b。只有在 g1 = 1、g2a = 0、g2b = 0 时，3-8

译码器才进行正常译码,否则 $y_0 \sim y_7$ 输出均为高电平。其 VHDL 程序描述如例 3-4 所示,仿真波形如图 3-3 所示。

【例 3-4】 3-8 译码器(74LS138)。

```
library IEEE;
use IEEE.std_logic_1164.all;
entity decoder_3_to_8 is
    port(a,b,c,g1,g2a,g2b:in std_logic;
        y:out std_logic_vector(7 downto 0));
end;
architecture behave of decoder_3_to_8 is
signal indata:std_logic_vector(2 downto 0);
    begin
        indata <= c&b&a;
        process(indata,g1,g2a,g2b)
            begin
            if(g1 = '1' and g2a = '0' and g2b = '0') then
                case indata is
                when"000" => y <= "11111110";
                when"001" => y <= "11111101";
                when"010" => y <= "11111011";
                when"011" => y <= "11110111";
                when"100" => y <= "11101111";
                when"101" => y <= "11011111";
                when"110" => y <= "10111111";
                when"111" => y <= "01111111";
                when others => y <= "11111111";
                end case;
            else
                y <= "11111111";
            end if;
        end process;
end;
```

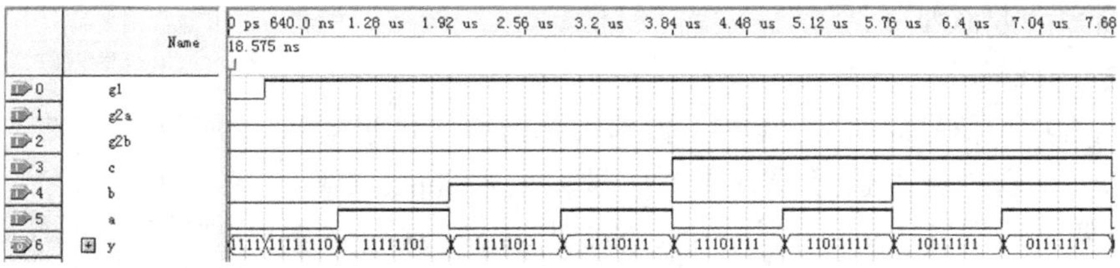

图 3-3 例 3-4 仿真波形

【例 3-5】 带使能端的 BCD-七段码译码器(74LS48)。七段字形显示器的示意图如图 3-4

所示。

```
library IEEE;
use IEEE.std_logic_1164.all;
entity decode48 is
    port(adr:in std_logic_vector(3 downto 0);
         en:in std_logic;
         decodeout:out std_logic_vector(6 downto 0));
end;
architecture behave of decode48 is
begin
process(en,adr)
    begin
    if en ='0' then
        decodeout <= "0000000";
    else
        case adr is
            when "0000" => decodeout <= "1111110";
            when "0001" => decodeout <= "0110000";
            when "0010" => decodeout <= "1101101";
            when "0011" => decodeout <= "1111001";
            when "0100" => decodeout <= "0110011";
            when "0101" => decodeout <= "1011011";
            when "0110" => decodeout <= "0011111";
            when "0111" => decodeout <= "1110000";
            when "1000" => decodeout <= "1111111";
            when "1001" => decodeout <= "1110011";
            when others => decodeout <= "0000000";
        end case;
    end if;
end process;
end behave;
```

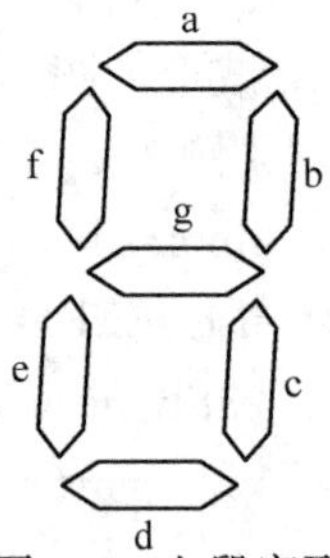

图3-4 七段字形显示器的示意图

其中 en 端为使能端,"6"和"9"的显示是没有带尾巴的,如果显示要带尾巴,对输出代码做适当的变换即可。

3. 数据选择器

选择器常用于信号的切换,4选1数据选择器可以用于4路信号的切换。4选1数据选择器有4个信号输入端 input(0)~input(3),两个选择信号 a 和 b 及一个信号输出端 y。当 a、b 输入不同的选择信号时,就使 input(0)~input(3) 中某个相应的输入信号与输出 y 端接通。例如,当 a=b=0 时,input(0) 就与 y 接通。4选1数据选择器如图3-5所示。

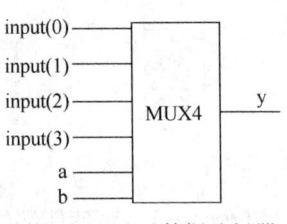

图3-5 4选1数据选择器

用 VHDL 对它进行描述，就可以得到例 3-6 所示的程序。

【例 3-6】 4 选 1 数据选择器。
library IEEE;
use IEEE.std_logic_1164.all;
entity mux4 is
    port(input:in std_logic_vector(3 downto 0);
        a,b:in std_logic;
        y:out std_logic);
end;
architecture behave of mux4 is
signal sel:std_logic_vector(1 downto 0);
begin
sel<=b & a;
process(input,sel)
    begin
    if (sel="00") then
        y<=input(0);
    elsif (sel="01") then
        y<=input(1);
    elsif (sel="10") then
        y<=input(2);
    else
        y<=input(3);
    end if;
end process;
end;

例 3-6 的 4 选 1 数据选择器是用 if 语句描述的，程序中的 else 项作为余下的条件，将选择 input（3）从 y 端输出，这种描述比较安全。当然，不用 else 项也可以，这时必须列出 sel 的所有可能出现的情况，加以一一确认。其仿真波形如图 3-6 所示。

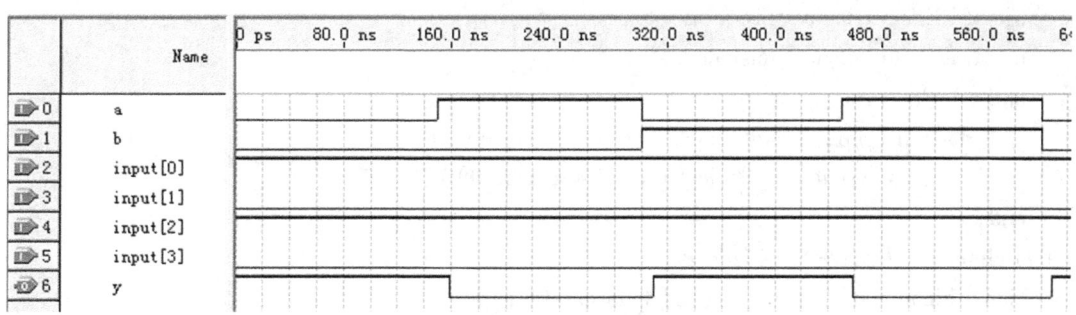

图 3-6　4 选 1 数据选择器仿真波形

3.1.3 加法器

两个二进制数之间的算术运算无论是加、减、乘、除,目前在数字计算机中都是化作若干步加法运算进行的,因此加法器得到了广泛的应用。

【例3-7】 全加器。

```
library IEEE;
use IEEE. std _ logic _ 1164. all;
use IEEE. std _ logic _ unsigned. all;
entity adder14 is
    port(op1,op2:in std _ logic _ vector(12 downto 0);
        ci:in std _ logic;
        result:out std _ logic _ vector(13 downto 0));
end;
architecture behave of adder14 is
signal halfadd:std _ logic _ vector(13 downto 0);
begin
    halfadd <= ('0'&op1) + ('0'&op2);
    result <= halfadd when ci ='0' else halfadd + 1;
end;
```

全加器仿真波形如图3-7所示。

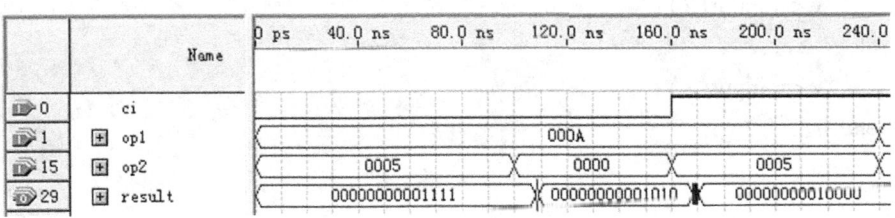

图3-7 全加器仿真波形

【例3-8】 BCD码加法器。

```
library IEEE;
use IEEE. std _ logic _ 1164. all;
use IEEE. std _ logic _ unsigned. all;
entity bcdadd is
    port(op1,op2:in std _ logic _ vector(3 downto 0);
        result:out std _ logic _ vector(4 downto 0));
end;
architecture behave of bcdadd is
signal binadd:std _ logic _ vector(4 downto 0);
begin
    binadd <= ('0'&op1) + ('0'&op2);
    process(binadd)
```

```
        begin
            if binadd >9 then
                result <= binadd +6;
            else
                result <= binadd;
            end if;
        end process;
end;
```
BCD 码加法器仿真波形如图 3-8 所示。

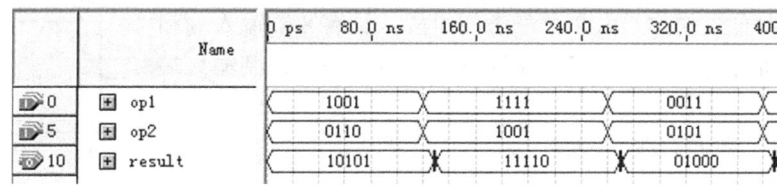

图 3-8　BCD 码加法器仿真波形

3.1.4　三态门及总线缓冲器

1. 三态门电路

三态门具有一个（组）数据输入端 din、一个数据输出端 dout 和一个使能控制端 en。当 en ='1'时，dout = din；当 en ='0'时，dout = Z，输出是呈现高阻，即悬浮状态。

【例 3-9】　三态门电路。

```
library IEEE;
use IEEE.std_logic_1164.all;
entity tristate is
    port(en,din:in std_logic;
        dout:out std_logic);
end tristate;
architecture behave of tristate is
begin
    process(en,din)
        begin
            if en ='1' then
            dout <= din;
            else
            dout <='Z';
            end if;
        end process;
end behave;
```
三态门电路仿真波形如图 3-9 所示。

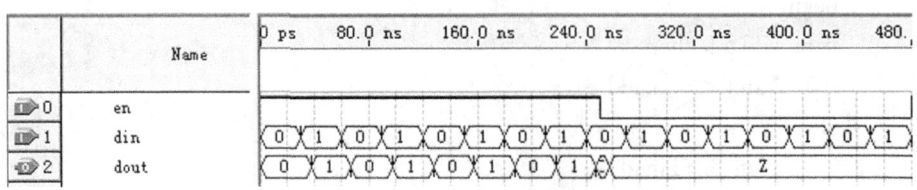

图 3-9　三态门电路仿真波形

2. 单向总线缓冲器

在微型计算机的总线驱动中经常要用单向总线缓冲器,它通常由多个三态门组成,用来驱动地址总线和控制总线。一个 8 位的单向总线缓冲器如图 3-10 所示。8 位单向总线缓冲器由 8 个三态门组成,具有 8 个输入端和 8 个输出端。所有的三态门的控制端连在一起,由一个控制输入端 en 控制。

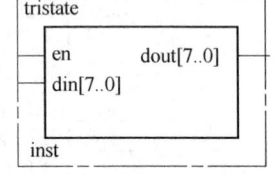

图 3-10　单向总线缓冲器

【例 3-10】　单向总线缓冲器。

```
library IEEE;
use IEEE.std_logic_1164.all;
entity unidir is
    port(en:in std_logic;
        din:in std_logic_vector(7 downto 0);
        dout:out std_logic_vector(7 downto 0));
end unidir;
architecture behave of unidir is
begin
    process(en,din)
        begin
        if en = '1' then
        dout <= din;
        else
        dout <= "ZZZZZZZZ";
        end if;
    end process;
end behave;
```

单向总线缓冲器功能仿真图如图 3-11 所示。

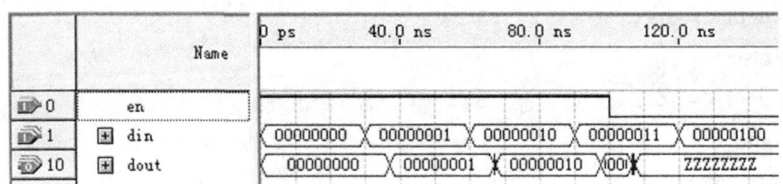

图 3-11　单向总线缓冲器功能仿真图

3. 双向总线缓冲器

双向总线缓冲器用于对数据总线的驱动和缓冲,典型的双向总线缓冲器如图 3-12 所示。图中的双向缓冲器有两个数据输入/输出端 a 和 b,一个方向控制端 dir 和一个选道端 en。当 en = '1' 时,双向总线缓冲器未被选通,a 和 b 都呈现高阻。当 en = '1' 时,双向总线缓冲器被选通,如果 dir = '0',则 a = b;如果 dir = '1',则 b = a。

用 VHDL 描述的双向总线缓冲器的程序如例 3-11 所示。

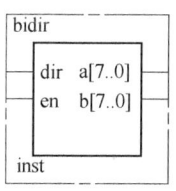

图 3-12 双向总线缓冲器

【例 3-11】 双向总线缓冲器。

```
library IEEE;
use IEEE.std_logic_1164.all;
entity bidir is
    port(dir,en:in std_logic;
         a,b:inout std_logic_vector(7 downto 0));
end bidir;
architecture behave of bidir is
signal aout,bout:std_logic_vector(7 downto 0);
begin
    process(a,en,dir)
        begin
        if en = '0' and dir = '0' then
        bout <= a;
        else
        bout <= "ZZZZZZZZ";
        end if;
        b <= bout;
    end process;
    process(b,en,dir)
        begin
        if en = '0' and dir = '1' then
        aout <= b;
        else
        aout <= "ZZZZZZZZ";
        end if;
        a <= aout;
    end process;
end behave;
```

从例 3-11 可以看出,双向总线缓冲器由两组三态门组成,利用信号 aout 和 bout 将两组三态门连接起来。由于在实际工作过程中 a 和 b 都不可能同时出现 '0' 或 '1',故在这里不需要定义决断函数。

双向总线缓冲器功能仿真图如图 3-13 所示。

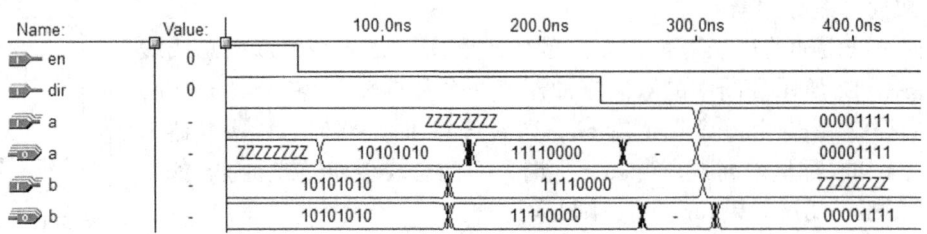

图 3-13 双向总线缓冲器功能仿真图

3.1.5 运算电路

1. 算术运算

【例 3-12】 加、减、乘运算。
library IEEE;
use IEEE. std _ logic _ 1164. all;
use IEEE. std _ logic _ arith. all;
use IEEE. std _ logic _ unsigned. all;
entity arithmetic is
　　port(a,b : in std _ logic _ vector(3 downto 0);
　　　　q1 : out std _ logic _ vector(4 downto 0);
　　　　q2 : std _ logic _ vector(3 downto 0);
　　　　q3 : out std _ logic _ vector(7 downto 0));
end arithmetic;
architecture behave of arithmetic is
begin
process(a,b)
　　begin
　　　　q1 <= ('0'&a) + ('0'&b);　 -- addition
　　　　q2 <= a - b;　 -- subtraction
　　　　q3 <= a * b;　 -- multiplication
end process;
end behave;

例 3-12 加、减、乘运算功能仿真图如图 3-14 所示。

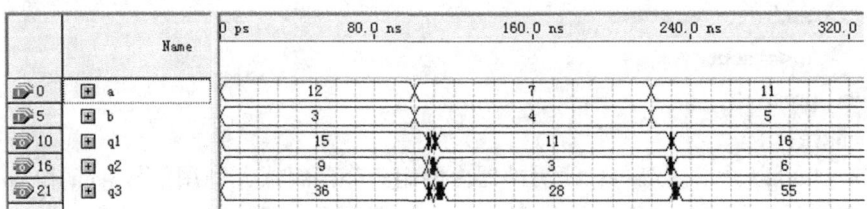

图 3-14 例 3-12 加、减、乘运算功能仿真图

【例 3-13】 除法运算。在 VHDL 中,虽有加、减、乘、除的算法指令,但除法中除数

必须是2的幂,因此无法实现除数为任意数的除法。本例用VHDL编写了除法运算,可实现任意8位数的除法。

```vhdl
library IEEE;
use IEEE.std_logic_1164.all;
entity divida is
port(numerator:in std_logic_vector(7 downto 0);
    denominator:in std_logic_vector(7 downto 0);
    quotient:out std_logic_vector(7 downto 0);
    remainder:out std_logic_vector(7 downto 0));
end divida;
architecture behave of divida is
signal sub_wire0:std_logic_vector(7 downto 0);
signal sub_wire1:std_logic_vector(7 downto 0);
component divide
generic(
    width_n:natural;
    width_d:natural;
    width_q:natural;
    width_r:natural;
    width_d_min:natural;
    lpm_pipeline:natural;
    pipeline_delay:natural);
port(numerator:in std_logic_vector(7 downto 0);
    denominator:in std_logic_vector(7 downto 0);
    quotient:out std_logic_vector(7 downto 0);
    remainder:out std_logic_vector(7 downto 0));
end component;
begin
    remainder <= sub_wire0(7 downto 0);
    quotient <= sub_wire1(7 downto 0);
    divide_component:divide
    generic map(
        width_n =>8,
        width_d =>8,
        width_q =>8,
        width_r =>8,
        width_d_min =>1,
        lpm_pipeline =>0,
        pipeline_delay =>0)
    port map(
```

numerator => numerator,
denominator => denominator,
quotient => sub_wire1,
remainder => sub_wire0);
end behave;

8 位除法运算功能仿真图如图 3-15 所示。

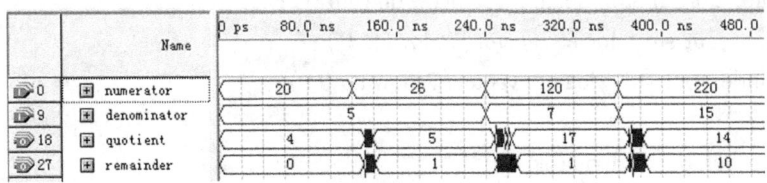

图 3-15 8 位除法运算功能仿真图

2. 求补运算

在二进制运算中，引入原码、反码和补码的目的是为了解决减法问题，因为计算机 CPU 的运算器中只有加法器，故要把减法转化成加法来计算。正数的补码是其本身，负数的补码是其符号位不变，其他位取反加 1。减去一个数等于加上这个数的补码。

【例 3-14】 补码生成电路。

library IEEE;
use IEEE.std_logic_1164.all;
use IEEE.std_logic_unsigned.all;
entity complement is
port(a:in std_logic_vector(7 downto 0);
　　 b:out std_logic_vector(7 downto 0));
end complement;
architecture rtl of complement is
begin
process(a)
variable tmp:std_logic_vector(7 downto 0);
begin
　　 if a(7) ='0' then
　　　　 b <= a;
　　 else
　　　　 tmp: = not a +'1';
　　　　 tmp(7): ='1';
　　　　 b <= tmp;
　　 end if;
end process;
end rtl;

补码生成电路功能仿真图如图 3-16 所示。

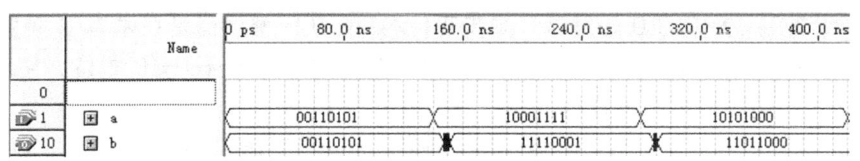

图 3-16 补码生成电路功能仿真图

3.2 时序逻辑电路设计

在本节的时序逻辑电路设计中，主要介绍触发器、寄存器、计数器、堆栈、序列信号发生器和序列信号检测器的设计实例。

3.2.1 触发器

1. D 触发器

D 触发器根据触发边沿、复位和预置的方式以及输出端多少的不同也可以有多种不同形式的 D 触发器。

（1）基本 D 触发器　基本 D 触发器有一个数据输入端 D、一个时钟输入端 clk 和一个数据输出端 q。用 VHDL 描述的基本 D 触发器的程序如例 3-15 所示。

【例 3-15】
```
library IEEE;
use IEEE. std _ logic _ 1164. all;
entity dff1 is
    port(clk,d:in std _ logic;
         q:out std _ logic);
end dff1;
architecture behave of dff1 is
begin
    process(clk)
    begin
        if clk ' event and clk = ' 1 ' then
            q <= d;
        end if;
    end process;
end behave;
```
基本 D 触发器功能仿真图如图 3-17 所示。

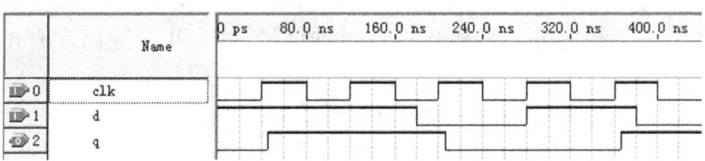

图 3-17 基本 D 触发器功能仿真图

(2) 异步复位/置位的 D 触发器　异步复位/置位的 D 触发器是在基本 D 触发器的基础上增加了一个异步清零端 clr（clear）和一个异步置位端 set。当 set = '0' 置位，使 q = '1'，当 clr = '0' 时，其 q 端输出被强迫置为 '0'。

用 VHDL 描述的具有异步复位/置位的 D 触发器如例 3-16 所示。

【例 3-16】
```
library IEEE;
use IEEE.std_logic_1164.all;
entity dff2 is
    port(clk,d,clr,set:in std_logic;
         q:out std_logic);
end dff2;
architecture behave of dff2 is
begin
    process(clk,set,clr)
    begin
        if set = '0' then
            q <= '1';
        elsif clr = '0' then
            q <= '0';
        elsif clk'event and clk = '1' then
            q <= d;
        end if;
    end process;
end;
```
异步复位/置位的 D 触发器功能仿真图如图 3-18 所示。

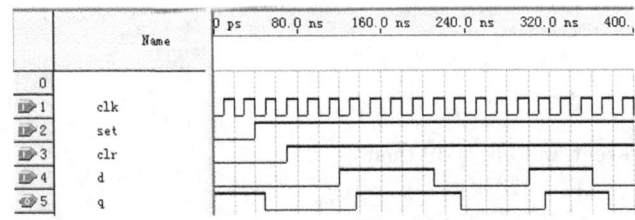

图 3-18　异步复位/置位的 D 触发器功能仿真图

从例 3-16 中可以看出，置位优先级高于复位，且与时钟信号无关，因而都是异步的。

2. JK 触发器

带有复位/置位功能的 JK 触发器功能仿真图如图 3-19 所示。JK 触发器的输入端有置位输入 set、复位输入 clr、控制输入 J 和 K 以及时钟信号输入 clk，输出端有正向输出端 q 和反向输出端 qb。

用 VHDL 描述 JK 触发器的程序如例 3-17 所示。

【例 3-17】
library IEEE;

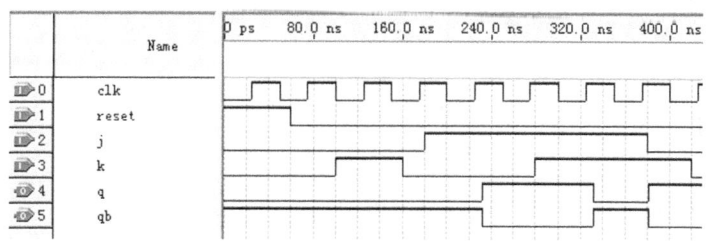

图 3-19 带有复位/置位功能的 JK 触发器功能仿真图

```
use IEEE.std_logic_1164.all;
entity jk_ff is
    port(clk,j,k:in std_logic;
        reset:in std_logic;
        q,qb:out std_logic);
end jk_ff;
architecture behave of jk_ff is
signal state:std_logic;
signal input:std_logic_vector(1 downto 0);
begin
    input <= j & k;
    process(clk,reset,input)
    begin
        if reset = '1' then
            state <= '0';
        elsif clk'event and clk = '1' then
            case input is
                when "11" => state <= not state;
                when "10" => state <= '1';
                when "01" => state <= '0';
                when others => null;
            end case;
        end if;
    end process;
    q <= state;
    qb <= not state;
end behave;
```

3.2.2 寄存器

寄存器用于寄存一组二值代码，它被广泛用于各类数字系统和数字计算机中。寄存器根据功能的不同可分为数码寄存器和移位寄存器。数码寄存器主要用于代码的寄存，而移位寄存器不仅具有寄存数码的功能，而且还有使数码移位的功能。

1. 数码寄存器

【例 3-18】
```
library IEEE;
use IEEE.std_logic_1164.all;
entity reg is
    port(d:in std_logic_vector(7 downto 0);
        clk,reset:in std_logic;
        q:out std_logic_vector(7 downto 0));
end reg;
architecture behave of reg is
begin
    process(clk)
    begin
        if reset = '1' then
            q <= "00000000";
        elsif clk'event and clk = '1' then
            q <= d;
        end if;
    end process;
end behave;
```
数码寄存器功能仿真图如图 3-20 所示。

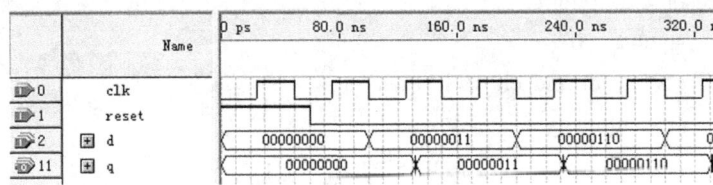

图 3-20 数码寄存器功能仿真图

例 3-18 中的数码寄存器具有 8 位数码存储功能，同时还具有异步清零的功能。

2. 移位寄存器

(1) 串行输入、串行输出移位寄存器

【例 3-19】
```
library IEEE;
use IEEE.std_logic_1164.all;
entity shift8 is
    port(a,clk:in std_logic;
        b:out std_logic);
end shift8;
architecture behave of shift8 is
signal temp:std_logic_vector(7 downto 0);
```

```
begin
    process(clk)
    begin
        if clk'event and clk = '1' then
            temp(0) <= a;
            temp(1) <= temp(0);
            temp(2) <= temp(1);
            temp(3) <= temp(2);
            temp(4) <= temp(3);
            temp(5) <= temp(4);
            temp(6) <= temp(5);
            temp(7) <= temp(6);
            b <= temp(7);
        end if;
    end process;
end behave;
```

串行输入、串行输出移位寄存器功能仿真图如图 3-21 所示。

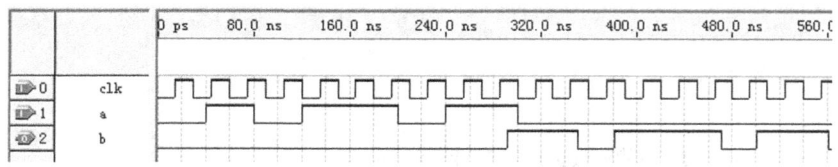

图 3-21 串行输入、串行输出移位寄存器功能仿真图

在第 2 章里已经提到了变量赋值和信号代入的区别，其中特别强调了：即使执行了信号代入语句，被代入的信号量的值在当时并没有发生改变，直到进程结束，代入过程才同时发生，即信号的值才发生变化。因此，例 3-19 这样描述是正确的。如果将例 3-19 中的信号量改成变量，代入符" <= "改成赋值符"： ="，那么该程序所描述的是否仍是一个 8 位移位寄存器？这一点请读者根据已学知识进行思考。

（2）双向移位寄存器

【例 3-20】

```
library IEEE;
use IEEE.std_logic_1164.all;
use IEEE.std_logic_arith.all;
use IEEE.std_logic_unsigned.all;
entity tdirreg is
    port(din,clk:in std_logic;
         dir:in std_logic;
         outl,outr:out std_logic);
end tdirreg;
architecture behave of tdirreg is
```

```
signal q:std_logic_vector(7 downto 0);
begin
    process(clk)
    begin
        if clk'event and clk = '1' then
            if dir = '0' then
                q(0) <= din;
                for i in 1 to 7 loop
                    q(i) <= q(i-1);
                end loop;
            else
                q(7) <= din;
                for i in 7 downto 1 loop
                    q(i-1) <= q(i);
                end loop;
            end if;
        end if;
    end process;
    outl <= q(7);
    outr <= q(0);
end behave;
```

双向移位寄存器功能仿真图如图3-22所示。

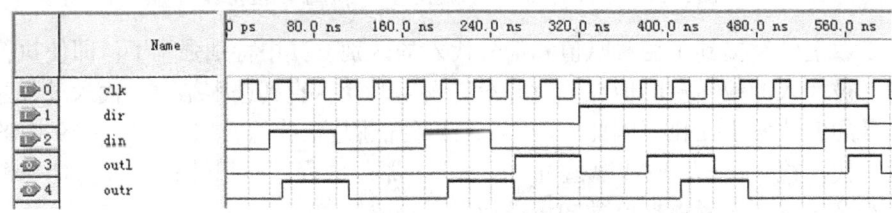

图3-22 双向移位寄存器功能仿真图

dir 为低电平时，outr 为 din 输入波形，outl 从第 9 个时钟脉冲开始和 din 波形相同。类似地，当 dir 为高电平时，outl 为 din 输入波形，outr 从 dir 由低电平变为高电平后的第 9 个时钟脉冲开始和 din 波形相同。注意：因篇幅关系，图 3-22 截图不完整。

3.2.3 计数器

计数器分同步计数器和异步计数器两种，如果按工作原理和使用情况来分那就更多了。计数器是一个典型的时序电路，通过分析计数器就能更好地了解时序电路的特性。

1. 同步计数器

所谓同步计数器，就是在时钟脉冲（计数脉冲）的控制下，各触发器的状态同时发生变化的一类计数器。

（1）二进制加法计数器 4位二进制加法计数器用VHDL描述的程序如例3-21所示。

【例3-21】

```
library IEEE;
use IEEE.std_logic_1164.all;
use IEEE.std_logic_unsigned.all;
entity cnt4 is
    port(clk:in std_logic;
         q:out std_logic_vector(3 downto 0));
end cnt4;
architecture behave of cnt4 is
signal ql:std_logic_vector(3 downto 0);
begin
    process(clk)
        begin
            if clk'event and clk ='1' then
                ql<=ql+1;
            end if;
        end process;
        q<=ql;
end behave;
```

4位二进制加法计数器功能仿真图如图3-23所示。

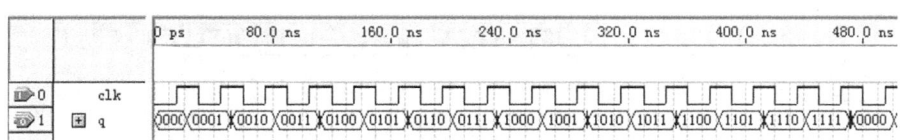

图3-23　4位二进制加法计数器功能仿真图

只需对例3-21计数器的输出端的位数作修改，就可以构成任意位数的二进制加法计数器。

（2）可逆计数器　所谓可逆计数器，是根据计数控制信号的不同，在时钟脉冲作用下，计数器可以进行加1操作或者减1操作的一种计数器。

可逆计数器有一个特殊的控制端，这就是updown端。当updown='1'时，计数器进行加1操作；当updown='0'时，计数器进行减1操作。用VHDL所描述的4位二进制可逆计数器的程序如例3-22所示。

【例3-22】

```
library IEEE;
use IEEE.std_logic_1164.all;
use IEEE.std_logic_unsigned.all;
entity updowncnt is
    port(clk,reset,updown:in std_logic;
         q:out std_logic_vector(3 downto 0));
end updowncnt;
```

```
architecture behave of updowncnt is
    signal temp:std_logic_vector(3 downto 0);
begin
    process(clk,reset,updown)
    begin
        if reset ='1' then
            temp <= (others =>'0');
        elsif clk'event and clk ='1' then
            if updown ='1' then
                temp <= temp +'1';
            else
                temp <= temp - 1;
            end if;
        end if;
    end process;
    q <= temp;
end;
```

4位二进制可逆计数器功能仿真图如图3-24所示。

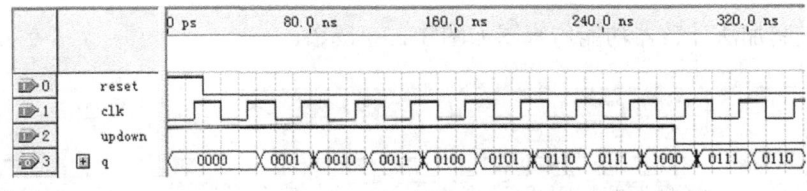

图3-24 4位二进制可逆计数器功能仿真图

(3) 四十八进制计数器 众所周知，用一个4位二进制计数器可以构成一个十进制计数器，也就是说可以构成一个BCD计数器，而两个十进制计数器连接起来可以构成一个一百进制以内的任意进制的计数器。该计数器不是直接用多位二进制计数器来实现，因而它符合十进制显示的规律，人们读起来很方便。例3-23是一个带有异步复位、同步预置数功能的8421BCD码四十八进制计数器，其功能仿真图如图3-25所示。

【例3-23】 带有异步复位、同步预置数功能的8421BCD码四十八进制计数器。

```
library IEEE;
use IEEE.std_logic_1164.all;
use IEEE.std_logic_unsigned.all;
entity cnt48 is
    port(ci   :in std_logic;
         clear: in std_logic;
         clk  : in std_logic;
         load : in std_logic;
         d    : in std_logic_vector(7 downto 0);
```

```vhdl
        cout :   out std_logic;
        qh   :   buffer std_logic_vector(3 downto 0);
        ql   :   buffer std_logic_vector(3 downto 0)
        );
end cnt60;
architecture behave of cnt60 is
begin
cout <= '1' when(qh = "0100" and ql = "0111" and ci = '1') else '0';
    process(clk,clear)
        begin
            if(clear = '0') then
                qh <= "0000";
                ql <= "0000";
            elsif(clk'event and clk = '1') then
                if(load = '1') then
                    qh <= d(7 downto 4);
                    ql <= d(3 downto 0);
                elsif ci = '1' then
                    if   (ql = 9)or(ql = 7 and qh = 4) then          --注意技巧
                        ql <= "0000";
                        if(qh = 4) then
                            qh <= "0000";
                        else
                            qh <= qh + 1;
                        end if;
                    else
                        ql <= ql + 1;
                    end if;
                end if;
            end if;
        end process;
end behave;
```

2. 异步计数器

异步计数器又称行波计数器，它的低位计数器的输出作为高位计数器的时钟信号，其一级一级串行连接起来就构成了一个异步计数器。

异步计数器与同步计数器不同之处就在于时钟脉冲的提供方式，除此之外就没有什么不同了，它同样可以构成各种各样的计数器。但是，由于异步计数器采用行波计数，从而使计数延迟增加，在要求延迟小的应用领域受到了很大的限制。尽管如此，由于它的电路简单，故仍有广泛的应用。

用 VHDL 描述的异步计数器，与上述同步计数器的不同之处主要表现在对各级时钟脉

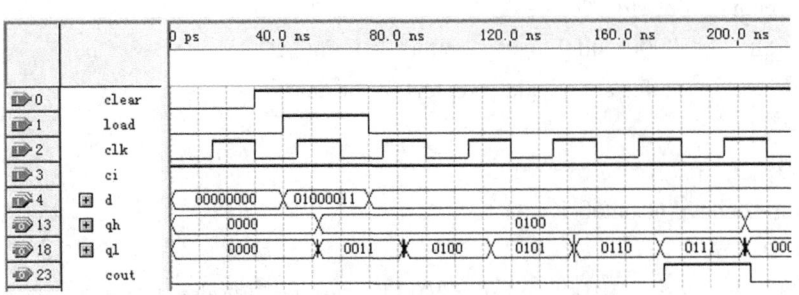

图 3-25 四十八进制计数器功能仿真图

冲的描述上，这一点请读者在阅读例 3-24 时多加注意。

一个由 8 个触发器构成的异步计数器的程序如例 3-24 所示。

【例 3-24】
```
library IEEE;
use IEEE.std_logic_1164.all;
entity dffr is
    port(clk,d,clr:in std_logic;
         q,qb:out std_logic);
end dffr;
architecture rtl of dffr is
signal q_in:std_logic;
begin
    q <= q_in;
    qb <= not q_in;
    process(clk,clr)
    begin
        if clr = '1' then
            q_in <= '0';
        elsif clk'event and clk = '1' then
            q_in <= d;
        end if;
    end process;
end rtl;
library ieee;
use ieee.std_logic_1164.all;
entity sycount is
    port(clear:  in std_logic;
         clk  :  in std_logic;
         --d   :  in std_logic;
         count:  out std_logic_vector(7 downto 0));
end sycount;
```

```vhdl
architecture behave of sycount is
signal count_in:std_logic_vector(8 downto 0);
component dffr is                --元件调用
port(clk,d,clr:in std_logic;
     q,qb:out std_logic);
end component;
begin
count_in(0)<=clk;
gen1:for i in 0 to 7 generate
    u:dffr port map(clk=>count_in(i),clr=>clear,
    d=>count_in(i+1),q=>count(i),qb=>count_in(i+1));
    end generate gen1;
end behave;
```

异步计数器功能仿真图如图 3-26 所示。

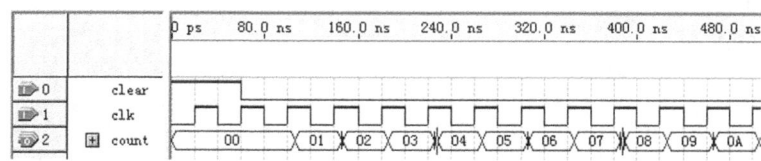

图 3-26 异步计数器功能仿真图

3.2.4 分频器

分频器在电子控制系统中的应用非常广泛，在设计具体电路时，外部引进可编程逻辑器件里的时钟通常都是石英晶体振荡器，频率比较高，常用的有 4MHz、12MHz、50MHz 等。而设计中使用的频率有时很低，如数字钟，其时钟频率为 1Hz 或 0.1Hz。要把高频时钟降下来，可以用分频器来完成。

分频器电路的实质是计数器的设计，或者说计数器的一个重要应用就是实现分频。对于二进制计数器，每一个输出都是对前一个输出端的二分频。例 3-25 和例 3-26 是两种任意分频的方法。

（1）利用计数器的进位端 要设计 n 分频的分频器，就要设计一个 n 进制的计数器，将计数器的进位作为分频器的输出。但是，计数器的进位是一个窄脉冲，而分频器一般都是等脉宽的。为此，在计数器的进位输出端加一个 T 触发器，可以将窄脉冲变换为等宽脉冲，但 T 触发器本身又是二分频的，所以要设计 n 分频的分频器，计数器就要是 $n/2$ 进制的。

【例 3-25】 32 分频的分频器。其功能仿真图如图 3-27 所示。

```vhdl
library IEEE;
use IEEE.std_logic_1164.all;
use IEEE.std_logic_unsigned.all;
entity freq1 is
port(clk:in std_logic;
    freout:out std_logic);
```

end freq1;
architecture behave of freq1 is
signal tmp1,tmp2:std_logic;
begin
p1:process(clk)
variable cqi:std_logic_vector(8 downto 0);
begin
　　if clk'event and clk='1' then
　　　　if cqi<15 then　　　　　　　--n/2
　　　　　　cqi:=cqi+1;
　　　　else
　　　　　　cqi:=(others=>'0');
　　　　end if;
　　end if;
　　if cqi=15 then
　　　　tmp1<='1';
　　else
　　　　tmp1<='0';
　　end if;
end process;
p2:process(clk,tmp1)　　　　--去毛刺
begin
　　if clk'event and clk='1' then
　　　　tmp2<=tmp1;
　　end if;
end process;
p3:process(tmp2)
variable cnt1:std_logic;
begin
　　if tmp2'event and tmp2='1' then
　　　　cnt1:=not cnt1;
　　　　if cnt1='1' then
　　　　　　freout<='1';
　　　　else
　　　　　　freout<='0';
　　　　end if;
　　end if;
end process;
end behave;

（2）数控分频器　数控分频器是利用计数值可并行预置的加法计数器完成的。方法是

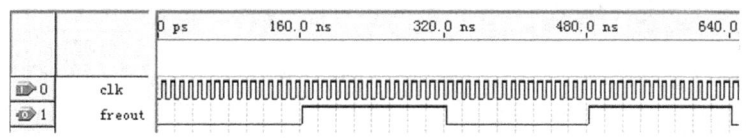

图 3-27　32 分频器功能仿真图

将计数器溢出位与预置数加载输入信号相减即可。这种方法类似于单片机的定时器工作模式。

【例 3-26】　预置数为 11110000，这样只要计 16 个脉冲即可产生进位，即实现 16 分频的功能。

```
library IEEE;
use IEEE.std_logic_1164.all;
use IEEE.std_logic_unsigned.all;
entity freq is
port(clk:in std_logic;
     d:in std_logic_vector(7 downto 0);
     fout:out std_logic);
end freq;
architecture behave of freq is
    signal full:std_logic;
begin
process(clk)
    variable cnt8:std_logic_vector(7 downto 0);
    begin
    if clk'event and clk='1' then
        if cnt8="11111111" then
            cnt8:=d;        --当 cnt8 计数计满时,输入数据 d 被同步预置给计数器 cnt8
            full<='1';      --同时使溢出标志信号 full 输出为高电平
        else
            cnt8:=cnt8+1;--否则继续作加 1 计数
            full<='0';--且输出溢出标志信号 full 为低电平
        end if;
    end if;
end process;
process(full)
    variable cnt2:std_logic;
    begin
    if full'event and full='1' then
        cnt2:=not cnt2;
        if cnt2='1' then
```

```
                    fout <='1';
            else
                    fout <='0';
            end if;
        end if;
    end process;
end behave;
```
数控分频器功能仿真图如图 3-28 所示。

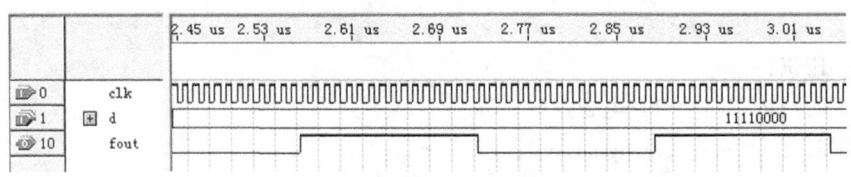

图 3-28　数控分频器功能仿真图

3.2.5　序列信号发生器和检测器

1. 序列信号发生器

在数字信号的传输和数字系统的测试中，有时需要用到一组特定的串行数字信号，作为握手协议。产生该序列信号的电路就是序列信号发生器。序列信号发生器一般由计数器与数据选择器构成。"01010101" 序列信号发生器的 VHDL 描述如例 3-27 所示。

【例 3-27】
```
library IEEE;
use IEEE.std_logic_1164.all;
use IEEE.std_logic_unsigned.all;
entity senqgen is
port(clk,clr,clock:in std_logic;
     y:out std_logic);
end senqgen;
architecture behave of senqgen is
signal count:std_logic_vector(2 downto 0);
signal tmp:std_logic:='0';
begin
    process(clk,clr)
    begin
        if clr='1' then
            count<="000";
        else
            if clk'event and clk='1' then
                if count="111" then
                    count<="000";
```

```
                else
                    count <= count + '1';
                end if;
            end if;
        end if;
    end process;
    process(count)
    begin
        case count is
            when "000" => tmp <= '0';
            when "001" => tmp <= '1';
            when "010" => tmp <= '0';
            when "011" => tmp <= '1';
            when "100" => tmp <= '0';
            when "101" => tmp <= '1';
            when "110" => tmp <= '0';
            when others => tmp <= '1';
        end case;
    end process;
    process(clock,tmp)
    begin
        if clock'event and clock = '1' then
            y <= tmp;
        end if;
    end process;
end behave;
```

序列信号发生器功能仿真图如图 3-29 所示。

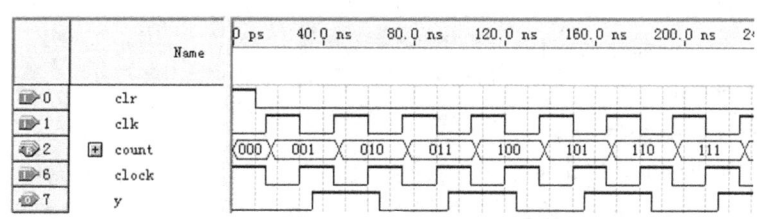

图 3-29　序列信号发生器功能仿真图

2. 序列信号检测器

脉冲序列检测器广泛应用于现代数字通信系统中,在数字通信时,为了保证信息的可靠传输,一般需要在发送端加入固定的同步码组,而在接收端则需要检出该同步码组,保证信息的可靠接收。接收端的同步码检测器就是用来检测同步码组的电路,中间用到的码型检测电路部分实际上就是一个脉冲序列信号检测器。"01010101"序列信号检测器的 VHDL 描述如例 3-28 所示。

【例3-28】
```vhdl
library IEEE;
use IEEE.std_logic_1164.all;
use IEEE.std_logic_unsigned.all;
entity detect is
port(clk,reset,datain:in std_logic;
     q:out std_logic);
end detect;
architecture behave of detect is
type state is(s0,s1,s2,s3,s4,s5,s6,s7);
signal present:state;
begin
process(clk,datain)
begin
if reset ='1' then
   present <= s0;
   elsif clk'event and clk ='1' then
   case present is
       when s0 => q <='0';
           if datain ='1' then
               present <= s1;
           else
               present <= s0;
           end if;
       when s1 => q <='0';
           if datain ='0' then
               present <= s2;
           else
               present <= s1;
           end if;
       when s2 => q <='0';
           if datain ='1' then
               present <= s3;
           else
               present <= s2;
           end if;
       when s3 => q <='0';
           if datain ='0' then
               present <= s4;
           else
```

```
                present <= s3;
            end if;
        when s4 => q <= '0';
            if datain = '1' then
                present <= s5;
            else
                present <= s4;
            end if;
        when s5 => q <= '0';
            if datain = '0' then
                present <= s6;
            else
                present <= s5;
            end if;
        when s6 => q <= '0';
            if datain = '1' then
                present <= s7;
            else
                present <= s6;
            end if;
        when s7 => q <= '1';
            if datain = '0' then
                present <= s0;
            else
                present <= s7;
            end if;
        when others => null;
        end case;
end if;
end process;
end behave;
```

序列信号检测器功能仿真图如图 3-30 所示。

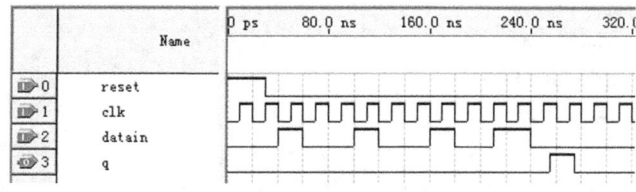

图 3-30 序列信号检测器功能仿真图

3.3 存储器

存储器按其类型可分为只读存储器（Read-Only Memory，ROM）和随机存储器（Random Access Memory，RAM）。它们的功能有较大的区别，因此在描述上也有诸多不同。尽管如此，它们也有许多相同之处，在分别详述它们的各自特性以前，先就一些共性的问题做一说明。

3.3.1 存储器描述中的一些共性问题

1. 存储器的数据类型

存储器是众多存储单元的一个集合体，按单元号顺序排列。每个单元由若干个二进制位构成，以表示单元中存放的数据值。这种结构和数组的结构是非常相似的。不妨认为一个存储器可以用一个数组来代表，每个单元代表数组中的一个元素，数组中的元素序号和存储器中的单元序号一致。这样，用一个数组就能很好地描述存储器存放数据的结构了。

每个存储单元所存放的数可以用不同的、由 VHDL 语句所定义的数的类型来描述，例如用整数或位矢量来描述：

type memory is array(0 to 255)of word；

这是一个元素用整数表示的数组，可以用它来描述存储器存储数据的结构，再如：

subtype word is std_logic_vector(k-1 downto 0)；

type memory is array(0 to 2**w-1)of word；

这是一个元素用位矢量表示的数组，用它来描述存储器存储数据的结构存储单元二进制位数。w 表示数组的元素个数。

2. 存储器的初始化

在用 VHDL 描述 ROM 时，ROM 的内容应该在仿真时事先读到 ROM 中，这就是所谓存储器的初始化。存储器的初始化要依赖于外部文件的读取，也就是说要依赖于 textio。下面是对 ROM 进行初始化的实例。

变量说明：

variable start_up：boolean：=true；

variable L：line；

variable j：integer；

variable rom：memory；

file romin：text is in "rom24.in"；

初始化程序：

if start_up then

    for j in rom'range loop

        readline(romin,L)；

        read(L,rom(j))；

    end loop；

    start_up：=false；

end if；

一般，ROM 初始化在系统加电之后只执行 1 次。在仿真时，如果 RAM 也要事先赋值，那么也可以采用上述同样的方法。

除此之外，textio 中还有两个文本操作指令：
　　writeline 和 write
textio 是 std 中的文件，因此在使用的过程中要用到：
　　use std. textio. all；

3.3.2　只读存储器

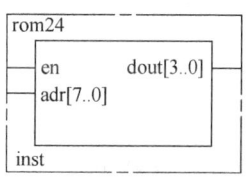

图 3-31　256×4 位的 ROM 的引脚图

一种容量为 256×4 位的 ROM 的引脚图如图 3-31 所示。该 ROM 有 8 位地址线 adr(0)~adr(7)、4 位数据输出线 dout(0)~dout(3) 及选择控制输入端 en。当 en = '1'时，由 adr(0)~adr(7) 选中某一 ROM 单元，该单元中的 4 位数据就从 dout(0)~dout(3) 输出；否则 dout(0)~dout(3) 将呈现高阻状态。据此就可以用 VHDL 写出对 ROM 的描述程序，如例 3-29 所示。

【例 3-29】
```
library IEEE;
use IEEE. std _ logic _ 1164. all；
use IEEE. std _ logic _ unsigned. all；
use std. textio. all；
library std；
use std. textio. all；
entity rom24 is
port( en:in std _ logic；
    adr:in std _ logic _ vector(7 downto 0)；
    dout:out std _ logic _ vector(3 downto 0))；
end rom24；
architecture behave of rom24 is
subtype word is std _ logic _ vector(3 downto 0)；
type memory is array(0 to 255)of word；
signal adr _ in:integer range 0 to 255；
begin
process( en,adr)
    variable start _ up:boolean: = true；
    variable L:line；
    variable j:integer；
    variable rom:memory；
    file romin:text is in "rom24. in"；
begin
    if start _ up then
        for j in rom'range loop
            readline(romin,L)；
```

```vhdl
                read(L,rom(j));
            end loop;
            start_up: = false;
        end if;
    adr_in <= conv_integer(adr);
        if en = '1' then
            dout <= rom(adr_in);
        else
            dout <= "ZZZZ";
        end if;
end process;
end;
```

【例3-30】 用ROM实现九九乘法表。

```vhdl
library IEEE;
use IEEE.std_logic_1164.all;
entity romlpm is
port(address:in std_logic_vector(7 downto 0);
    inclock:in std_logic;
    q:out std_logic_vector(7 downto 0));
end romlpm;
architecture behave of romlpm is
signal tmp:std_logic_vector(7 downto 0);
component lpm_rom
generic(
    lpm_width:natural;
    lpm_widthad:natural;
    lpm_address_control:string;
    lpm_outdata:string;
    lpm_file:string);
port(
    address:in std_logic_vector(7 downto 0);
    inclock:in std_logic;
    q:out std_logic_vector(7 downto 0));
end component;

begin
    q <= tmp(7 downto 0);
    lpm_rom_component:lpm_rom
    generic map(
        lpm_width => 8,
```

```
            lpm _ widthad = > 8,
            lpm _ address _ control = > "registered",
            lpm _ outdata = > "unregistered",
            lpm _ file = > "romlpm. mif")
        port map(
            address = > address,
            inclock = > inclock,
            q = > tmp);
end behave;
```

九九乘法表功能仿真时序图如图 3-32 所示。

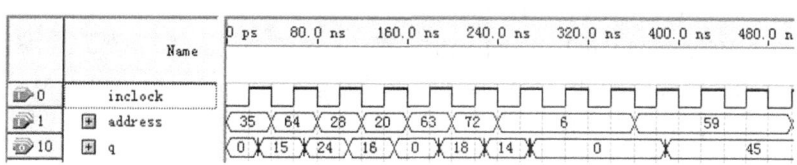

图 3-32　九九乘法表功能仿真时序图

3.3.3　随机存储器

RAM 和 ROM 的主要区别在于 RAM 的描述上有读和写两种操作，而且在读、写时对时间有较严格的要求。一种容量为 8×8 位的 RAM 的引脚图如图 3-33 所示。它有 8 条地址线 adr(0)~adr(7)，8 条数据输入线 din(0)~din(7)，8 条数据输出线 dout(0)~dout(7)。另外，wr 为写控制线，rd 为读控制线，cs 为片选控制线。当 cs = '1'、wr 信号由低变高（上升沿）时，din 上的数据写入 adr 所指定的单元；当 cs = '1'、rd = '0' 时，由 adr 所指定单元的内容将从 dout 的数据线上输出。

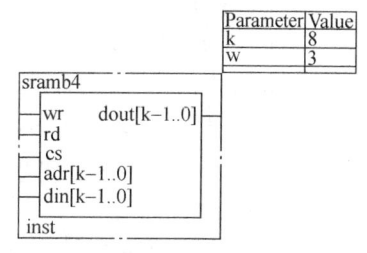

图 3-33　8×8 位的 RAM 的引脚图

由 VHDL 描述的 RAM 的程序如例 3-31 所示。其中，now 表示系统仿真的当前时间。

【例 3-31】
```
library IEEE;
use IEEE. std _ logic _ 1164. all;
use IEEE. std _ logic _ unsigned. all;
entity sram64 is
generic(k:integer: = 8;
        w:integer: = 3);
port(wr,rd,cs:in std _ logic;
    adr:in std _ logic _ vector(k-1 downto 0);
    din:in std _ logic _ vector(k-1 downto 0);
    dout:out std _ logic _ vector(k-1 downto 0));
end sram64;
```

```vhdl
architecture behave of sram64 is
subtype word is std_logic_vector(k-1 downto 0);
type memory is array(0 to 2**w-1) of word;
signal adr_in:integer range 0 to 2**w-1;
signal sram:memory;
signal din_change,wr_rise:time:=0 ps;
begin
    adr_in <= conv_integer(adr);            --位矢量变成整数
    process(wr)
    begin
        if(wr'event and wr='1') then
            if(cs='1' and wr='1') then
                sram(adr_in) <= din after 2 ns;
            end if;
        end if;
        wr_rise <= now;                      --wr 上升时间
        assert(now-din_change >= 800ps)
            report "setup error din(srame)"
            severity warning;                --din 建立检查时间
    end process;
    process(rd,cs)
    begin
        if(rd='0' and cs='1') then
            dout <= sram(adr_in) after 3 ns;
        else
            dout <= "ZZZZZZZZ" after 3 ns;
        end if;
    end process;
    process(din)
    begin
        din_change <= now;
        assert(now-wr_rise >= 300ps)
            report "hold error din(sram)"
            severity warning;                --din 保持检查时间
    end process;
end behave;
```

3.3.4 堆栈

1. 先进先出堆栈

先进先出堆栈（FIFO）作为数据缓冲器，通常其数据存放结构是和 RAM 完全一致，只是存取方式有所不同。图 3-34 是容量为 8×4 位（k=4）的 FIFO 的引脚图。

图 3-34 中的 FIFO 有 4 条数据输入线 din，4 条数据输出线 dout，1 条读控制线 rd，1 条写控制线 wr，1 条时钟输入线 clk 及两条状态信号线，即满信号和空信号线（full，empty）。

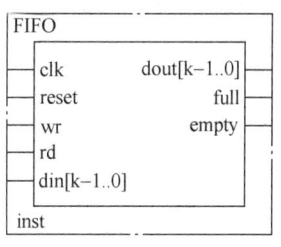

图 3-34 FIFO 电路引脚图

FIFO 由 6 个功能块组成，它们是存储体、写指示器（wr）、读指示器（rp）、满逻辑 in_full、空逻辑 in_empty 和选择逻辑 select。这是一个同步的 FIFO。在时钟脉冲的上升沿作用下，当 wr = 0 且 full = 0 时，din 的数据将压入 FIFO。在通常情况下，rp 指示器所指出的单元内容总是放于 dout 的输出数据线上，只是在 rd = 0 且 empty = 0 时，rp 指示器内容才改变而指向 FIFO 的下一个单元，下一个单元的内容替换当前内容并从 dout 输出。应注意，在任何时候 dout 上总有一个数据输出，而不像 RAM 那样，只有在读状态有效时才有数据输出，平时为三态输出。

FIFO 的存储器实际上是一个环形数据结构，由 wp 和 rp 分别指示数据写和读的对应单元。在此，wp 指示的是新数据待写入的单元地址，只要发一个 wr 有效信号（wr = 0），就可将 din 上的数据写入该单元；而 rp 指示的是已读了数据的单元地址，要想读下一个数据就要发一个 rd 有效信号（rd = 0）使 rp = rp + 1，这时就可以读出下一个新的数据了。FIFO 在复位以后就处于初始状态，wp = 0，rp = 7，此时 FIFO 处于空状态，数据第 1 次写入的单元应是 0 号单元。rp 和 wp 之间应满足 rp = wp − 1。rp = wp 状态是 FIFO 只要进行 1 次写操作就会变成满的状态。满状态和空状态的 rp 和 wp 的关系是一致的，均为 rp = wp − 1。但是，稍加分析即可知道，满或空状态出现之前的一个状态是各不相同的。在 rp = wp 时，由于写一个数据而使其进入满状态（rp = wp − 1），而在 rp = wp − 2 时，由于读一个数据而使其进入空状态（rp = wp − 1）。据此，即可得到满或空信号产生的条件。

8×4 位 FIFO 的 VHDL 描述如例 3-32 所示。

【例 3-32】
```
library IEEE;
use IEEE. std_logic_1164. all;
entity FIFO is
generic(w:integer:=8;
        k:integer:=4);
port(clk,reset,wr,rd:in std_logic;
    din:in std_logic_vector(k-1 downto 0);
    dout:out std_logic_vector(k-1 downto 0);
    full,empty:out std_logic);
end FIFO;
architecture behave of FIFO is
type memory is array(0 to w-1)of std_logic_vector(k-1 downto 0);
signal RAM:memory;
signal wp,rp:integer range 0 to w-1;
signal in_full,in_empty:std_logic;
begin
```

```vhdl
full <= in_full;
empty <= in_empty;
dout <= RAM(rp);
process(clk)
begin
    if clk'event and clk = '1' then
        if wr = '0' and in_full = '0' then
            RAM(wp) <= din;
        end if;
    end if;
end process;
process(clk,reset)
begin
    if reset = '1' then
        wp <= 0;
        elsif clk'event and clk = '1' then
            if(wr = '0' and in_full = '0') then
                if wp = w-1 then
                    wp <= 0;
                else
                    wp <= wp + 1;
                end if;
            end if;
    end if;
end process;
process(clk,reset)
begin
    if reset = '1' then
        rp <= w-1;
        elsif clk'event and clk = '1' then
            if rd = '0' and in_empty = '0' then
                if rp = w-1 then
                    rp <= 0;
                else
                    rp <= rp + 1;
                end if;
            end if;
    end if;
end process;
process(clk,reset)
```

```
begin
    if reset = '1' then
        in_empty <= '1';
    elsif clk'event and clk = '1' then
        if (rp = wp-2 or (rp = w-1 and wp = 1) or
            (rp = w-2 and wp = 0)) and (rd = '0' and wr = '1') then
            in_empty <= '1';
        elsif (in_empty = '1' and wr = '0') then
            in_empty <= '0';
        end if;
    end if;
end process;
process(clk, reset)
begin
    if reset = '1' then
        in_full <= '0';
    elsif clk'event and clk = '1' then
        if (rp = wp and wr = '0' and rd = '1') then
            in_full <= '1';
        elsif (in_full = '1' and rd = '0') then
            in_full <= '0';
        end if;
    end if;
end process;
end behave;
```

8×4 位 FIFO 功能仿真图如图 3-35 所示。

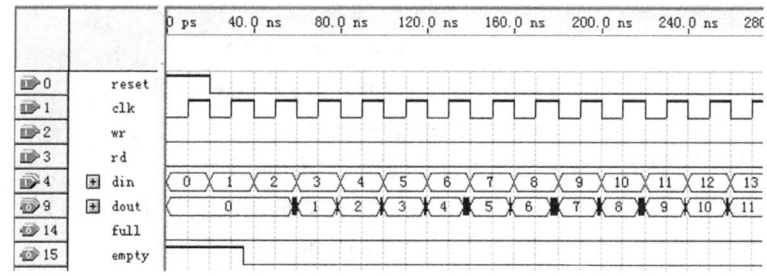

图 3-35　8×4 位 FIFO 功能仿真图

2. 后进先出堆栈

后进先出堆栈 VHDL 描述如例 3-33 所示。

【例 3-33】
```
library IEEE;
use IEEE.std_logic_1164.all;
```

```vhdl
use IEEE.std_logic_signed.all;
entity stack is
port(datain:in std_logic_vector(7 downto 0);
    push,pop,reset,clk:in std_logic;
    stackfull:out std_logic;
    dataout:buffer std_logic_vector(7 downto 0));
end stack;
architecture behave of stack is
type arraylogic is array(15 downto 0) of std_logic_vector(7 downto 0);
signal data:arraylogic;
signal stackflag:std_logic_vector(15 downto 0);
begin
stackfull <= stackflag(0);
process(clk,reset,pop,push)
    variable selfunction:std_logic_vector(1 downto 0);
    begin
    selfunction: = push & pop;
        if reset ='1' then
            stackflag <= (others =>'0');
            dataout <= (others =>'0');
            for i in 0 to 15 loop
                data(i) <= "00000000";
            end loop;
        elsif clk'event and clk ='1' then
            case selfunction is
                when "10" => data(15) <= datain;
                    stackflag <='1'&stackflag(15 downto 1);
                    for i in 0 to 14 loop
                        data(i) <= data(i+1);
                    end loop;
                when "01" => dataout <= data(15);
                    stackflag <= stackflag(14 downto 0)&'0';
                    for i in 15 downto 1 loop
                        data(i) <= data(i-1);
                    end loop;
                when others => null;
            end case;
        end if;
end process;
end;
```

后进先出堆栈功能仿真图如图 3-36 所示。

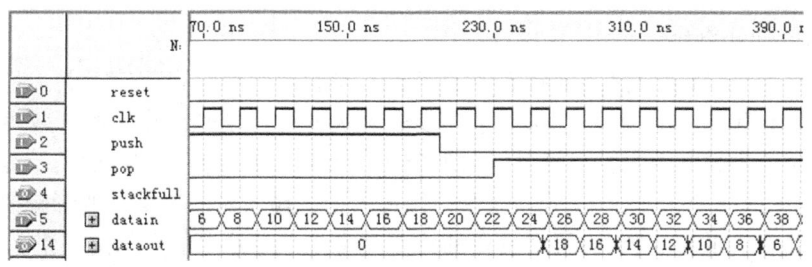

图 3-36　后进先出堆栈功能仿真图

3.4　有限状态机

有限状态机（Finite State Machine，FSM）是一类很重要的时序电路，是许多数字电路的核心部件。在 VHDL 设计的逻辑系统中，有许多是可以利用有限状态机的设计方案来描述和实现的。

有限状态机有其难以超越的优越性，主要表现在以下几个方面：

1）状态机克服了纯硬件数字系统顺序方式控制不灵活的缺点。状态机的工作方式是根据控制信号按照预先设定的状态进行顺序运行的，状态机是纯硬件数字系统中的顺序控制模型，因此状态机在其运行方式上，类似于控制灵活和方便的 CPU。

2）由于状态机的结构相对简单，设计方案相对固定，特别是可以定义符号化枚举型的状态，这一切都为 VHDL 综合器尽可能发挥其强大的优化功能提供了有利条件。

3）状态机容易构成性能良好的同步时序逻辑电路，这对于对付大规模逻辑电路设计中令人深感棘手的竞争冒险现象无疑是一个好的选择。此外，为了消除电路中的毛刺现象，在状态机设计中有更多的设计方案可以选择。

4）与 VHDL 的其他描述方式相比，状态机的 VHDL 表述丰富多样，程序层次分明，结构清晰，易于阅读，在查错、修改和模块移植方面有其独特的优点。

5）在高速运算方面，状态机更有其巨大的优势。对于有限状态机，执行速度主要受计算新状态所需时间的限制，实践证明：在执行耗费时间和执行时间的确定性方面，状态机优于 CPU。

6）可靠性高。首先它是由纯硬件电路构成，其运行不依赖软件指令的逐条执行，因此不存在 CPU 运行软件过程中有许多固有缺陷的缺点；其次是由于状态机的设计，能使用各种完整的容错技术；再次是当状态机进入非法状态并从中跳出，进入有效状态所耗的时间十分短暂，只有 2~3 个时钟周期，数十纳秒，对系统的运行不会产生较大的影响。

利用 VHDL 编程实现状态机，不需要按照传统的设计方法进行烦琐的状态分配、绘制状态表、化简次态方程等，可以简便地根据 MDS 图（Mnemonic Documented State Diagrams，用助记符表示的状态图）直接对状态机进行描述，所有的状态均可表达为 case-when 结构中的一条 case 语句，而状态的转移则通过 if-then-else 语句实现。

状态机的工作分为两个步骤：第一步计算下一状态，第二步将新状态写入寄存器。

状态机常分为以下两种类型：Moore（穆尔）型状态机和 Mealy（米利）型状态机。

3.4.1 有限状态机的分类

1. Moore 型状态机

Moore 型状态机输出只是当前状态值的函数，与输入信号的当前值无关，是严格的现态函数。从时序上看，Moore 型状态机属于异步输出状态机，在时钟脉冲的有效边沿作用后的有限个门延迟后，输出达到稳定值，但输出会在一个完整的时钟周期内保持不变，即使在时钟周期内输入信号发生变化，输出也会保持稳定不变。输入对输出信号的影响要到下一个周期才能反映出来。Moore 型状态机最重要的特点是将输入和输出信号隔离开来。

用 VHDL 描述 Moore 型状态机，采用三段式：状态寄存器现态赋值（时序逻辑）、状态寄存器次态赋值（组合逻辑）和输出寄存器次态赋值（组合逻辑），其功能框图如图 3-37 所示。

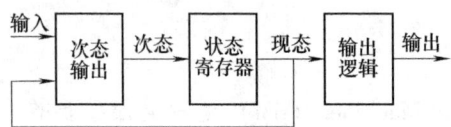

图 3-37　Moore 型状态机的功能框图

【例 3-34】 Moore 型状态机，其状态机 MDS 图如图 3-38 所示。

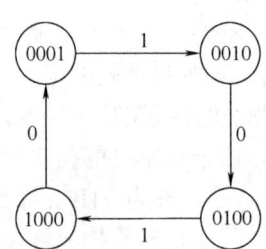

图 3-38　Moore 型状态机 MDS 图

```
library IEEE;
use IEEE.std_logic_1164.all;
use IEEE.std_logic_unsigned.all;
entity moore is
    port
    (   clk,datain,reset:in std_logic;
        dataout:out std_logic_vector(3 downto 0));
end moore;
architecture behave of moore is
type state_type is(s0,s1,s2,s3);
signal state:state_type;
begin
demo_process:process(clk,reset)
    begin
        if reset = '1' then
state <= s0;
        elsif clk'event and clk = '1' then
            case state is
                when s0 => if datain = '1' then
                    state <= s1;
                    end if;
                when s1 => if datain = '0' then
                    state <= s2;
                    end if;
```

```
                when s2 => if datain = '1' then
                                state <= s3;
                           end if;
                when s3 => if datain = '0' then
                                state <= s0;
                           end if;
            end case;
        end if;
    end process;
    output:process(state)
        begin
            case state is
                when s0 => dataout <= "0001";
                when s1 => dataout <= "0010";
                when s2 => dataout <= "0100";
                when s3 => dataout <= "1000";
            end case;
        end process;
end behave;
```

Moore 型状态机仿真波形如图 3-39 所示。

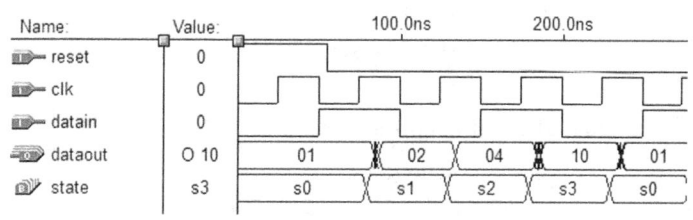

图 3-39　Moore 型状态机仿真波形

2. Mealy 型状态机

Mealy 型状态机的输出则是当前状态值、当前输出值和当前输入值的函数,是现态和现输入的函数。它的输出在输入变化后立即发生变化,而 Moore 型状态机的输出则在输入发生变化之后,还要等待时钟的到来。

用 VHDL 描述 Mealy 型状态机,采用 4 段式:状态寄存器现态赋值(时序逻辑)、状态寄存器次态赋值(组合逻辑)、输出寄存器现态赋值(时序逻辑)和输出寄存器次态赋值(组合逻辑),其功能框图如图 3-40 所示。

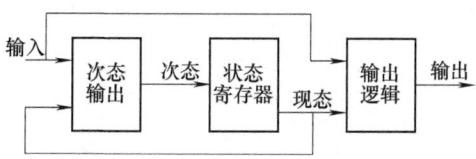

图 3-40　Mealy 型状态机的功能框图

【例3-35】 Mealy 型状态机,其状态机 MDS 图如图 3-41 所示。

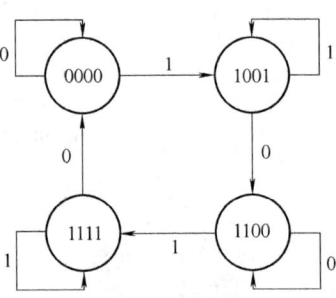

图 3-41　Mealy 型状态机 MDS 图

```
library IEEE;
use IEEE.std_logic_1164.all;
use IEEE.std_logic_unsigned.all;
entity mealy is
    port
    ( clk,datain,reset:in std_logic;
      dataout:out std_logic_vector(3 downto 0));
end moore;
architecture behave of moore is
type state_type is(s0,s1,s2,s3);
signal state:state_type;
begin
demo_process:process(clk,reset)
    begin
        if reset = '1' then
state <= s0;
        elsif clk'event and clk = '1' then
            case state is
                when s0 => if datain = '1' then
                        state <= s1;
                    end if;
                when s1 => if datain = '0' then
                        state <= s2;
                    end if;
                when s2 => if datain = '1' then
                        state <= s3;
                    end if;
                when s3 => if datain = '0' then
                        state <= s0;
                    end if;
    end case;
            end if;
    end process;

output:process(state)
    begin
        case state is
            when s0 => if datain = '1' then
```

```
                    dataout <= "1001";
                else dataout <= "0000";
                end if;
    when s1 => if datain = '0' then
                    dataout <= "1100";
                else dataout <= "1001";
                end if;
    when s2 => if datain = '1' then
                    dataout <= "1111";
                else dataout <= "1100";
                end if;
    when s3 => if datain = '0' then
                    dataout <= "0000";
                else dataout <= "1111";
                    end if;
    end case;
    end process;
end behave;
```

Mealy 型状态机仿真波形如图 3-42 所示。

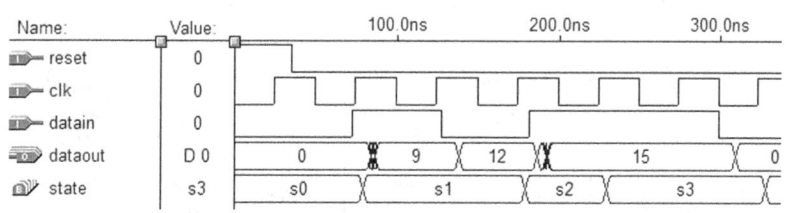

图 3-42　Mealy 型状态机仿真波形

3.4.2　有限状态机的应用

步进电动机是一种用电脉冲进行控制，将电脉冲信号转换成相应角位移的电动机。步进电动机输入一个电脉冲就前进一步，其输出的角位移与输入的脉冲数成正比，转速与脉冲频率成正比。当脉冲频率 f 增高，其周期比转子振荡的过渡过程时间还短时，虽然仍旧是一个脉冲前进一步，步距角也不变，但转子连续转动不停，可作连续运行状态，步进电动机的转速为：

$$n = \frac{60 f \theta_b}{360} \tag{3-1}$$

式中，f 为脉冲频率；θ_b 为步进电动机步距角。

例如，当 $\theta_b = 1.8°$，$f = 4000\text{Hz}$ 时，$n = 1200\text{r/min}$。步进电动机在开环系统中作为执行元件得到了广泛的应用。

本例是利用 VHDL 实现步进电动机驱动器的设计。驱动器的核心是步进电动机定子绕组上电脉冲信号的产生，即脉冲分配器。这里以三相为例，介绍脉冲分配器的设计。步进电动机的工作方式有三相三拍（步距为3.6°）和三相六拍（步距为1.8°）两种方式，且具有正反转控制。用s(select)和c(control)分别作为工作方式和正反转的控制端。s=1为三相六拍，s=0为三相三拍；c=1为正转，c=0为反转。4种方式下，脉冲分配器的输出状态顺序为：

1) 三相六拍正转（s=1，c=1）ABC
$$100 \to 110 \to 010 \to 011 \to 001 \to 101 \to$$

2) 三相六拍反转（s=1，c=0）ABC
$$100 \leftarrow 110 \leftarrow 010 \leftarrow 011 \leftarrow 001 \leftarrow 101 \leftarrow$$

3) 三相三拍正转（s=0，c=1）ABC
$$110 \to 011 \to 101 \to$$

4) 三相三拍反转（s=0，c=0）ABC
$$110 \leftarrow 011 \leftarrow 101 \leftarrow$$

能实现步进电动机三相三拍、三相六拍两种工作方式且能完成正反控制的 MDS 图如图 3-43 所示，为便于看清楚，把步进电机的两种工作方式的 MDS 图分开，编程时两种工作方式编在一起。根据 MDS 图编写的 VHDL 源代码如例 3-36 所示。

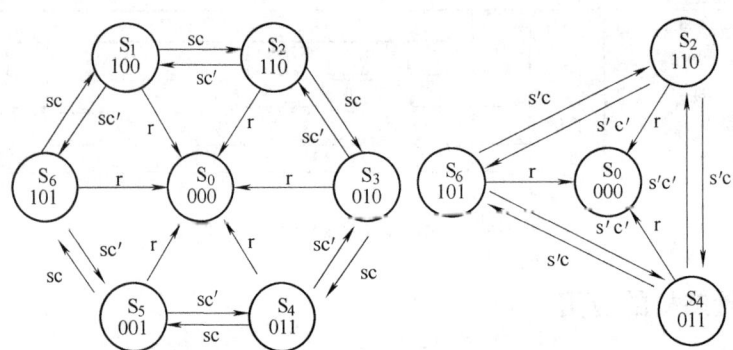

图 3-43 脉冲分配器的 MDS 图

【例 3-36】
library IEEE；
use IEEE. std _ logic _ 1164. all；
use IEEE. std _ logic _ unsigned. all；
entity bujinmotor is
　　port
　　（s,c,clk,reset:in std _ logic；
　　　dataout:out std _ logic _ vector(2 downto 0))；
end bujinmotor；

```vhdl
architecture behave of bujinmotor is
type state_type is(s0,s1,s2,s3,s4,s5,s6);
signal state:state_type;
begin
bujinstate:process(clk,reset)
    begin
        if reset ='1' then
            state <= s0;
        elsif clk'event and clk ='1' then
            case state is
                when s1 => if s ='1' and c ='1' then state <= s2;
                    elsif s ='1' and c ='0' then state <= s6;
                    elsif s ='0' and c ='1' then state <= s2;
                    elsif s ='0' and c ='0' then state <= s6;
                    end if;
                when s2 => if s ='1' and c ='1' then state <= s3;
                    elsif s ='1' and c ='0' then state <= s1;
                    elsif s ='0' and c ='1' then state <= s4;
                    elsif s ='0' and c ='0' then state <= s6;
                    end if;
                when s3 => if s ='1' and c ='1' then state <= s4;
                    elsif s ='1' and c ='0' then state <= s2;
                    elsif s ='0' and c ='1' then state <= s4;
                    elsif s ='0' and c ='0' then state <= s2;
                    end if;
                when s4 => if s ='1' and c ='1' then state <= s5;
                    elsif s ='1' and c ='0' then state <= s3;
                    elsif s ='0' and c ='1' then state <= s6;
                    elsif s ='0' and c ='0' then state <= s2;
                    end if;
                when s5 => if s ='1' and c ='1' then state <= s6;
                    elsif s ='1' and c ='0' then state <= s4;
                    elsif s ='0' and c ='1' then state <= s6;
                    elsif s ='0' and c ='0' then state <= s4;
                    end if;
                when s6 => if s ='1' and c ='1' then state <= s1;
                    elsif s ='1' and c ='0' then state <= s5;
                    elsif s ='0' and c ='1' then state <= s2;
                    elsif s ='0' and c ='0' then state <= s4;
                    end if;
```

```
                    when others => state <= s1; --jion state machine
                end case;
            end if;
    end process;
    output:process(state)
    begin
        case state is
            when s1 => dataout <= "100";
            when s2 => dataout <= "110";
            when s3 => dataout <= "010";
            when s4 => dataout <= "011";
            when s5 => dataout <= "001";
            when s6 => dataout <= "101";
            when others => dataout <= "000";
        end case;
    end process;
end behave;
```

该源代码仿真后的波形，即脉冲分配器的仿真波形，如图3-44所示。为了能看全工作方式，在 s 端和 c 端加上不同的电平。由图可见，在 s = 1 时为三相六拍，c = 1 为正转，由 s1 到 s6 变化，c = 0 为反转，由 s6 到 s1 变化；在 s = 0 时为三相三拍，c = 1 为正转，由 s2、s4 到 s6 变化，c = 0 为反转，由 s6、s4 到 s2 变化。

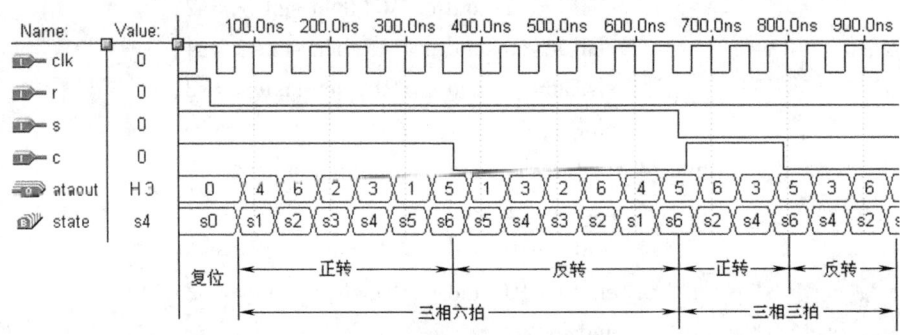

图 3-44 脉冲分配器的仿真波形

步进电动机的工作速度和系统的工作频率有关，即例 3-36 VHDL 源代码中的时钟信号 clk，该时钟信号可以由外部的时钟信号经过分频得到，分频是由计数器来实现的，当需要不同频率时，就应该把计数器的不同位数送到该时钟端，这个过程也可以用数据选择器来完成，这样整个系统的控制都可以用可编程逻辑器件实现，其原理框图如图 3-45 所示。A_0 到 A_n 是用来选择计数器的某一位输出送到脉冲分配器的时钟输入端，A、B、C 是三相信号输出。但由于步进电动机的脉冲分配器的时钟信号是通过分频得到的，分频器输出信号的频率相互间是两倍的关系，即不是连续的，因此用这个脉冲分配器去控制步进电动机，也是不连续的。计数器的位数越多，分得的频率越低，电动机速度越慢；此时所用的数据选择器的地址也越多，计数器和数据选择器占用的资源较多，CPLD 外扩键盘及使用也不如单片机灵活，因此系统把计数器、数据选择器和键盘等电路用单片机 89C2051 来完成。

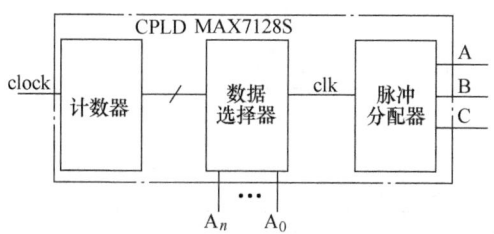

图 3-45　CPLD 实现系统控制的原理框图

习　题

1. 用 if 语句完成例 3-5 七段字形显示器的 VHDL 程序，并进行波形仿真。
2. 在描述时序电路时的进程中，有几种复位方法？哪一种复位方法必须将信号放在敏感表中？试给出它们不同电路的 VHDL 描述。
3. 设计一个具有异步清零和计数使能的二十四进制加减可控的计数器。
4. 利用 VHDL 设计一个 4 选 1 数据选择器，每个数据的位数是 4 位。
5. 利用 VHDL 设计一个奇偶校验电路，要求当一个 8 位数据中所含 1 的个数为奇数个时输出阻抗为 1，否则为 0。
6. 设计同步复位、异步预置数功能的 8421BCD 码三十二进制同步计数器。要求根据实体编写构造体。

```
library IEEE;
use IEEE. std _ logic _ 1164. all;
use IEEE. std _ logic _ unsigned. all;
entity cnt32 is
    port (ci, clear, clk, load, d: in std _ logic;
        cout : out std _ logic;
        qh   : buffer std _ logic _ vector (3 downto 0);
        ql   : buffer std _ logic _ vector (3 downto 0)
        );
end cnt32;
```

7. 利用元件例化语句和 for-generate 语句完成一个 12 位锁存器的设计，并进行波形仿真。
8. 状态机的基本结构如何？种类有哪些？和 CPU 相比有什么不同？
9. 利用状态机的 VHDL 描述方法设计一个序列信号检测器，要求连续输入 3 个或 3 个以上的 0 时输出为 1，否则输出为 0。
10. 用状态机实现对 ADC0809 的采样控制电路。ADC0809 控制时序图如图 3-46 所示。

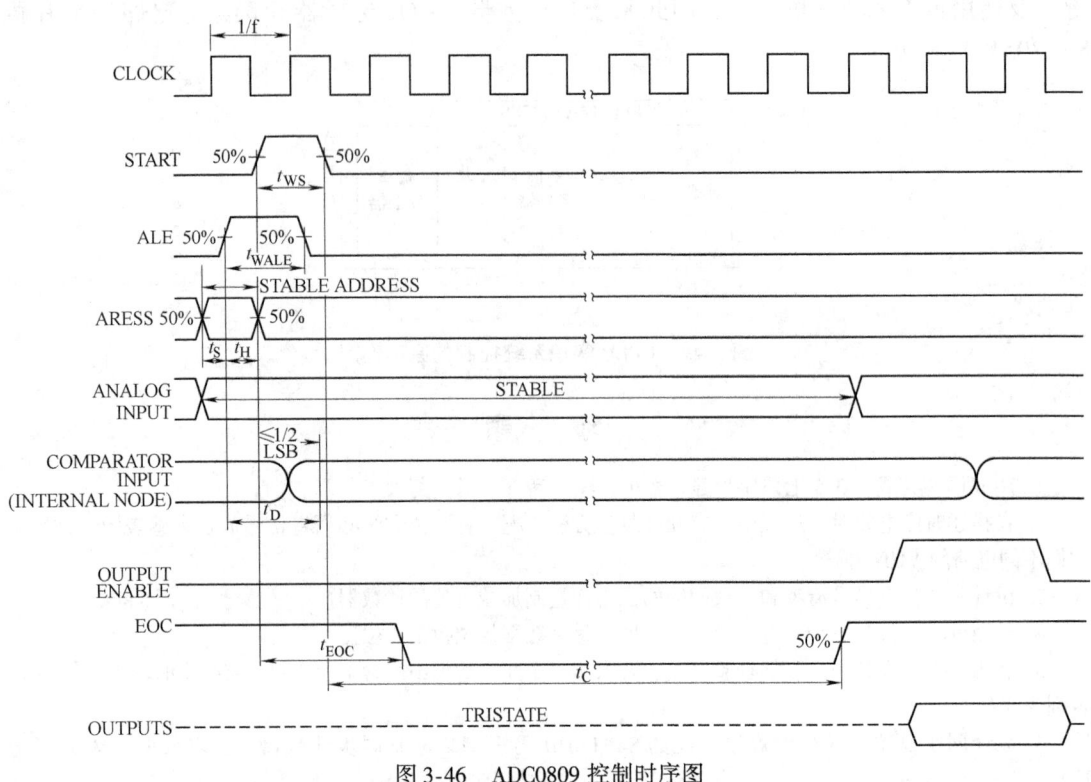

图 3-46　ADC0809 控制时序图

第 4 章 Quartus Ⅱ 与 ModelSim 软件及使用

作为 FPGA 开发设计、综合、分析和编程工具的集成软件 Quartus Ⅱ，以及实现功能和时序仿真软件 ModelSim，是每一个有志于从事 FPGA 研发工程师必须掌握的开发工具。通过对"半加器和全加器的 FPGA 实现"全流程讲解，有助于初学者快速学会 Quartus Ⅱ 和 ModelSim 软件的使用。

4.1 半加器和全加器

如果不考虑来自低位的进位将两个 1 位二进制数相加称为半加，实现半加运算的电路称为半加器。在将两个多位二进制数相加时，除了最低位以外，每一位都应该考虑来自低位的进位，即将两个加数和来自低位的进位 3 个数相加称为全加，所用的电路称为全加器。半加器的真值表如表 4-1 所示，其中 A、B 为加数，S 为和，CO 为进位输出。全加器的真值表如表 4-2 所示，其中 A、B 为加数，S 为和，CO 为进位输出，CIN 为低位的进位。

表 4-1 半加器真值表

A	B	S	CO
0	0	0	0
0	1	1	0
1	0	1	0
1	1	0	1

表 4-2 全加器真值表

CIN	A	B	S	CO
0	0	0	0	0
0	0	1	1	0
0	1	0	1	0
0	1	1	0	1
1	0	0	1	0
1	0	1	0	1
1	1	0	0	1
1	1	1	1	1

根据表 4-1 可以得到半加器的逻辑表达式如式(4-1)、式(4-2)所示；根据表 4-2 可以得到全加器的逻辑表达式如式(4-3)、式(4-4)所示。

$$S = A \oplus B \tag{4-1}$$

$$CO = AB \tag{4-2}$$

$$S = A \oplus B \oplus CIN \tag{4-3}$$

$$CO = AB + (A \oplus B)CIN \tag{4-4}$$

下面介绍如何使用 Quartus Ⅱ 软件设计一位半加器和一位全加器，以及如何使用 ModelSim 进行仿真。

4.2 半加器的实现与仿真

在开始设计工作之前，请根据已购买的芯片型号至官方网页查看所需的 Quartus Ⅱ 和 ModelSim 的软件版本，不同的 Quartus Ⅱ 软件版本支持的芯片系列是不一样的。例如本书选用的 FPGA 芯片为 Cyclone Ⅲ系统的 EP3C16F484C6，支持此系列的软件版本为 Quartus Ⅱ 13.1 和 ModelSim 10.2c。安装完成后通过单击桌面上的 Quartus Ⅱ 图标，或者在开始菜单中单击 Quartus Ⅱ 打开 Quartus Ⅱ 软件，如图 4-1 所示。注意，不同的软件版本，名称会略有差别。

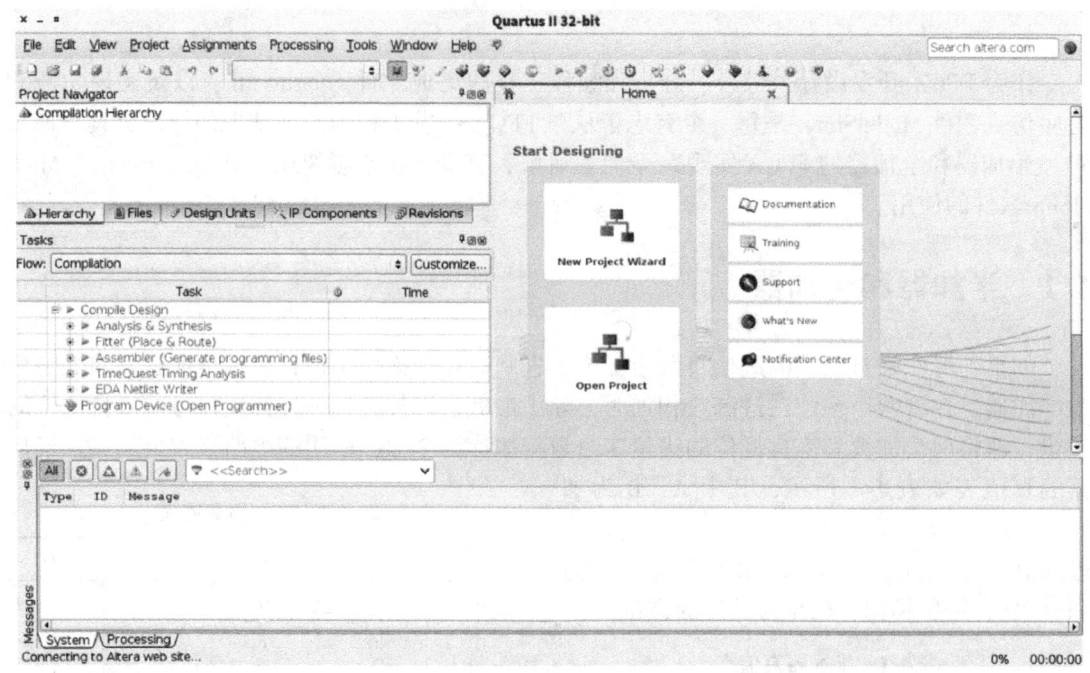

图 4-1　Quartus Ⅱ 界面

4.2.1　创建一个新工程

在开始创建第一个工程之前，需要对 Quartus Ⅱ 的仿真软件 ModelSim 软件进行设置。在打开图 4-1 所示的 Quartus Ⅱ 界面中选择 Tools→Options，如图 4-2 所示进行设置，注意图中 ModelSim 的目录设定为本机 ModelSim 安装目录下的 win64 文件夹下（操作系统为 32 位的请安装 32 位的 ModelSim，并设定为 win32 文件夹下），会随着版本的不同有所出入。此处的设计并不是每个新建工程所必需的。

在图 4-1 所示的 Quartus Ⅱ 界面中，单击 Home 选项卡中的"New Project Wizard"开始新建工程向导，或选择"File"→"New Project Wizard"打开新建工程向导。详细步骤如图 4-3 ~ 图 4-8 所示。图 4-3 给出了创建 Quartus Ⅱ 工程的基本流程说明，可以通过勾选不再显示此页，以避免下次新建工程时弹出此页。

图 4-4 中设置了工程存放目录为 c:\eda\h_add，工程名和实体名字为 h_add（要保持一致，以后可以在工程中更改顶层实体），如目录不存在，会提示是否创建，请选同意创建。注意：工程名和文件夹名不能用中文，也不能有空格。

图 4-5 用于添加既有的所需工程文件。

图 4-6 的 Family 处选择 Cyclone Ⅲ器件家族；Package 处可以根据自己的 FPGA 器件选择相应的封装，也可以不选；Pin count 处限定引脚数为 484 脚；Speed grade 处限定器件速度为 6 级。通过上述限定，可以方便在 Available devices 中选定器件 EP3C16F484C6。

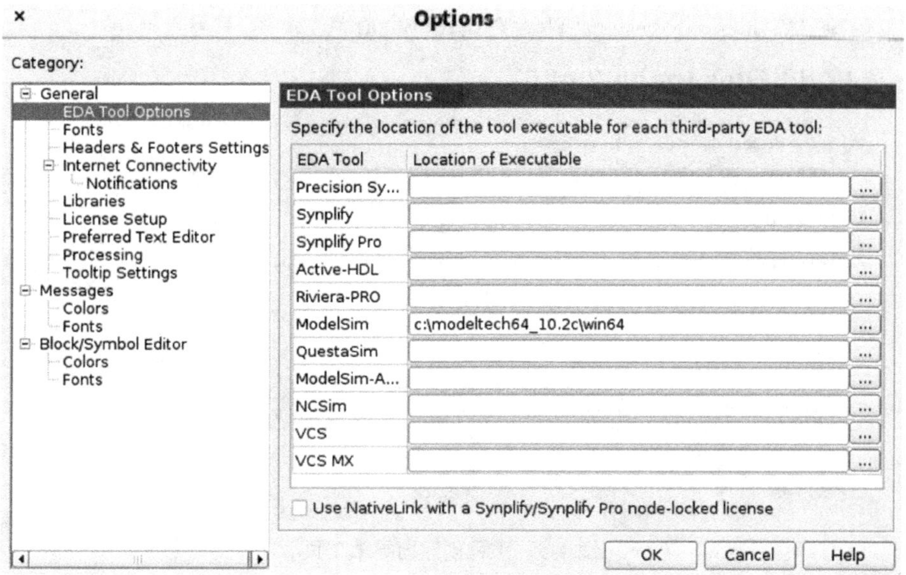

第4章　Quartus II与ModelSim软件及使用

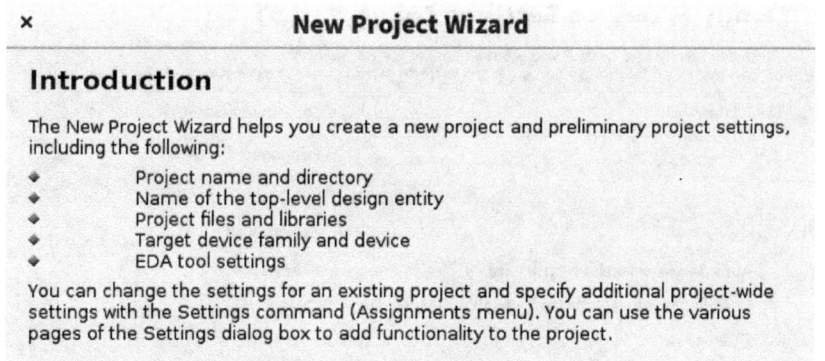

图 4-2　设置 ModelSim 的目录

图 4-3　工程创建向导第 1 页

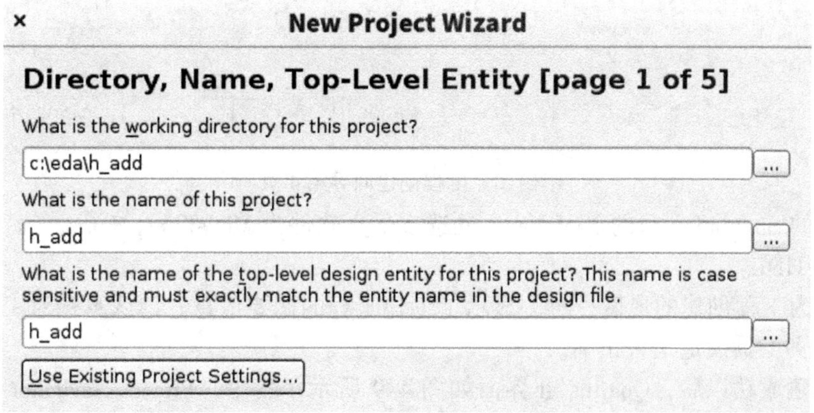

图 4-4　工程创建向导第 2 页

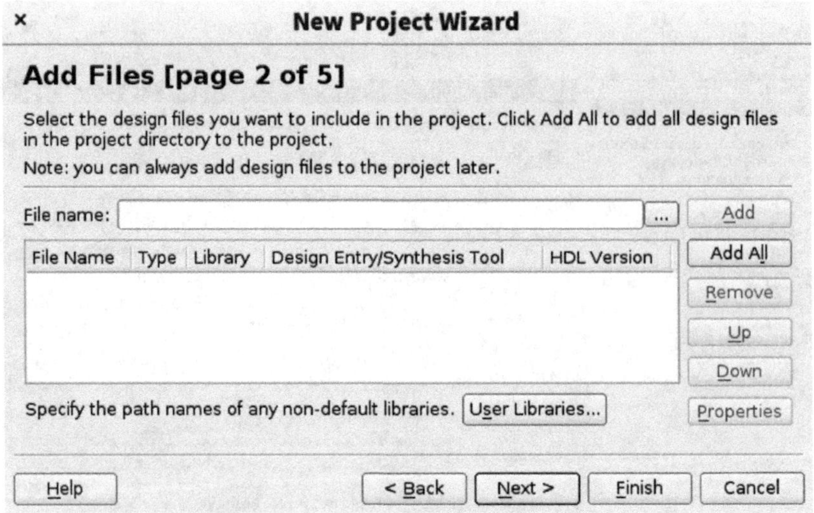

图 4-5 工程创建向导第 3 页

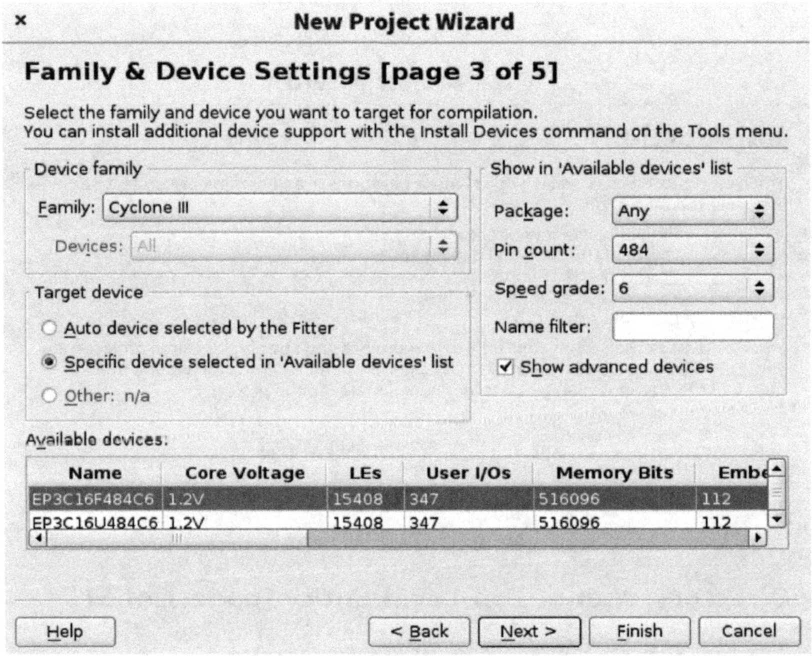

图 4-6 工程创建向导第 4 页

图 4-7 的 Simulation 行的 Tool Name 处选定仿真软件为 ModelSim；Format(s) 处选定使用的 HDL 为 VHDL。

图 4-8 为工程创建的最后一页，显示了创建工程的摘要信息。请认真核对工程目录、器件选择和仿真工具设定是否正确。

工程创建成功以后，Quartus Ⅱ 界面如图 4-9 所示。其中，Project Navigator 窗口会通过不同视角来展示工程，如 Hierarchy 层次视角、Files 文件视角、Design Units 设计单元视角、IP Components IP 核组件视角和 Revisions 工程版本视角；Tasks 窗口会根据选择展示工程进

第4章 Quartus II与ModelSim软件及使用

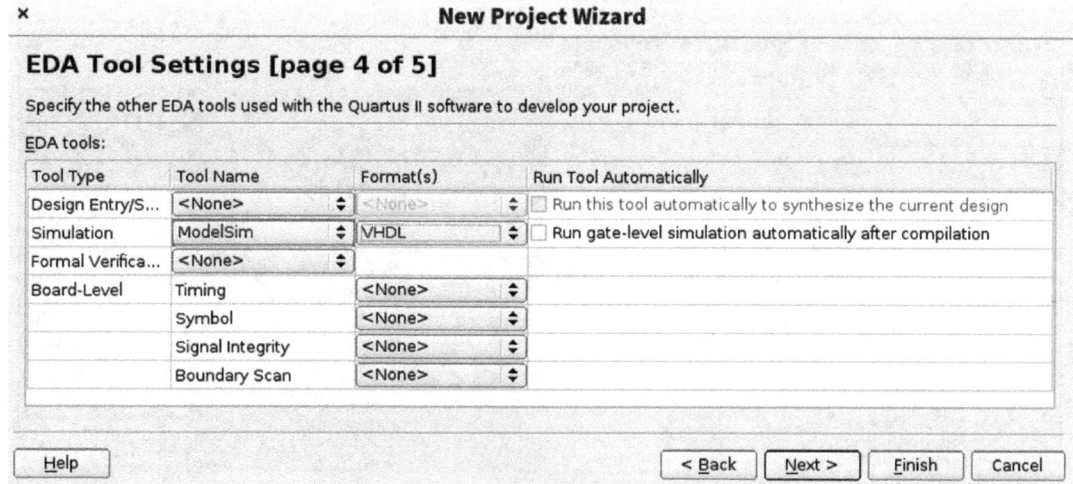

图 4-7 工程创建向导第 5 页

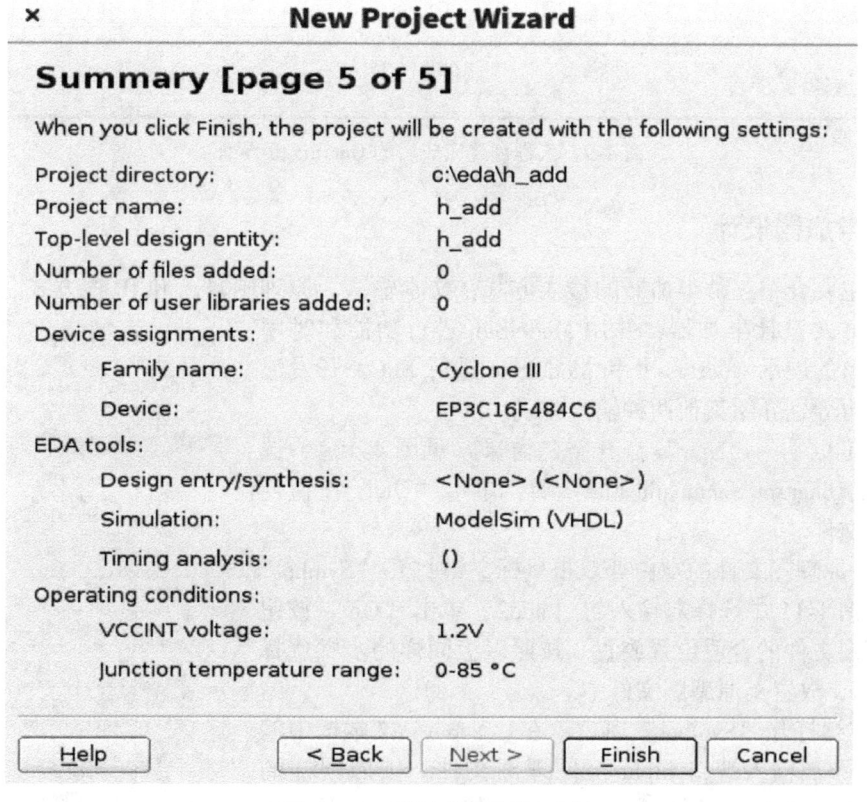

图 4-8 工程创建向导第 6 页

度,每一步分别对应 Quartus II 工程的设计流程,如 Analysis & Sythesis 分析综合步骤、Fitter 适配步骤、Assembler 生成可编程文件步骤、TimeQuest Timing Analysis 静态时序分析步骤、Program Device 器件编程步骤;Messages 窗口展示工程编译过程中的各种状态信息,特别是一些警告和错误信息。

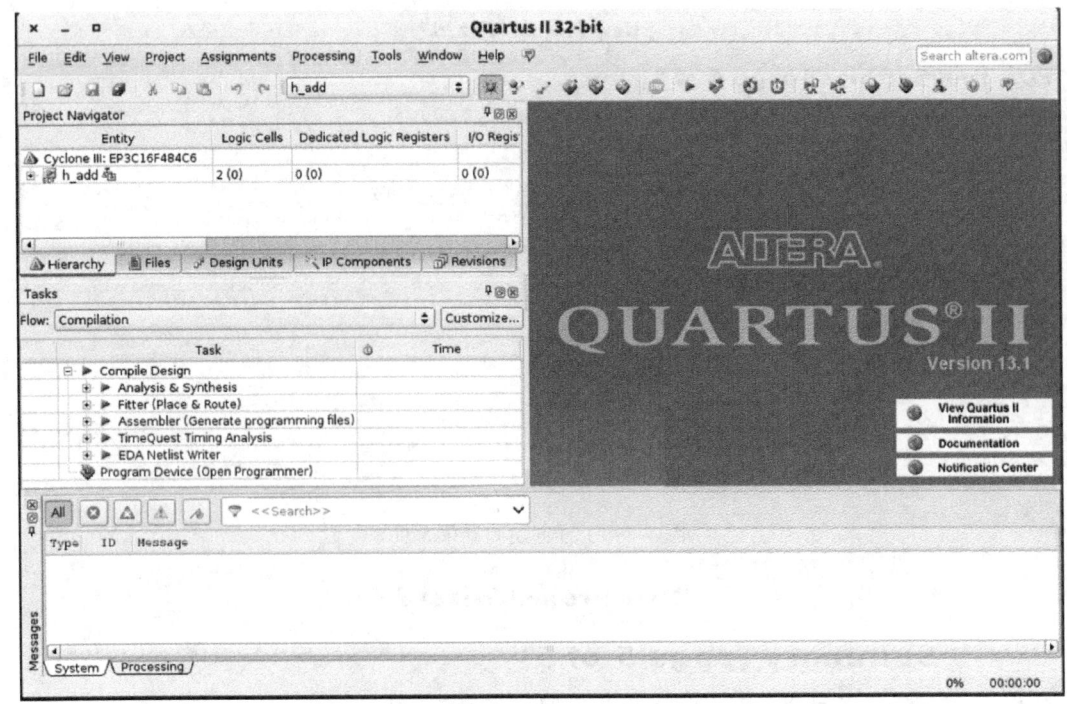

图4-9 工程创建完成后的 Quartus Ⅱ 界面

4.2.2 半加器设计

此处主要介绍三种半加器的输入方式：文本输入、原理图输入和 IP 核方式。先使用原理图输入方式设计半加器，并用 ModelSim 进行功能和时序仿真，完整的展示 Quartus Ⅱ 和 ModelSim 进行 FPGA 开发流程。然后再分别介绍其他两种输入方式。

1)"File"→"New"打开新建窗口（见图4-10），选择"Block Diagram/Schematic File"后，单击"OK"按钮创建原理图文件。

2) 在原理图文件的空白处双击鼠标左键打开"Symbol"窗口，在图4-11中选择双输入与门and2，单击"OK"按钮后在原理图文件的合适位置放置。按照以上同样的步骤选择异或门xor，放置至原理图文件中。

3) 继续打开"Symbol"窗口，在"Name"文本框中输入input，添加输入端口input至原理图文件。按照同样的方法再添加一个input端口和两个output输出端口。鼠标移动至器件端口处时，在鼠标变成十字形状的情况下单击鼠标左键，然后移动鼠标至要连接的另一个端口处，在鼠标再次变成十字形状的情况下单击左键，完成导线的连接。双击输入输出端口的文字部分（pin_name 和 OUT）修改为图4-12所示的端口名称。注意此时单击"File"→"Save"

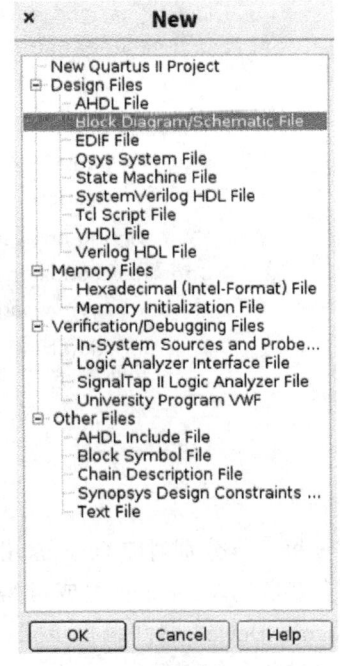

图4-10 新建原理图文件

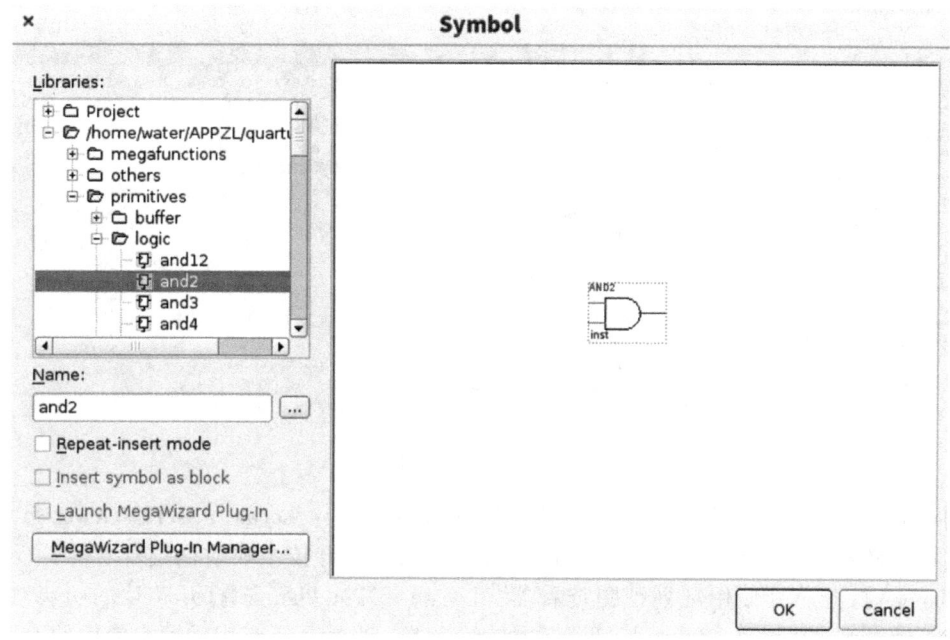

图 4-11 选择 and2

保存原理图文件,文件名 h_add 保持与工程名一致,保存类型为 *.bdf,保存到当前工程文件夹下。

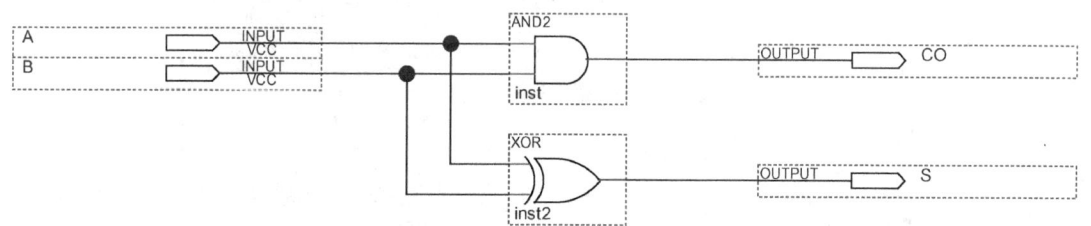

图 4-12 半加器原理图输入

4)单击工具栏中的"▶"图标按钮或选择"Processing"→"Start Compilation"进行工程的全编译。注意图 4-13 中的 Task 的工程编译进程,可以分别单击每个阶段的左侧的空心三角展开查看编译的进展情况。由于是工程首个设计文件,且设计文件名称与工程名称一致,故 Quartus Ⅱ 默认其为工程顶层文件,以后新创建的设计文件需要通过设置为顶层文件来进行全编译。

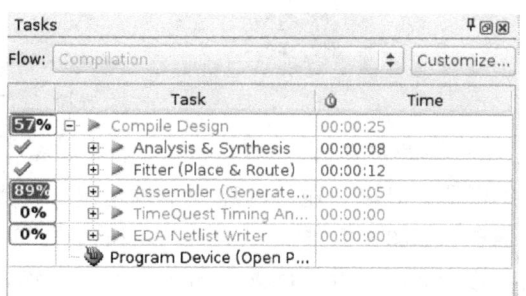

图 4-13 编译进程

5)查看编译概要信息。图 4-14 显示最终的工程编译摘要信息,如使用的软件版本、工程名、器件、逻辑单元使用数量、寄存器使用数量、存储器使用数量、嵌入式乘法器和 PLL 锁相环使用情况等。图 4-14 显示使用的总的逻辑单元个数为 2 个,其他资源使用情况为 0。

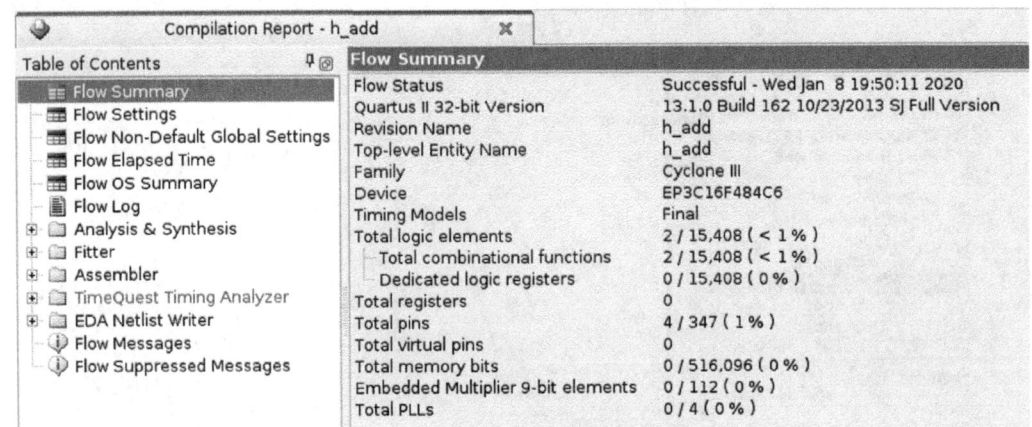

图 4-14　工程编译摘要

图 4-15 中的 Locate 菜单下有设计常用的一些查看命令：Locate in RTL Viewer 打开寄存器传输级视图查看器；Locate in Technology Map Viewer 打开技术映射视图查看器；Locate in Chip Planner 打开芯片使用规划视图查看器；Locate in Pin Planner 打开芯片的引脚规划器；Locate in Resource Property Editor 打开资源属性编辑器。当然，还有逻辑锁定使用的 LogicLock Region 和设计分区使用的 Design Partition，这些在以后的设计中会有所涉及。

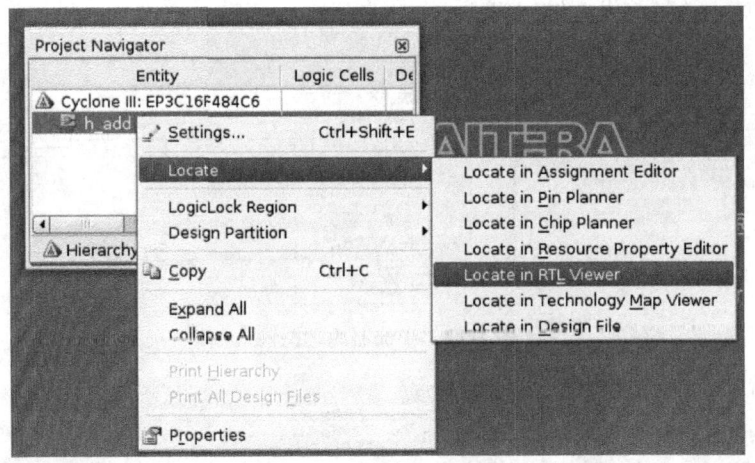

图 4-15　查看 RTL 视图

6）查看寄存器传输级视图（RTL Viewer）。RTL 视图是编译器针对设计输入的原理实现情况，不涉及底层的硬件信息。如图 4-16 所示，图中与门的名称为 inst；异或门的名称为 inst2。此处的元件名称在原理图输入时系统自动指定，也可以通过在元件上双击或右键属性中进行修改，前提是要保证元件名称在原理图中的唯一性。在使用其他输入方式时，RTL Viewer 中的元件名称由 Quartus Ⅱ综合器自动指定，不可人工修改。

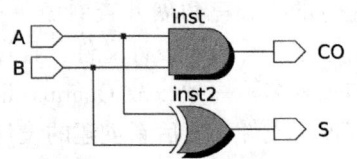

图 4-16　h_add 的 RTL Viewer

7）查看技术映射视图。技术映射视图有 Post-Mapping 映射后视图和 Post-Fitting 适配后视图两种。由 Locate in Technology Map Viewer 打开的是 Post-Fitting 视图，给出了芯片上设计具体使用的资源信息。

图 4-17 展现的是设计在 PLD 器件中后适配情况,请注意输入脚 A 和 B 以及输出脚 S 和 CO 均增加了输入/输出缓冲器(IO_IBUF/IO_OBUF),与门 inst 是用名为 LOGIC_CELL_COMB(F000)的 LUT 实现的,异或门是用名为 LOGIC_CELL_COMB(0FF0)的 LUT 实现的。除此之外还附加了一些必要的 FPGA 引脚使用情况。

如图 4-18 所示,选择 "Tools" → "Netlist Viewers" → "Technology Map Viewer (Post-Mapping)" 打开图 4-19。h_add 的 Technology Map Viewer (Post-Mapping) 只是展示了设计在芯片上映射后的资源使用情况,请注意 inst 组合逻辑单元 LOGIC_CELL_COMB 的掩码差别(图 4-19 中为 8888,图 4-17 中为 F000)问题。下面在查看设计的芯片使用情况时会详细讨论。

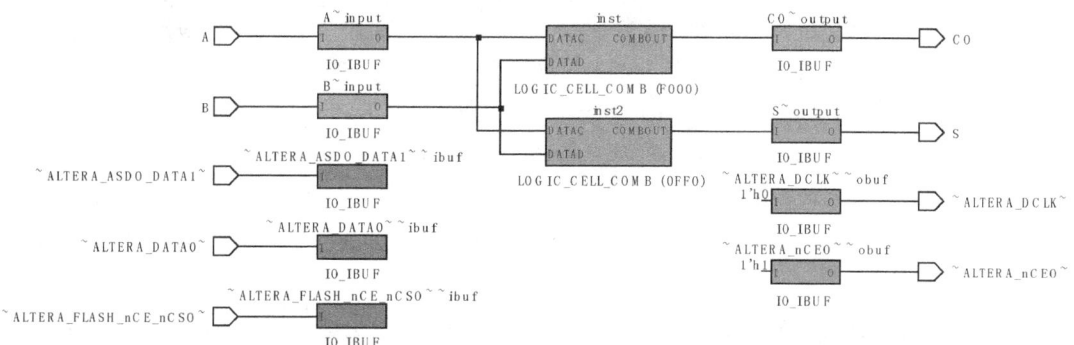

图 4-17　h_add 的 Technology Map Viewer (Post-Fitting)

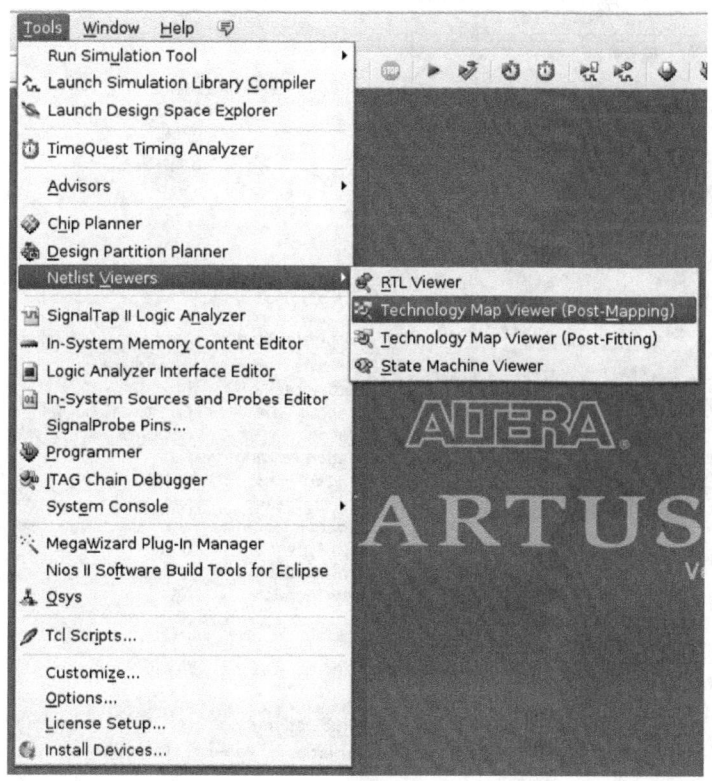

图 4-18　查看 h_add 的 Technology Map Viewer (Post-Mapping)

8)查看芯片资源使用情况。利用"Locate in Chip Planner"命令可以查看设计的芯片资源使用情况。不同的芯片、不同的软件版本、不同的设计约束、甚至每次全编译后,设计的芯片资源使用情况都会有所差别。

图 4-20 中深色区域即是使用的 FPGA 资源,芯片周围的深色区域为 Quartus Ⅱ 自动锁定的引脚。按住"Ctrl"键,移动光标至深色区域处,滚动鼠标中间的滚珠进行放大,可查看使用的资源的详细信息,如图 4-21 所示。

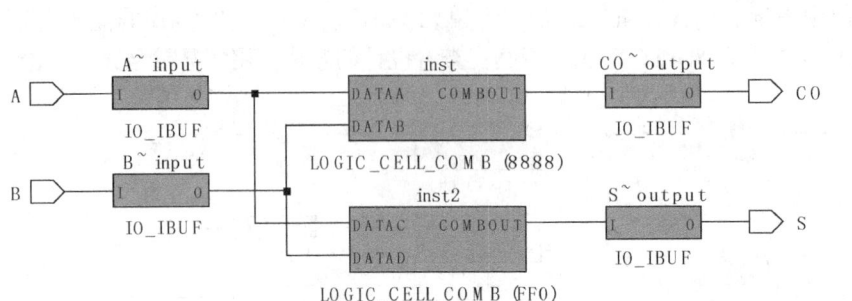

图 4-19　h_add 的 Technology Map Viewer（Post-Mapping）

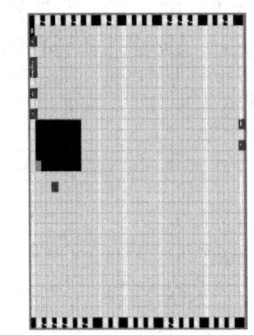

图 4-20　资源使用

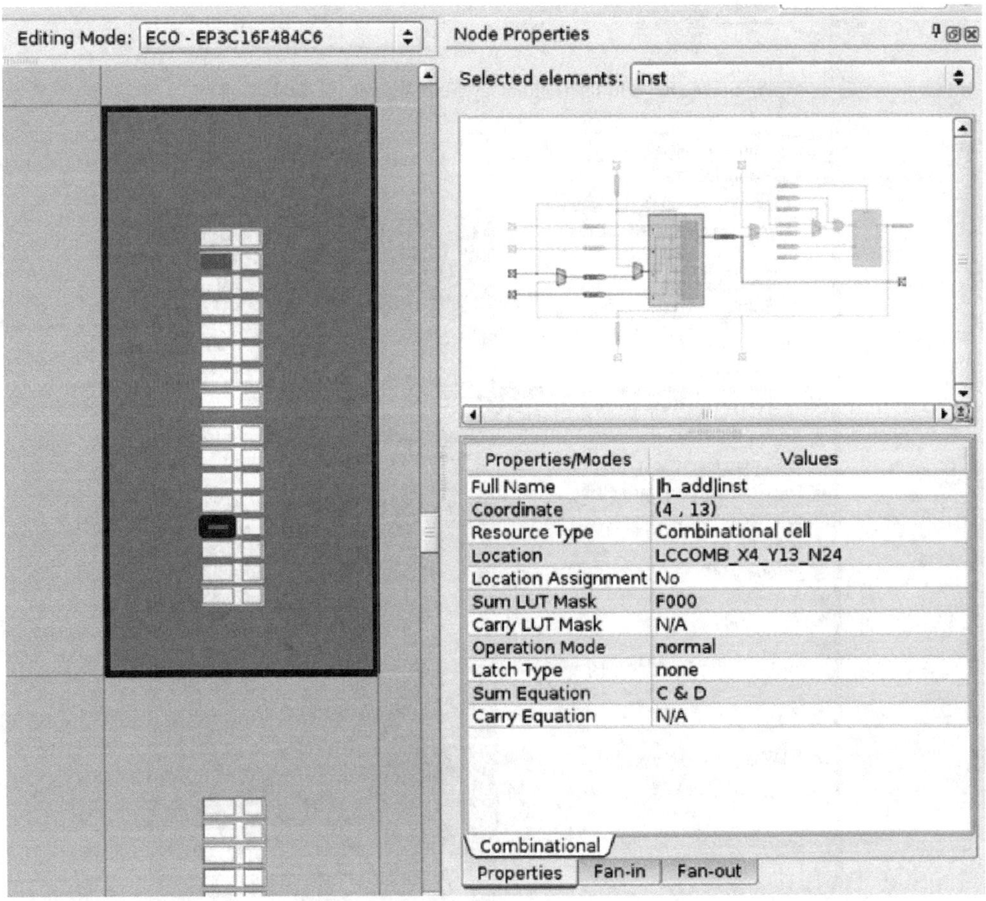

图 4-21　与门 inst

图 4-21 展示了设计使用的 EP3C16F484C6 FPGA 中 LAB (Logic Array Block, 逻辑阵列块) 中的两个 LE (Logic Element 逻辑单元) 来分别实现半加器中的与门和异或门。不难发现 EP3C16F484C6 的一个 LAB 中包含了 16 个 LE。在右侧的 Combinational 选项卡中可以查看使用的 LAB 的坐标 Coordinate (4, 13), 对应设计元素的名称 Full Name | h _ add | inst, 使用 LE 的坐标 Location LCCOMB _ X4 _ Y13 _ N24, LE 中 LUT (Look-Up Table 查找表) 的掩码 Sum LUT Mask F000, 实现的逻辑表达式 Sum Equation C&D。双击图 4-21 右上角的图可以打开 "Resource Property Editor" 查看该 LE 的详细电路情况, 如图 4-22 所示。

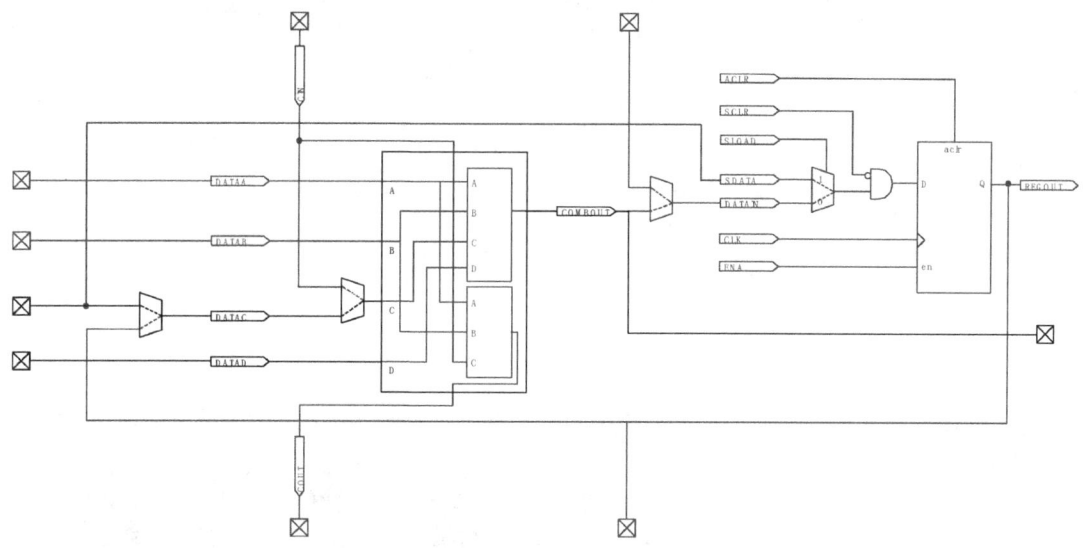

图 4-22 半加器与门的 LUT 实现

图中的 LUT 共有 4 个输入端, 说明内部有 $2^4=16$ 个一位 RAM 存储单元。由于半加器是组合逻辑电路, 图中的进位输出 CO 是直接输出模式, 绕开了输出的 D 触发器 (图中 D 触发器是灰白显示的)。DATAA、DATAB、DATAC 和 DATAD 可以理解为 LUT 的四个地址输入端, 对于两输入与门的适配选择 DATAC 和 DATAD 为输入端时, 要实现与门逻辑 (全 1 得 1), 只要在 DATAD、DATAC、DATAB、DATAA 上输入地址为 "11**" 时, 对应单元中存 1 即可。故把 16 位 RAM 单元的存储内容从高地址到低地址排列得到的 16 位二进制数称为 LUT 实现逻辑功能的掩码。此处的与门掩码很明显为 "F000"。而至于为什么 Post-Mapping 中的 inst (与门) 掩码为 "8888", 可以理解为在后映射时, 与门两个输入脚准备选择的是 LUT 的 DATAA 和 DATAB 脚; 而 Post-Fitting 时却适配成了 DATAC 和 DATAD 脚, 故掩码变成了 "F000"。

另外, 请读者自行分析每个 LE 中 LUT 和触发器组成的电路连接情况。请特别注意图中 CIN 和 COUT 的电路结构, 这种超前进位链结构是实现高速并行加法器的根本, 换言之, 高速并行加法器的频率瓶颈就在于总超前进位链的延时。此处的 EP3C16F484C6 FPGA 的 LAB、LE 是这种结构, 并不代表所有的 FPGA 内部都是这种结构, 具体需要查阅芯片的数据手册。

9) 引脚锁定。在图 4-14 中已经知道了 EP3C16F484C6 有 484 个引脚, 但是只有 347 个引脚可用, 这说明只可以把设计的引脚锁定到这 347 个引脚中的任意一个。利用 "Locate in Pin Planner" 命令打开引脚锁定器, 按图 4-23 所示进行引脚锁定后重新编译。

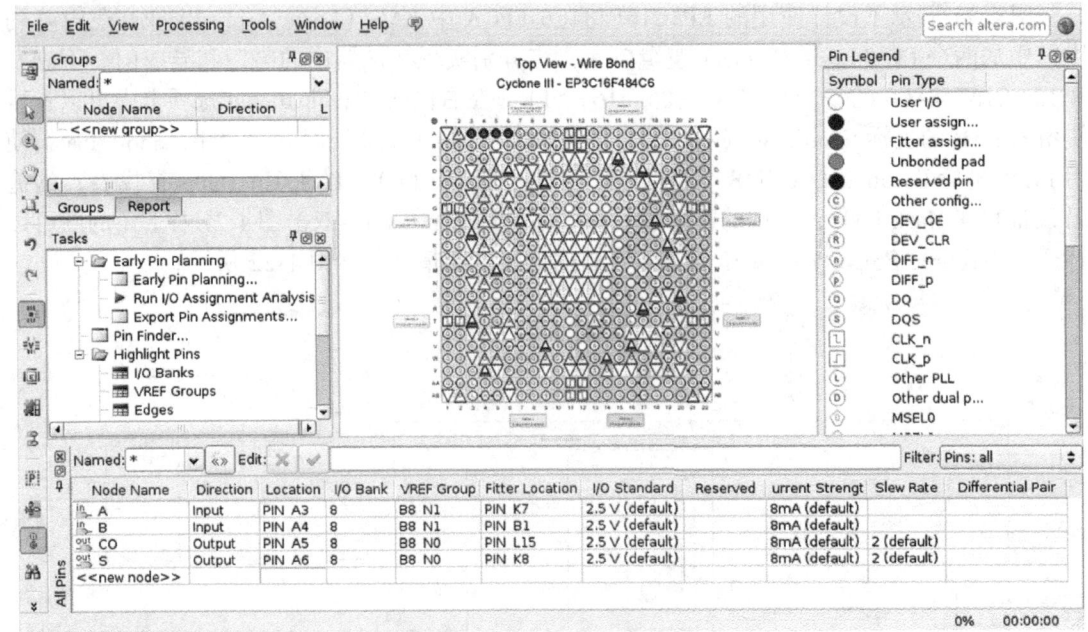

图 4-23 对引脚进行锁定

引脚锁定后的引脚连接以及 LUT 使用的详细信息，读者可以自行查看，并与引脚锁定前的情况进行对比。

重新打开"Chip Planner"视图，随意选定一个使用的 LE，单击窗口左边栏上的 ![] 或 ![] 图标按钮，分别查看 LE 的输入和输出的连接情况，此处为查看外部输入引脚和输出引脚的连接情况，如图 4-24 所示。

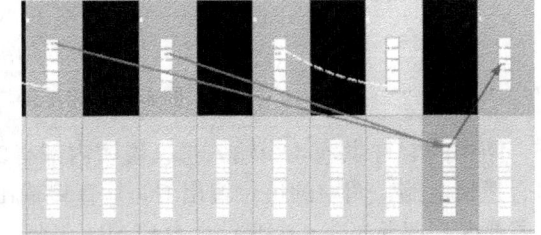

图 4-24 单个 LE 的外部连接

此时的引脚信息也可以使用"Resource Property Editor"命令来查看。在带有时钟的时序电路中，当给设计添加时序约束时，还可以在连接线上显示延时信息。

半加器设计小结：

1）现在已经学习的视图有 RTL、Technology Map、Chip Planner、Pin Planner 和 Resource Property Viewer 五种。

2）RTL 视图展示的是设计综合后、映射前的原理电路图，没有牵扯到具体的硬件。

3）Technology Map 中 Post-Mapping 视图展示的是映射后还没适配前的 FPGA 资源使用情况，Post-Fitting 视图展示的是适配完成后的 FPGA 资源使用情况。

4）Chip Planner 视图展示了设计使用的 FPGA 资源，结合"Resource Property Editor"命令可以详细查看设计使用的所有资源的具体信息，并进行适当的人工修改。

5）通过元器件的名称 inst* 可以在各种视图中快速的定位资源。

4.2.3 半加器的仿真

1. 打开 ModelSim

在图 4-18 所示的 Tools 菜单中，选择"Run Simulation Tool"→"Gate Level Simulation"，

在弹出的窗口中选择时序模型（见图 4-25），打开 ModelSim。

图 4-25 中可以选择三种门级仿真的时序模式，此处不做修改，直接单击"Run"按钮打开 ModelSim 进行仿真。此处选择的时序模型需要根据个人选定的芯片具体型号来选择，因为时序模型中给出了芯片内部各处具体的延时信息。

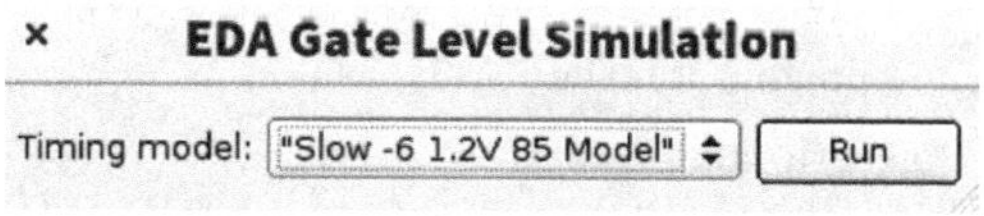

图 4-25 门级仿真的时序模式选择

如果此处出现错误提示，请查看图 4-2 中的 ModelSim 目录设置是否正确或 ModelSim 软件安装是否正确后重试。

2. Testbench 文件的编写

图 4-26 为 ModelSim 打开完成后的界面，在 Library 子窗口中列出了仿真使用的各种库，设计放在了 work 库中，如半加器的设计名称为 h_add。在设计文件上右键单击"Edit"命令可以查看设计文件内容。具体内容如下（部分）：

library cycloneiii;
library IEEE;
use cycloneiii. cycloneiii_components. all;
use IEEE. std_logic_1164. all;

entity   h_add is
    port（
    s：out std_logic；
    a：in std_logic；
    b：in std_logic；
    co：out std_logic
    ）；
end h_add；
architecture structure of h_add is
signal gnd：std_logic：='0'；
signal vcc：std_logic：='1'；
begin
s <= ww_s；
ww_a <= a；
ww_b <= b；
co <= ww_co；
ww_devoe <= devoe；
ww_devclrn <= devclrn；
ww_devpor <= devpor；
-- location：lccomb_x10_y28_n24
inst1：cycloneiii_lcell_comb
-- equation(s)：

```
-- \inst1 ~ combout\ = \a ~ input _ o\$ ( \b ~ input _ o\)
-- pragma translate _ off
generic map (
    lut _ mask => "0101101001011010",
    sum _ lutc _ input => "datac" )
-- pragma translate _ on
port map (
    dataa => \a ~ input _ o\,
    datac => \b ~ input _ o\,
    combout => \inst1 ~ combout\);
ww _ s <= \s ~ output _ o\;
ww _ co <= \co ~ output _ o\;
end structure;
```

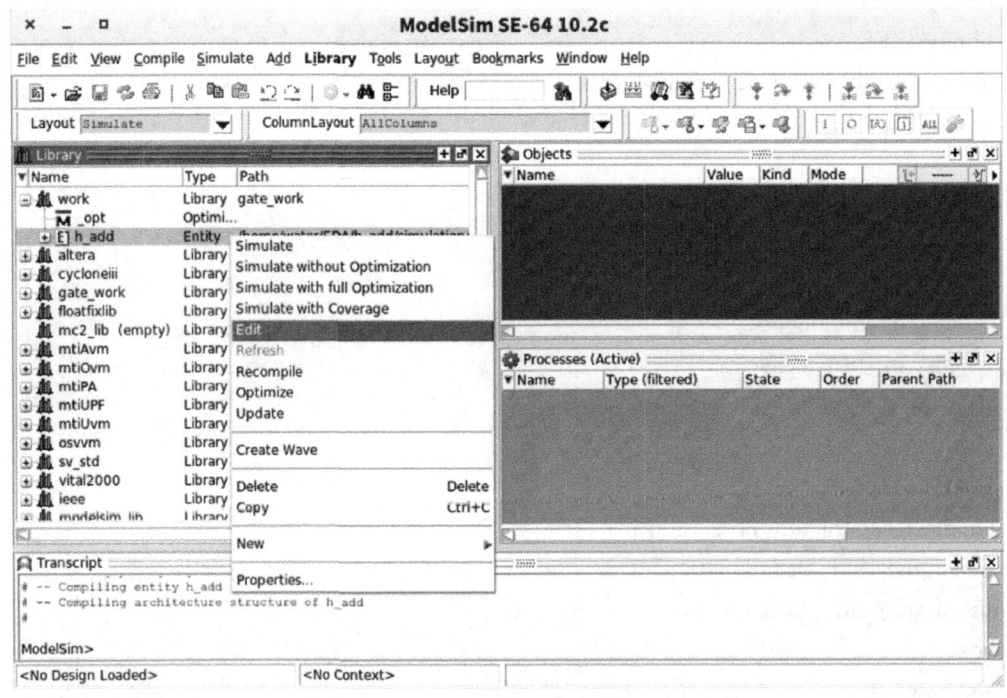

图 4-26　打开 h _ add 设计文件

此处打开的设计文件只是对设计在器件适配后的描述,而不是输入的 VHDL 实现的设计,尽管此处设计使用的描述语言仍然是 VHDL。ModelSim 中用于仿真的设计描述文件,在 entity 部分给出设计的外部端口描述;在 architecture 部分首先给出了端口映射关系,其次描述了使用的器件资源,如"-- location: lccomb _ x10 _ y28 _ n24"指出了使用的资源坐标,随后使用组件例化语句描述使用的组合逻辑单元:

```
inst1: cycloneiii _ lcell _ comb        -- inst1 使用组合逻辑单元例化
-- equation(s):
-- \inst1 ~ combout\ = \a ~ input _ o\$( \b ~ input _ o\)
```

```
-- pragma translate_off
generic map (
    lut_mask => "0101101001011010",    -- LUT 掩码为"5A5A"
    sum_lutc_input => "datac" )
-- pragma translate_on
port map (
    dataa => \a~input_o\,         -- 两个输入脚连接 LUT 的 DATAA 和 DATAC
    datac => \b~input_o\,
    combout => \inst1~combout\);
```

可见，用于仿真的设计描述文件中的 LUT 掩码可能与适配后的掩码不一致。下一步，特别重要的是，请放置鼠标光标至仿真描述文件中任意一处，此时 ModelSim 的菜单栏才会有 Source 菜单项出现，选择"Source"→"Show Language Templates"后，在描述文件的左侧会出现 Language Templates 边栏，里面是撰写仿真用的各种语言模版。双击"Create Testbench"后开始 Testbench 创建向导第 1 页（见图 4-27）。选择 work 库下的设计描述文件 h_add 后单击"Next"按钮，打开 Testbench 向导第 2 页（见图 4-28），不用修改，直接默认完成即可。创建的 Testbench 文件名为 h_add_tb.vhd。

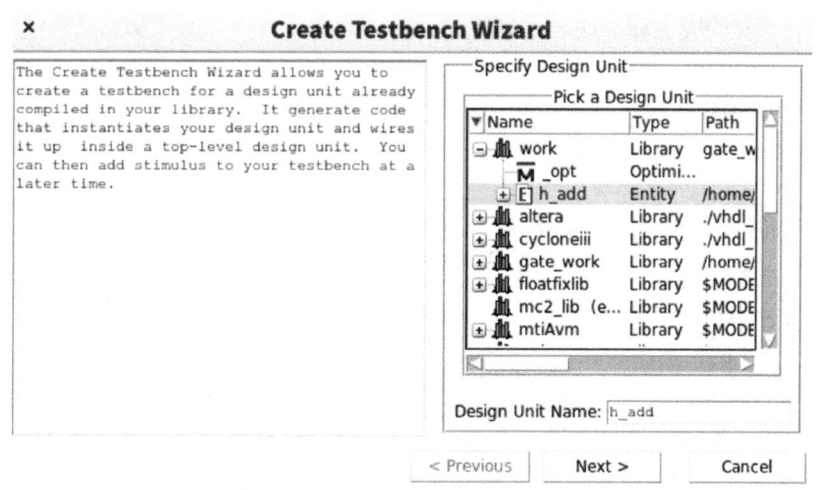

图 4-27 Testbench 向导第 1 页

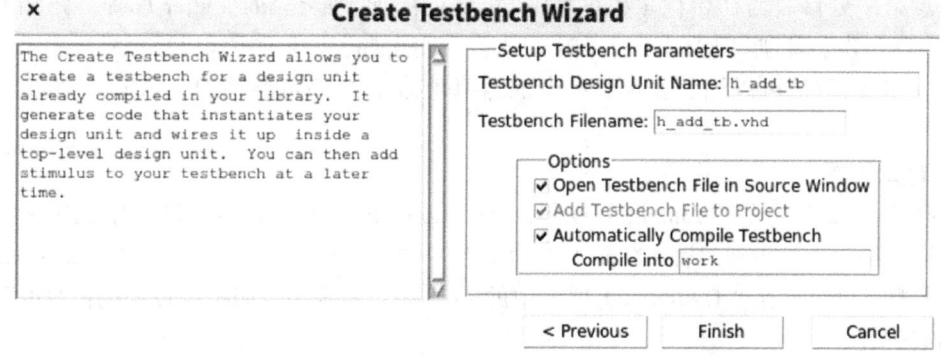

图 4-28 Testbench 向导第 2 页

最终的 h_add_tb.vhd 文件的内容需要修改为：

```vhdl
library cycloneiii;
library IEEE;
use cycloneiii.cycloneiii_components.all;
use IEEE.std_logic_1164.all;
entity h_add_tb is
end;
architecture h_add_tb_arch of h_add_tb is
    signal a  : std_logic :='0';
    signal co : std_logic;
    signal b  : std_logic :='0';
    signal s  : std_logic;
    component h_add
      port (
        a  : in std_logic;
        co : out std_logic;
        b  : in std_logic;
        s  : out std_logic);
    end component;
begin
    dut : h_add
      port map (
        a  => a,
        co => co,
        b  => b,
        s  => s);
    a <= not a after 1us;
    b <= not b after 2us;
end;
```

注意第一处修改为初始化 a 和 b 为 0，第二处添加 "a <= not a after 1us;" 每隔 1μs 对 a 的值取反一次，添加 "b <= not b after 2us;" 每隔 2μs 对 b 的值取反一次。这样做的目的是使 a、b 的取值可以涵盖表 4-1 中半加器真值表的全部可能情况，实现半加器电路测试的全覆盖。

3. 功能仿真

选择 "Compile" → "Compile" 在弹出的 "Compile Source Files" 窗口中选中 h_add_tb.vhd 进行编译；编译通过后，选择 "Simulate" → "Start Simulation"，打开 "Start Simulation" 窗口（见图 4-29），在 "Design" 选项卡中的 work 下，选中 h_add_tb，单击 "OK" 按钮开始功能仿真。

在 "Objects" 窗口中，按图 4-30 所示依次添加待观测信号至 Wave 窗口。

第4章　Quartus II与ModelSim软件及使用

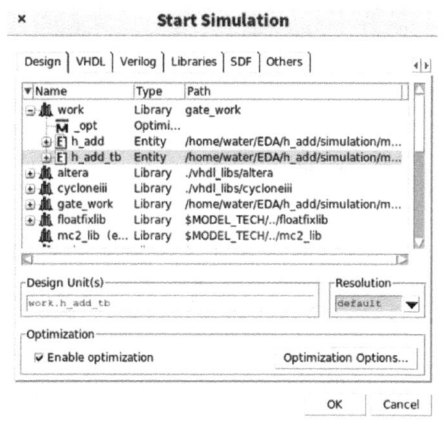

图 4-29　开始仿真

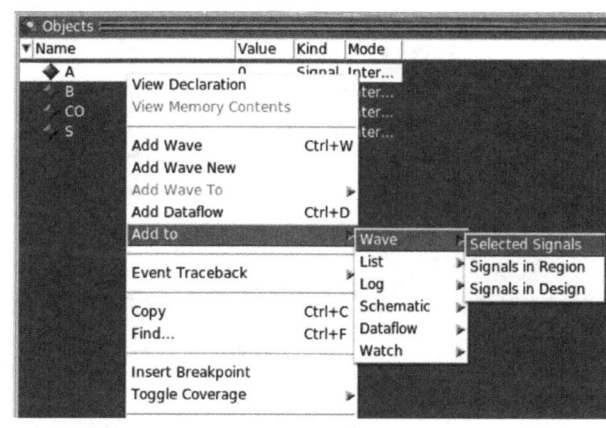

图 4-30　添加对象至 Wave 窗口

下面对待观测对象使用拖放操作添加到 Wave 窗口。Wave 窗口中的对象也可以通过拖放操作任意调整它们的上下位置。

在 Wave 窗口中，通过 100 us 设定仿真结束时间为 100μs，然后单击右侧的"运行"按钮开始仿真。然后利用鼠标左键在波形上单击来移动游标 Cursor，然后在 Msgs 列查看游标处的待观测信号的值。

使用 工具组可以实现对波形的查看。从左到右四个最常用的快捷操作依次为放大、缩小、适合窗口、游标处放大。

使用 工具来增删和移动游标，如左 1 和左 2 为增加和删除游标，左 3 为移动游标到前一个信号变化处，可能是上升沿也可能是下降沿，左 5 为移动游标到前一个下降沿处。注意，游标的操作是和选择的信号有关的。

如图 4-31 所示给出了测量 A 的两次跳变之间的间隔。可见，A 的跳变间隔为 1000ns = 1μs，和 h_add_tb 中最初的设定一致。如此时利用上述方法，测试 A 的跳变导致 S 的跳变之间的时间间隔，即半加器的时间延时，会发现延时为 0。这是功能仿真的标志，因为没有添加器件时序模型，故器件没有延时。

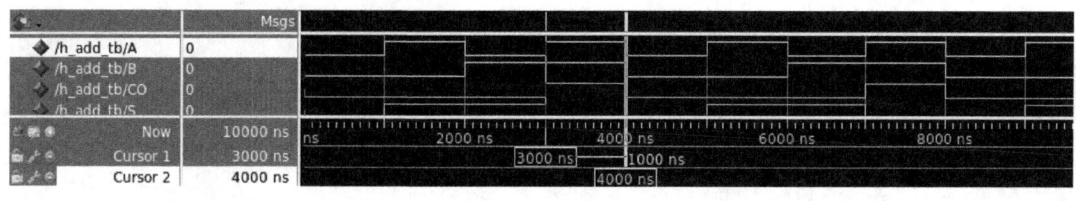

图 4-31　功能仿真波形

选择"Simulate"→"End Simulation"结束此次功能仿真。

4. 时序仿真

在功能仿真编译通过后，在图 4-29 中单击"Libraries"选项卡，添加器件库 cycloneiii，如图 4-32 所示。然后单击"SDF"选项卡，如图 4-33 所示，单击"Add"按钮添加 h_add_vhd.sdo 时序文件，并制定测试对象为设计例化实体名 DUT。

此时重新回到"Design"选项卡，单击"OK"按钮进行时序仿真。此时 A 的变化引起

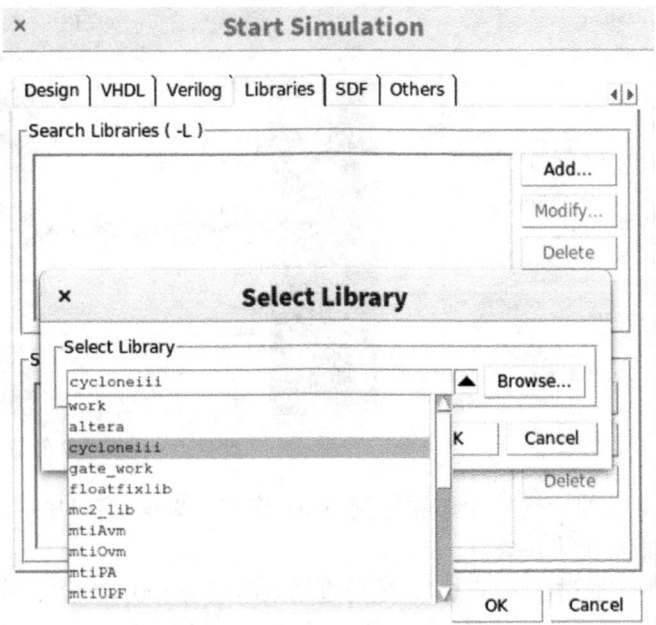

图 4-32 选择仿真的器件库

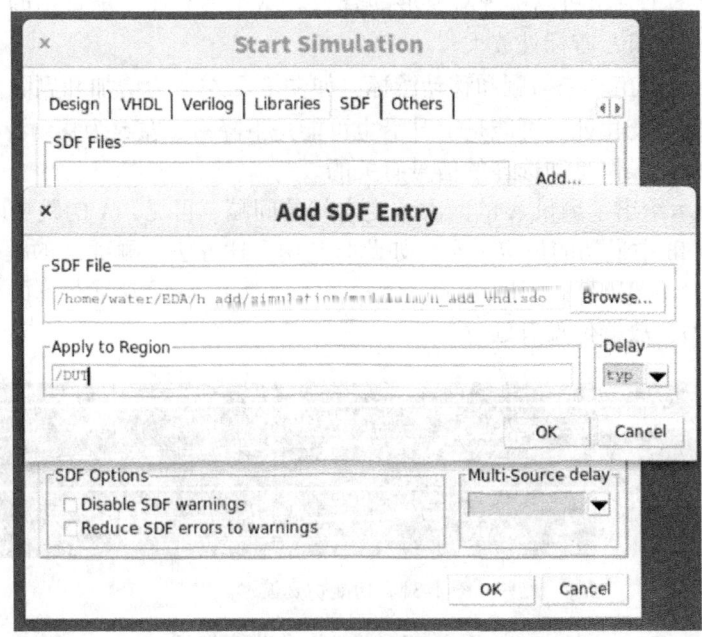

图 4-33 设定时序约束文件和测试对象的实体名

S 的变化的延时如图 4-34 所示,可见半加器延时为 7ns。半加器的最大运算频率可以定义为最大延时的倒数,即

$$f = \frac{1}{\max\{t_{\{A \to S\}}, t_{\{A \to CO\}}, t_{\{B \to S\}}, t_{\{B \to CO\}}\}} \tag{4-5}$$

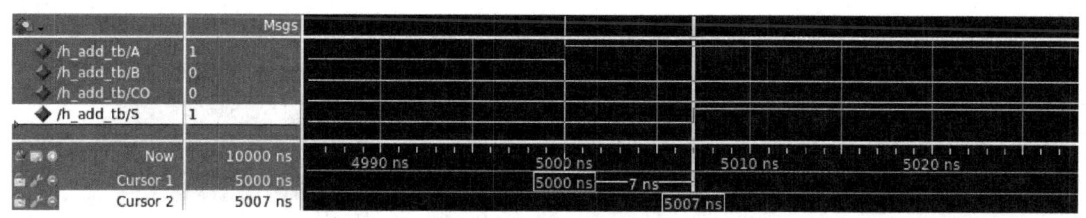

图 4-34　半加器时序仿真波形

4.2.4　半加器的 IP 核输入方式和 VHDL 输入方式

如果所有设计都放在一个工程中，每次新的设计必须要设置为工程中的顶层文件，才可以进行设计的编译和仿真。设置方法：在 Project Navigator 任务子窗口中，选择"Files"选项卡，然后在需要进行编译的文件上右键快捷菜单中选择"Set as Top-Level Entity"，即设置为工程顶层设计文件。

1. 半加器的 IP 核输入方式

依然选择新建一个原理图文件，打开"Symbol"窗口，单击"MegaWizard Plug-In Manager"按钮打开创建向导，如图 4-35 所示。选择创建自定义的 megafunction，单击"Next"按钮。注意此处使用的是 LPM_ADD_SUB IP 核，用 h_add_ip 保存文件，如图 4-36 所示。

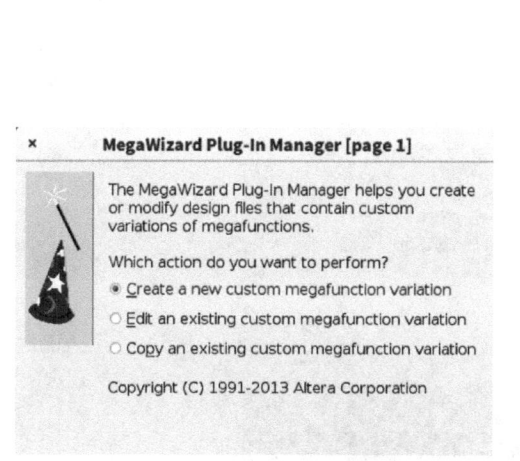
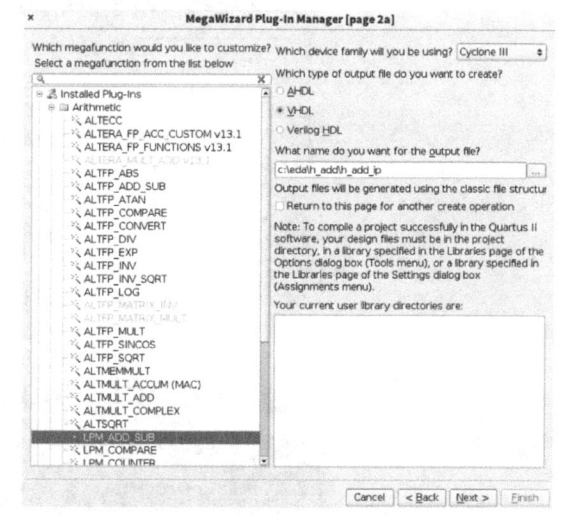

图 4-35　创建 IP 核向导第 1 页　　　　图 4-36　创建 IP 核向导第 2 页

图 4-37 设定加法器输入数据宽度为 1 位。

图 4-38 设定输入数据的默认值，此处没有设置；设置输入数据是有符号还是无符号数，此处选择的是无符号数。

图 4-39 设置创建进位输出 Outputs。

图 4-40 设置是否使用流水线技术创建加法器，此处选择不用。图 4-41 是仿真库文件设置页面，此处选择默认。

在图 4-42 中，勾选生成 AHDL Include file 和组建声明语句文件 Instantiation template file。

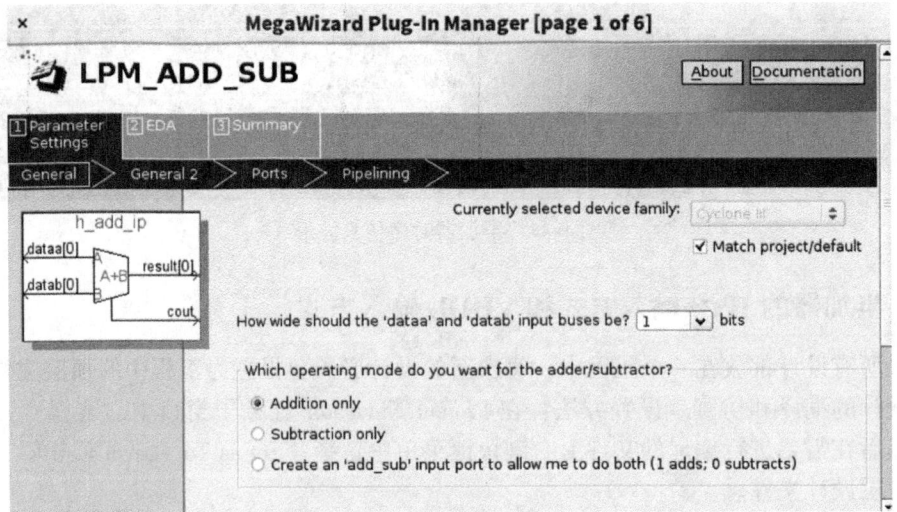

图 4-37　创建 IP 核向导第 3 页

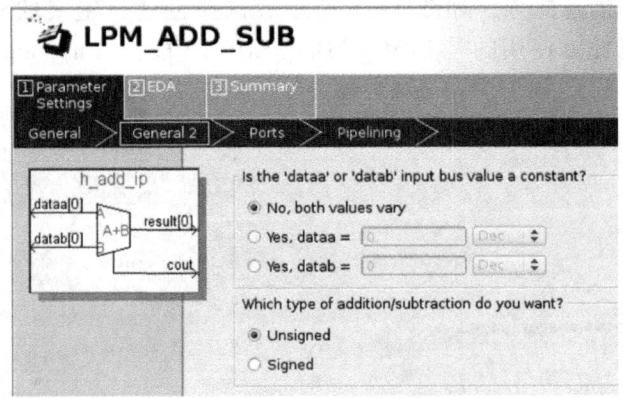

图 4-38　创建 IP 核向导第 4 页

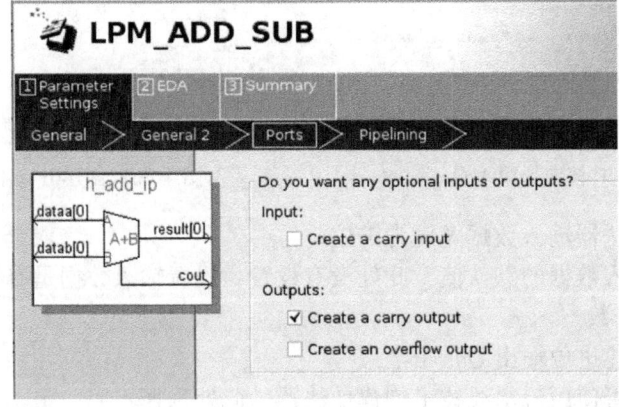

图 4-39　创建 IP 核向导第 5 页

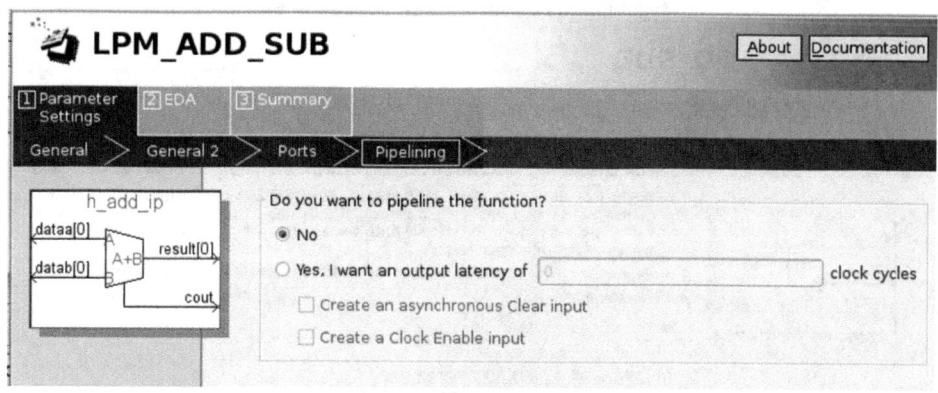

图 4-40　创建 IP 核向导第 6 页

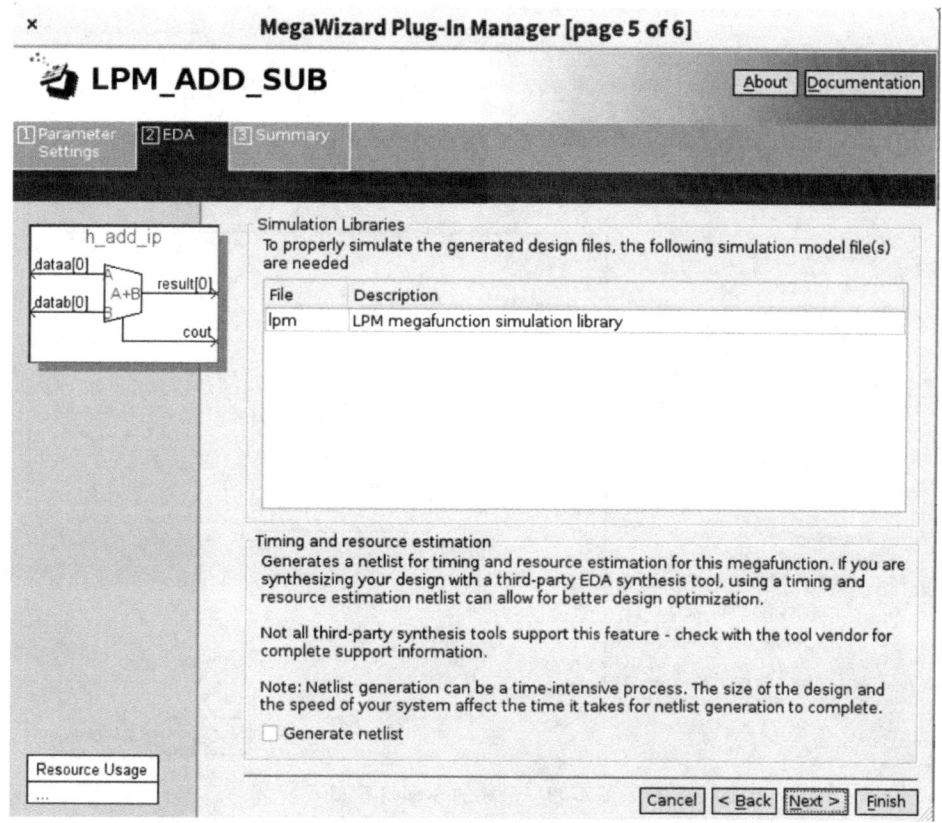

图 4-41　创建 IP 核向导第 7 页

在图 4-43 所示的"Symbol"窗口中，单击"OK"按钮放置 h＿add＿ip 至原理图文件中，在 h＿add＿ip 上单击右键，在弹出的快捷菜单中选择"Generate Pins for Symbol Ports"生成端口，最终的原理图如图 4-44 所示。原理图文件用 h＿add＿2 保存。

2. 文本输入方式

如图 4-10 所示，选择"Design Files"→"VHDL File"创建 VHDL File，然后在文件中输入如下的 VHDL 程序，用 h＿add＿vhd 名字保存。

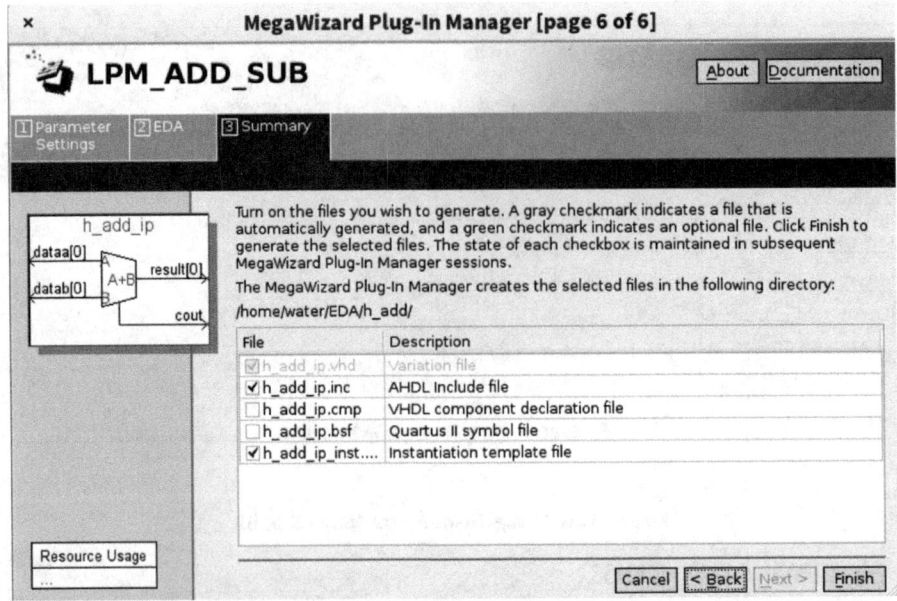

图 4-42　创建 IP 核向导第 8 页

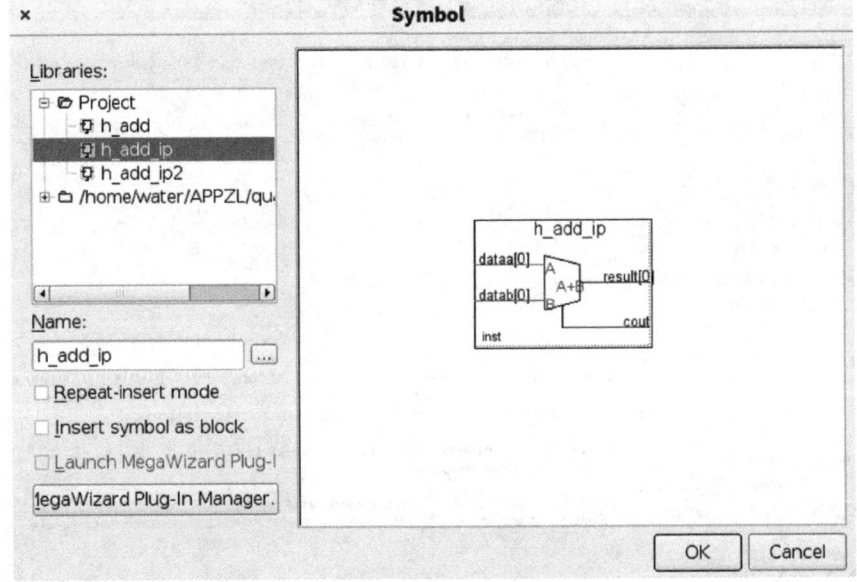

图 4-43　最终的 Symbol 窗口

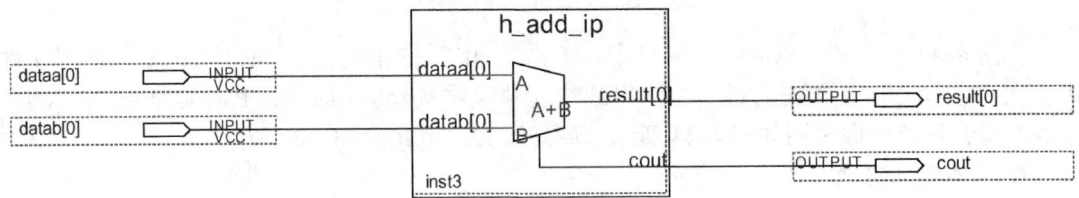

图 4-44　半加器 IP 核输入方式原理图

```
library IEEE;
use IEEE. std _ logic _ 1164. all;
use IEEE. numeric _ std. all;
entity h _ add _ vhd is
    port
    (
        A： in std _ logic;
        B： in std _ logic;
        S： out std _ logic;
        CO： out std _ logic
    );

end entity;
architecture rtl of h _ add _ vhd is
begin
    S <= A xor B;
    CO <= A and B;
end rtl;
```

读者请分别对照以上的流程对 IP 核输入方式和 VHDL 输入方式进行编译和仿真，并对比仿真结果之间的异同。注意 VHDL 程序中的实体名称必须和 VHDL 文件名称一致。

3. 设定工程顶层文件

当一个工程中存在多个设计文件时，必须设定谁才是工程的顶层文件，因为工程的顶层文件是唯一的。如图 4-45 所示，在 Project Navigator 的 Files 选项卡中，在预设为工程顶层文件的 h _ add _ vhd. vhd 上右键选择"Set as Top-Level Entity"，即设定 h _ add _ vhd. vhd 为工程顶层文件。

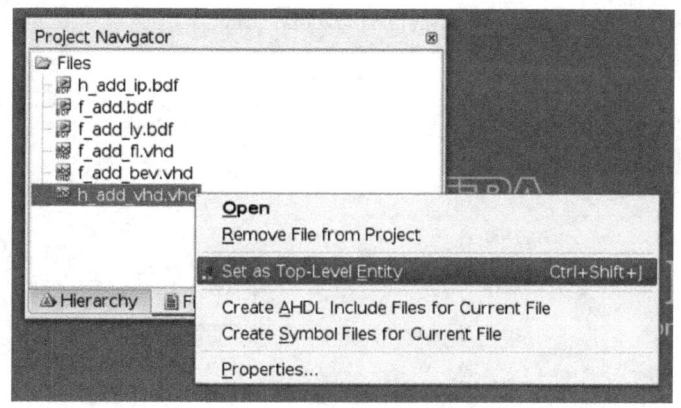

图 4-45　设置工程顶层文件

图 4-45 设置 h _ add _ vhd. vhd 为工程顶层文件，可以使用同样的方法分别设定 h _ add _ ip. bdf 和 f _ add. bdf 为工程顶层文件。. bdf 扩展名表示该文件为原理图文件；. vhd 扩展名表示该文件为 VHDL 文件。

4.3 一位全加器设计

4.3.1 基本的输入方式

对于一位全加器，下面只给出相应的实现方式，以及其中比较特殊需要说明的地方，其创建的编译和仿真过程可以参考一位半加器。

1. 原理图输入方式

一位全加器的编译读者可以参照一位半加器的编译仿真流程来完成。一位全加器原理图如图 4-46 所示。

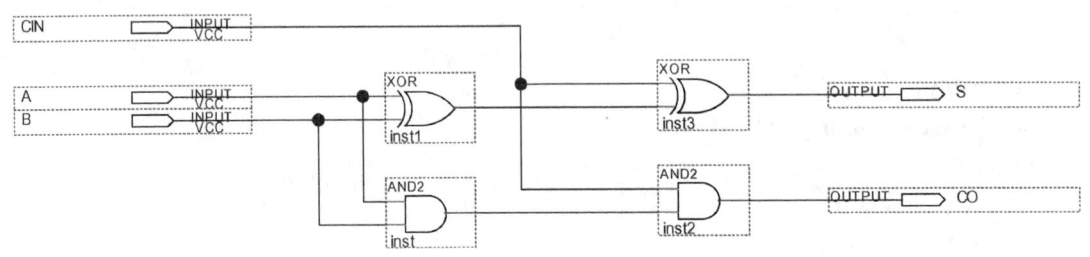

图 4-46　一位全加器原理图

2. 层次化原理图输入方式

一位全加器可以由两个一位半加器外加一个两输入的或门来实现，下面介绍如何实现这种层次化的设计。

1) 在半加器 h_add 工程中打开一个半加器设计文件（vhdl，原理图均可），然后选择"File"→"Create/Update"→"Create Symbol Files for Current File"为当前的半加器创建 Symbol 符号，在弹出的保存 Symbol 文件的窗口中，选择默认设置单击"确定"按钮。

2) 新建一个原理图，在空白处双击添加两个半加器符号（见图 4-47）和一个或门，并连接好（见图 4-48），以 f_add_1 为名保存原理图文件。

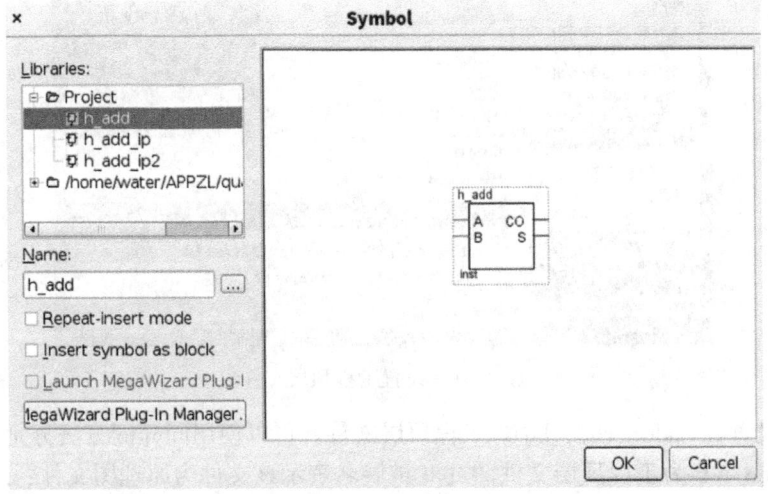

图 4-47　插入半加器 Symbol

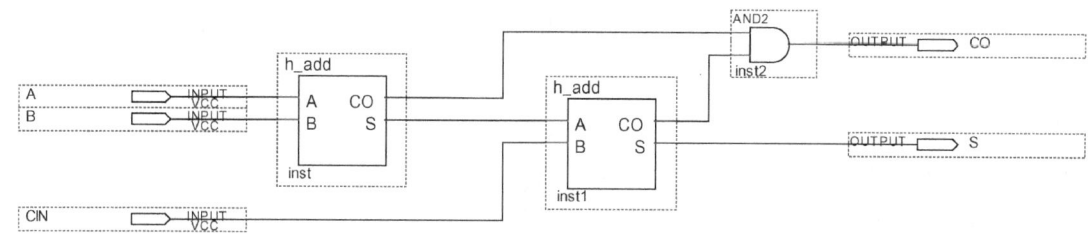

图 4-48　一位全加器层次原理图

3. VHDL 输入

VHDL 描述设计通常有三种描述方式：数据流描述、行为描述和结构体描述。数据流描述是指用逻辑表达式的方式描述设计，这一描述最接近底层的逻辑电路实现。行为描述是指在算法的层次对设计进行描述，较数据流描述更抽象，只关心设计功能的描述而忽略底层逻辑电路的实现。结构体描述是指利用层次化设计方法，用现有的设计生成 component 组件，以便于在设计中调用。下面用一位全加器的 VHDL 为例，给出三种不同的描述方式。首先新建一个 VHDL 文件，选择"File"→"New"，如图 4-10 所示，选择"Design Files"→"VHDL FIle"。

单击 图标按钮，打开语言模板，如图 4-49 所示。

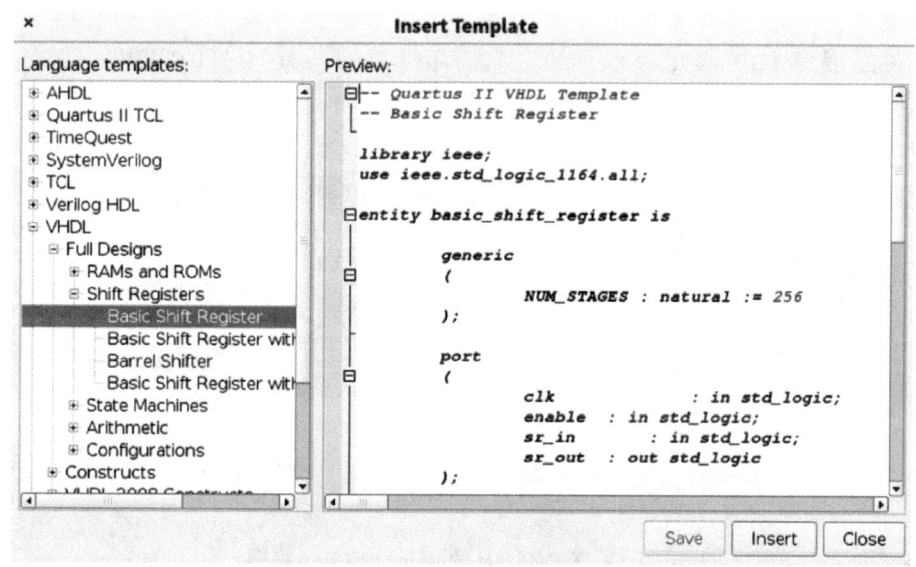

图 4-49　插入 VHDL 模板

修改语言模板如图 4-50 所示，注意实体名和文件名必须一致，数据流描述时改为 f_add_fl；行为描述时改为 f_add_beh；结构体描述时改为 f_add_con。

注意，VHDL 程序写完之后，单击 图标按钮，分析程序是否有语法错误并改正。如遇到错误，可在"Messages"窗口中双击第一个红色错误提示行定位错误所在。

1）数据流描述方式。在图的结构体描述下面添加数据流描述语句：

S <= A xor B XOR CIN；
CO <= ((A XOR B) and CIN) or (A and B)；

f_add_fl 的 RTL 视图和 technology map 视图分别如图 4-51、图 4-52 所示。

```vhdl
1    --一位全加器VHDL实现
2    library ieee;
3    use ieee.std_logic_1164.all;
4    use ieee.numeric_std.all;
5
6    entity f_add_fl is
7      port
8      (
9        A    : in std_logic;
10       B    : in std_logic;
11       CIN  : in std_logic;
12       S    : out std_logic;
13       CO   : out std_logic
14     );
15
16   end entity;
17   architecture fl of f_add_fl is
18   --信号，组件声明
19
20   begin
21   --结构体描述
22
23   end fl;
```

图 4-50　一位全加器 VHDL 模板

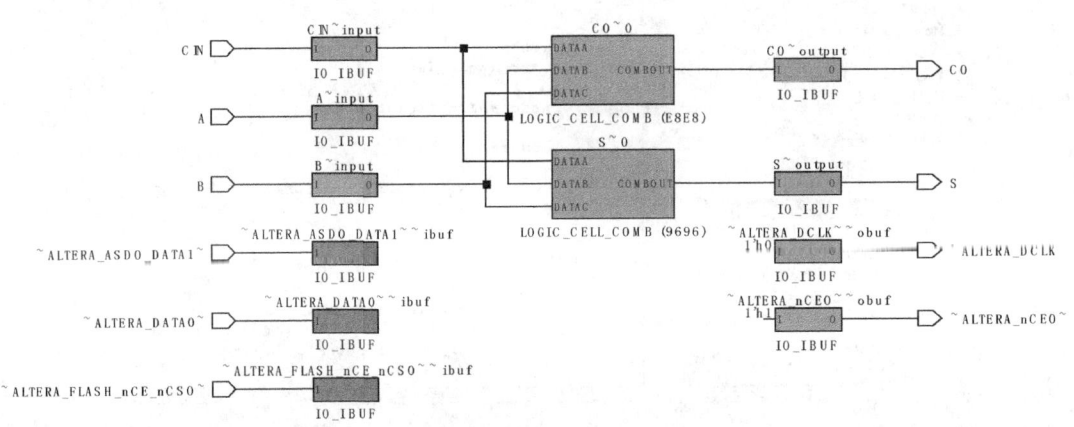

图 4-51　f_add_fl 的 RTL 视图

图 4-52　f_add_fl 的 technology map 视图

2) 行为描述方式。在图 4-50 的结构体描述下面添加数据流描述语句："（CO, S) <= ('0', A) + ('0', B) + ('0', CIN);"，删除包声明语句"use ieee. numeric_std. all;"，添加包声明语句"use ieee. std_logic_unsigned. all;"，以便使用加法运算。

f_add_bev 的 RTL 视图和 technology map 视图分别如图 4-53、图 4-54 所示。

3) 结构体描述方式。为了使用已经设计好的半加器，先打开 h_add_vhd. vhd 文件，然后选择 "File" → "Create/Update" → "Create VHDL Component Declaration Files for Current File" 为半加器创建组件声明。

最后，如图 4-55 所示添加 h_add_vhd. cmp 文件。

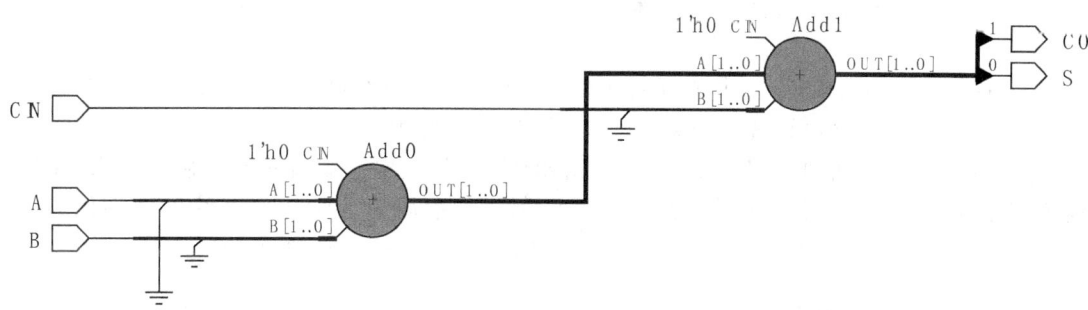

图 4-53　f_add_bev 的 RTL 视图

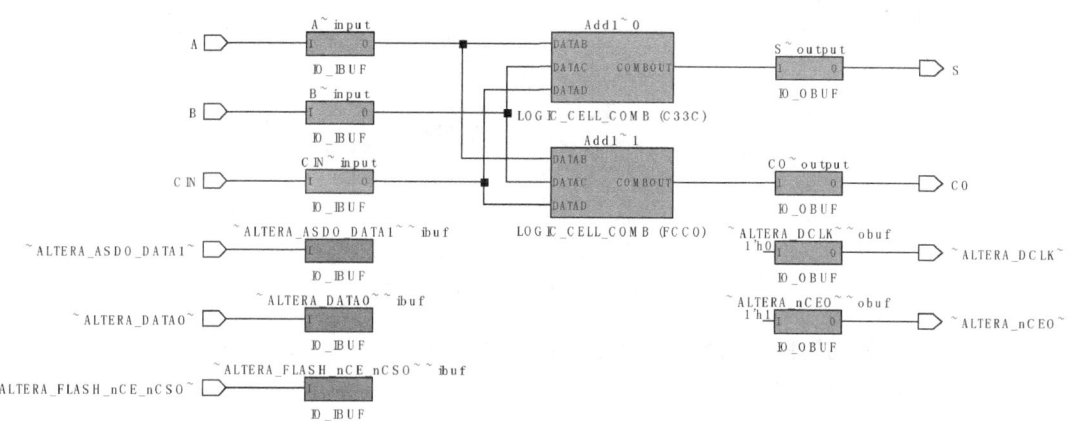

图 4-54　f_add_bev 的 technology map 视图

打开 h_add_vhd.cmp 文件，复制半加器组件声明，以"component"开头、"end component;"结束：

component h_add_vhd
　　port
　　(
　　　　A：in std_logic；
　　　　B：in std_logic；
　　　　S：out std_logic；
　　　　CO：out std_logic
　　)；
end component；
signal s1：std_logic；
signal co1：std_logic；
signal co2：std_logic；

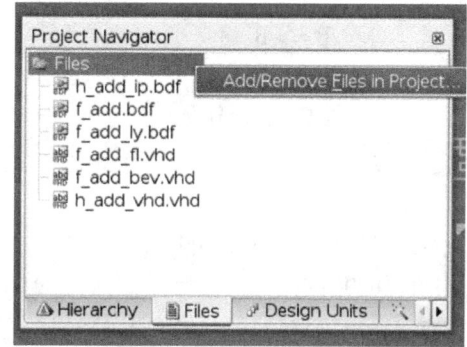

图 4-55　为工程添加文件

粘贴至图 4-50 的"信号，组件声明"处，并依次添加信号声明语句。光标放置在"结构体描述"处使用语言模板插入组件例化语句（"VHDL"→"Constructs"→"Concurrent Statements"→"Instances"→"Component Instaniation"）。

< instance _ name >：组件例化名称，此处需要例化两个半加器，依次取名为 h _ add1 和 h _ add2。

< component _ name >：使用的组件名称，此处为使用的组件 h _ add _ vhd。

generic map：对使用组件中的类属性进行配置，此处无。

port map：对引脚进行映射，主要是给出例化组件的引脚和外部引脚的连接情况，具体如图 4-56 所示。此处请深入理解引脚映射中的引脚连接情况，并注意图中信号 S1 为 h _ add1 的 S、信号 CO1 为 h _ add1 的 CO 和信号 CO2 是 h _ add2 的 CO。

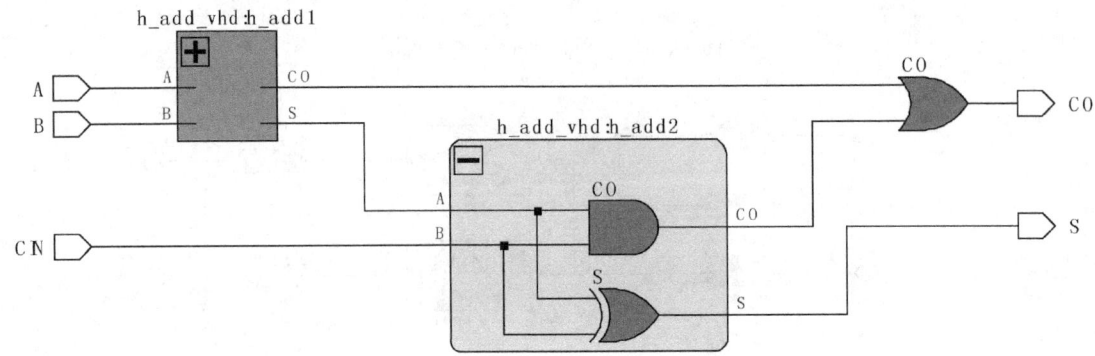

图 4-56　f _ add _ con 的 RTL 视图

最终的两个例化组件语句修改如下：

h _ add1：h _ add _ vhd
　　port map
　　(
　　　　A => A,
　　　　B => B,
　　　　S => S1,
　　　　CO => CO1
　　);

h _ add2：h _ add _ vhd
　　port map
　　(
　　　　A => S1,
　　　　B => CIN,
　　　　S => S,
　　　　CO => CO2
　　);

最后添加进位赋值语句：

CO <= CO1 or CO2;

f _ add _ con 的 technology map 视图如图 4-57 所示。

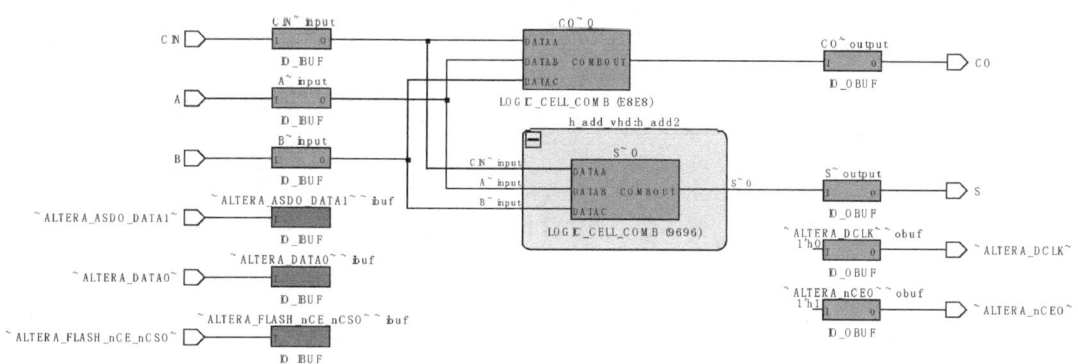

图 4-57　f_add_con 的 technology map 视图

小　　结

1）三种描述方式最终的 technology map 视图即图 4-52、图 4-54 和图 4-57 是一致的，而有差别的是 RTL 视图即图 4-51、图 4-53 和图 4-56。

2）technology map 视图一致说明三种全加器描述方式最终的硬件实现是一致的——均使用两个 LUT 分别计算 S 和 CO。

3）RTL 视图不一致说明三种全加器采用的描述方式不一致，即算法不一样。

4）通过这个全加器的例子，大家不仅对数据流描述、行为描述和结构体描述有了深入的理解，也对 RTL 视图和 technology map 视图有了进一步的体会。

4. 全加器的 IP 核实现

此处可以参照半加器的 IP 核实现进行，注意图 4-58 所示的设置，最终的原理图如图 4-59 所示。

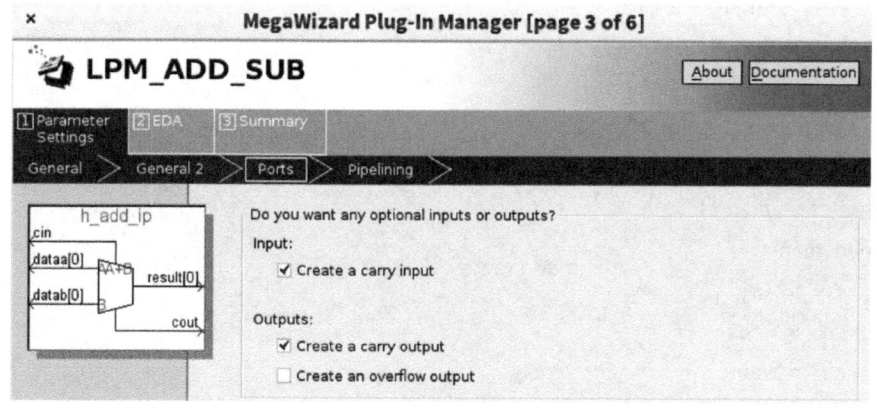

图 4-58　全加器 IP 核实现端口设置页面

4.3.2　全加器的仿真

1）任意选定一种全加器的输入文件为工程的顶层实体，此处选择数据流描述方式的全加器实现。

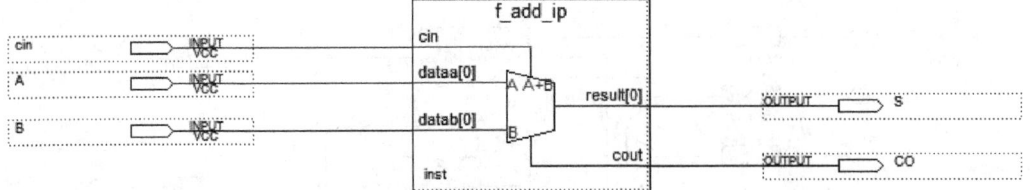

图 4-59　全加器 IP 核实现原理图

2）运行 ModelSim。

3）创建 testbench 文件如下：

```
library cycloneiii;
library IEEE;
use cycloneiii.cycloneiii_components.all;
use IEEE.std_logic_1164.all;
entity f_add_f1_tb is
end;
architecture f_add_f1_tb_arch of f_add_f1_tb is
  signal a   : std_logic:='0';
  signal co  : std_logic;
  signal cin : std_logic:='0';
  signal b   : std_logic:='0';
  signal s   : std_logic;
  component f_add_f1
    port(
      a   : in std_logic;
      co  : out std_logic;
      cin : in std_logic;
      b   : in std_logic;
      s   : out std_logic);
  end component;
begin
  dut : f_add_f1
    port map(
      a   => a,
      co  => co,
      cin => cin,
      b   => b,
      s   => s);
      a <= not a after 0.25us;
      b <= not b after 0.5us;
      cin <= not cin after 1us;
end;
```

4）功能仿真波形如图 4-60 所示。

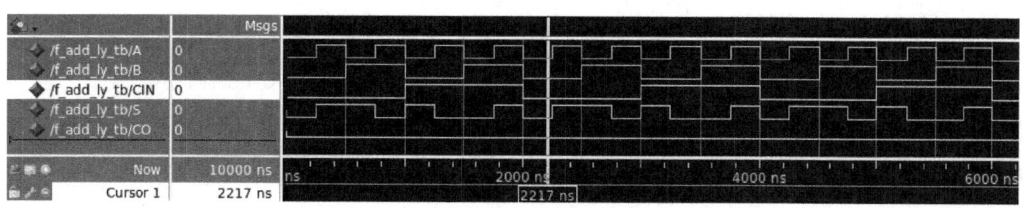

图 4-60　全加器功能仿真波形

5）时序仿真波形如图 4-61 所示。

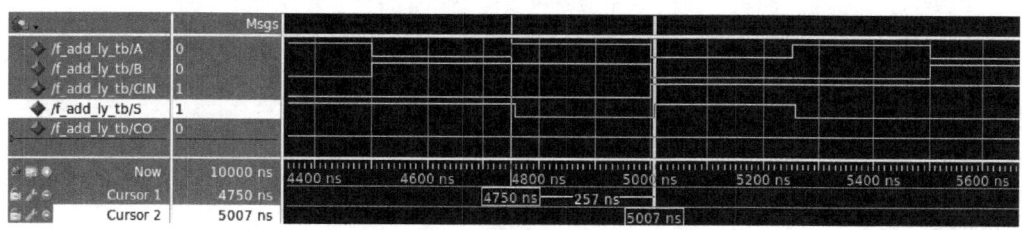

图 4-61　全加器时序仿真波形

输入与输出之间的延时，读者可以自行根据半加器时序仿真延时测量方法去测量。

4.4　ModelSim 批处理

在使用 ModelSim 仿真的时候，每次发现错误就需要结束仿真，按照仿真流程重新走一遍上一次仿真的所有步骤，这样重复性很高的操作，ModelSim 为用户提供了批处理方法来自动完成。把每一步的操作命令放入 do 文件，这样在下次需要同样仿真步骤的情况下，只要直接运行 do 文件即可完成。

1）在完成仿真的时候，需要把 Wave 窗口中的相关信息保存下来。选择 Wave 窗口的 "File" → "Save Format…" 打开 "Save Format" 窗口，以默认的 wave.do 文件名保存，如图 4-62 所示。

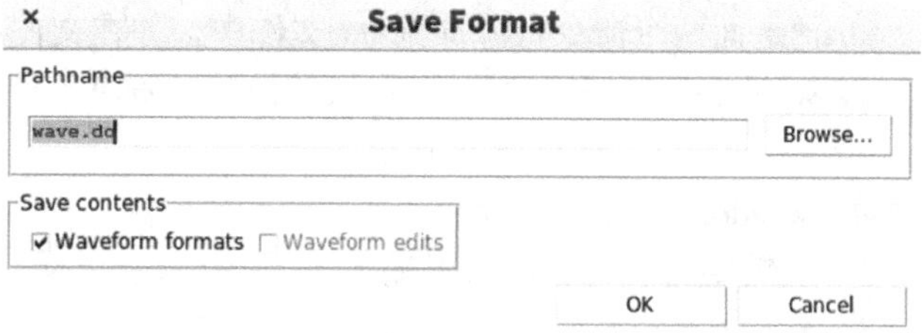

图 4-62　保存 Wave 窗口中的相关信息

此时 wave.do 文件中的内容有：
onerror {resume}
quietly WaveActivateNextPane {} 0
add wave -noupdate /f_add_ly_tb/A
add wave -noupdate /f_add_ly_tb/B
add wave -noupdate /f_add_ly_tb/CIN
add wave -noupdate /f_add_ly_tb/S
add wave -noupdate /f_add_ly_tb/CO
TreeUpdate [SetDefaultTree]
WaveRestoreCursors {{Cursor 1} {4750 ns} 0} {{Cursor 2} {5007 ns} 0}

```
quietly wave cursor active 2
configure wave -namecolwidth 150
configure wave -valuecolwidth 100
configure wave -justifyvalue left
configure wave -signalnamewidth 0
configure wave -snapdistance 10
configure wave -datasetprefix 0
configure wave -rowmargin 4
configure wave -childrowmargin 2
configure wave -gridoffset 0
configure wave -gridperiod 1
configure wave -griddelta 40
configure wave -timeline 0
configure wave -timelineunits ns
update
WaveRestoreZoom {4350 ns} {5664 ns}
```

注意理解其中的观测波形添加命令 add wave；游标有关的命令 Cursor。

2) 选择"Simulate"→"End Simulation"结束本次仿真。

3) 在 ModelSim 中选择"File"→"New"→"Source"→"Do"新建一个 do 文件。

4) 每次操作后在 Transcript 窗口中使用键盘上的上下方向键，依次找出每次操作的命令。

① 编译：

vcom-reportprogress 300 -work work c:/eda/h_add/simulation/modelsim/f_add_ly_tb.vhd

② 仿真（时序）：

vsim -L cycloneiii-sdftyp /DUT = c:/eda/h_add/simulation/modelsim/h_add_vhd.sdo work.f_add_ly_tb

③ 把上面两个命令行添加到 do 文件中，并在文件后面添加：

do wave.do   -- 表示按照上一次的设置布置 Wave 窗口

run 10us   -- 运行仿真 10μs

④ 以 fadd.do 保存 do 文件。

5) 在需要再次仿真的时候输入：

do fadd.do

查看运行效果。

小　　结

1) 此章完整地给出了半加器和全加器的设计输入、编译、仿真的完整流程。

2) 读者需注意设计输入中的两种层次设计方法：一种是通过创建 symbol，采用原理图输入方式的层次设计；一种是通过创建组件声明，采用结构化描述的 VHDL 输入方式的层次设计。

3) 学完此章，读者应该能够理解 RTL 视图和 technology map 视图的异同；理解功能仿真和时序仿真的差别；学会使用 Chip Planner 查看设计的硬件实现；学会 Pin Planner 进行设计的引脚锁定；理解 LUT 的掩码。

4）设计的基本流程。

① 设计输入：主要有原理图输入、VHDL 输入、IP 核输入。

② 设计综合：对输入的设计进行综合，形成利用基本数字组件构成的 RTL Viewer。

③ 设计适配：把设计中的功能组件使用 FPGA 中的硬件资源来实现，具体确定使用哪些 FPGA 资源、使用资源的位置和如何实现等。例如，半加器中的与门用 FPGA 中的 LUT 来实现。

④ 设计仿真：功能仿真无须器件信息和时序模型，只是从 RTL 级别验证设计的功能正确与否；时序仿真会根据给定的器件以及器件的时序模型给出实际的运行结果。

⑤ 编程下载：利用硬件系统提供的下载接口，把设计生成的 sof 文件（验证，掉电会丢失）或 pof 文件（烧写进 FPGA 的 EPCS 芯片中，掉电不会丢失）下载到 FPGA 中进行验证。

习 题

1. 简述 FPGA 设计和仿真流程。
2. 如何用 Quartus Ⅱ 创建一个工程？
3. ModelSim 与 Quartus Ⅱ 可实现联调，如何设置 Quartus Ⅱ 的 options 和 settings？
4. 简述数据流描述、行为描述和结构体描述的区别。
5. 简述功能仿真和时序仿真的区别。
6. 分别使用数据流描述、行为描述和结构体描述实现 2 位全加器。
7. 对上述的 2 位全加器进行功能仿真和时序仿真。
8. 将上述全加器的输入激励的时间间隔设为纳秒级别，看时序仿真结果；并与微秒级别的时序仿真结果进行对比，解释结果有差异的原因。
9. 参考 VHDL 设计模版中的状态机程序（见图 4-63），设计一个可以检测序列信号中"1101"的序列信号检测器，并使用 ModelSim 进行仿真。（提示，可以使用伪随机序列信号发生器生成伪随机序列。）

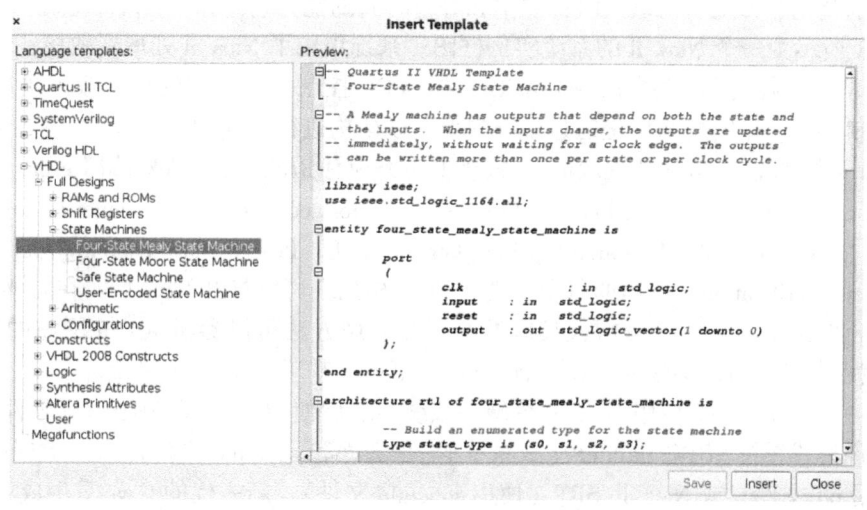

图 4-63　四状态 Mealy 型状态机

10. 分别设计实现同步清零和异步清零的 5 位二进制加法计数器，并使用 ModelSim 进行仿真。简述同步和异步清零在设计上的区别，在使用上的优缺点。
11. 设计实现使用一位七段数码管对单个按键的次数进行统计显示。注意，按键消抖动的实现。
12. 利用 PLL、片上 ROM 和计数器 IP 核实现 10kHz 的正弦波的输出。

第5章 EDA 技术工程应用实例

5.1 跑马灯 SOPC 实现

5.1.1 概述

片上可编程系统 SOPC（System on Programmable Chip）作为可编程逻辑器件 PLD（Programmable Logic Device）和专用集成电路 ASIC（Application Specific Integrated Circuit）相结合的产物，可以在单片 PLD 上实现 SOC（System on Chip，片上系统）。SOPC 的硬件由一个软核 CPU（Altera 的 Nios Ⅱ）加上各种标准的 IP 核及用户自定义 IP 核组成，Altera 提供的 Qsys 嵌入式套件作为硬件系统的集成工具。SOPC 软件系统可以使用 C 语言进行系统工程实现，Altera 提供了基于开源的 Eclipse 的 Nios Ⅱ Software Buider Tools for Eclipse 来支持系统功能的开发。

自 Quartus Ⅱ 10 开始，Altera 提供了更加先进的 Qsys 集成开发套件，取代了其上一代 SOPC 硬件集成工具 SOPC Builder。作为新一代系统级设计工具，Qsys 可以让设计完成的更快、更容易。与其上一代的系统内部互联架构相比，Qsys 的基于片上网路的内部互联技术，可以把设计的最大时钟频率提升两倍。与 SOPC Builder 相比，Qsys 提供了更快速的系统级开发及设计复用，这可以节约设计人员大量的时间和精力。另外，Qsys 还具有对系统进行自动的流水线化能力及平衡最大时钟频率和等待时间的能力。

图 5-1 所示为一个 Nios Ⅱ 的系统实例框图。系统集成了 Nios Ⅱ 处理器软核、SDRAM 控制器、UART 控制器、定时器 Timer1 和 Timer2、LCD 控制器、通用的输入输出接口控制器、网接口控制器等。系统之间均是通过系统内部互联架构进行通信的。

Altera 提供的能与 Nios Ⅱ 集成的 IP 软核主要类别有 Bridges、Clock and Reset、Configuration & Programming、DSP、Embedded Processors、Interface Protocols、Memories and Memory Controllers、Microcontroller Peripherals、Peripherals、PLL、Processor Subsystem、Qsys Interconnect、SLS 和 Verification。详细的每个类别中的 IP 核列表可以打开 Qsys 后，在右侧的组件库（Component Library）中一一查看，具体的配置和使用方法可以参考 Altera 网站的嵌入式接口 IP 核使用向导。后面会使用 Qsys 创建设计者第一个基于 Nios Ⅱ 的系统。

构建一个 SOPC 需要使用 Qsys 构建硬件系统，然后使用 Nios Ⅱ SBT 编写软件系统。上一代的硬件集成系统 SOPC Builder 生成系统的 ptf 文件和 sopcinfo 文件提供给上层的 Nios Ⅱ IDE（使用 ptf 文件）或 Nios Ⅱ SBT（使用 sopcinfo 文件）。新一代的 Qsys 只生成 sopcinfo 文件提供给 Nios Ⅱ SBT，不再提供 ptf 给 Nios Ⅱ iDE。而 Nios Ⅱ SBT 利用得到的 sopcinfo 文件，可以自动生成硬件系统的驱动库。设计者借助 Nios Ⅱ SBT 提供的工程创建模板可以很容易地在更高的层次上使用高级语言 C 或 C++ 实现系统功能。

理解硬件抽象层（Hardware Abstract Layer，HAL）对于进行软件系统的开发非常重要。作为普通的嵌入式运行环境而言，HAL 提供的器件驱动接口足够设计者对底层的硬件进行

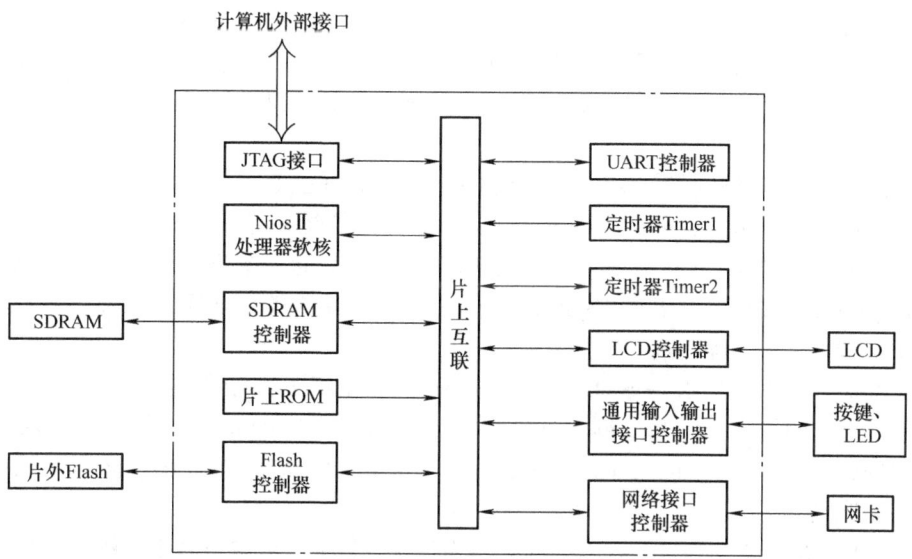

图 5-1 Nios Ⅱ 系统框图

操作。HAL 应用程序接口（Application Program Interface，API）与 ANSI C 标准库集成在了一起，如图 5-2 所示，构成了基于 HAL 系统的第三层，使用 HAL API 可以不必关心 Nios Ⅱ 硬件系统的实现细节，把精力和时间更多地放在设计系统功能上。HAL API 允许设计者使用诸如 printf（）、fopen（）、fwrite（）等相似的 C 语言库函数操作器件和文件。

用户程序				
C 标准库				
HAL 应用程序接口				
器件驱动	器件驱动	…	器件驱动	
Nios Ⅱ 硬件				

图 5-2 基于 HAL 系统的层次结构图

同 C 语言开发一样，在应用工程中均有一个主程序 C 文件，在该 C 文件中，设计者可以像进行单片机开发一样，编写系统程序。同样的系统程序执行的入口都是 main（）函数。尽管在主程序中自动包含了系统的各种头文件，如器件驱动头文件、HAL 文件等。但是，如何使用 HAL 中的各种标准函数和器件配置信息来编写程序，是设计者必须掌握的。

跑马灯需要使用定时中断和端口操作，利用这个简单的例子来讲解一个 SOPC 工程设计的实现步骤。其中，请深刻理解 SOPC 硬件系统内的连线互联、Nios Ⅱ CPU 的复位和执行地址设置、PLL 锁相环的设置（特别是针对片外 SDRAM 的时钟相位负延时的设定）；深刻理解 SOPC 软件系统的系统级操作组件和寄存器级别操作组件的区别；深刻理解不同的存储器配置方式下的不同烧写步骤。

5.1.2 片上 RAM 实现跑马灯

最终实现硬件系统的 Qsys 界面如图 5-3 所示。其中，SysTimer 是系统定时器，用于产生定时中断；LEDS 是 8 个 LED 灯的控制端口；OnRam 为片上 Ram，用于存放 SOPC 的软件系统程序代码及其所需的运行空间；JTAGDebug 用于 Nios Ⅱ SBT 调试 SOPC 软件系统时与 FPGA

板之间的通信模块，通常用于程序中各种信息的输出（printf（）函数）；SysID 用于产生 SOPC 硬件系统的唯一标识序列，常用于软件系统和硬件系统的比对；SysCpu 为 SOPC 硬件系统中的 CPU；SysClk 为系统的时钟输入，常接入外部的 PLL 锁相环的输出时钟和外部复位输入脚。

注意，系统各组件的时钟和复位均分别接在 SysClk 的 clk 输出端上和 clk_reset 端上；特别注意 SysCpu 的 jtag_debug_module_reset 脚也需要控制系统各组件的复位端；而 SysCpu 的数据读写主端口 data_master 连接至需要和 CPU 进行数据交换的组件，如 SysID、SysTimer、OnRam 和 JTAGDebug；SysCpu 的指令读取主端口需要连至 SOPC 软件程序代码的存放地 OnRam 和 JTAGDebug。

另外需要产生中断的组件 SysCpu、SysTimer 和 JTAGDebug 需要连接至硬件系统的中断列表。所有组件的地址空间和中断号分布可以通过选择"System"→"Assign Base Addresses"和"System"→"Assign Interrupt Numbers"来自动完成，当然在计算正确的前提下，手动设定也是允许的。

凡是需要外部连接的端口，在 Export 列均需指定具体的外部端口名称。例如，SysClk 的输入时钟端口名称为 clk，外部输入的复位端口名称为 reset；LED 灯的外部输出端口名为 ledsp。详细的关于各组件的操作使用请具体参考各组件的使用手册。

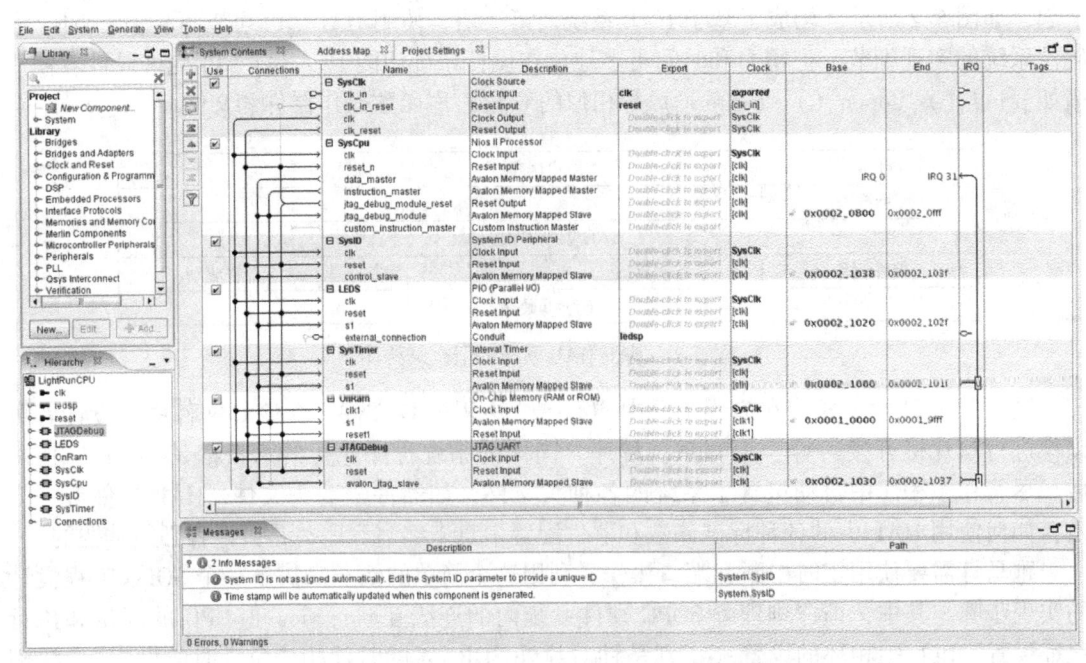

图 5-3　单个片上 RAM 实现跑马灯 SOPC 工程的硬件系统

单击 图标按钮打开"Qsys"窗口。按图 5-3 所示，在"System Contents"选项卡中的时钟 clk_0 上右键选择 Rename，修改时钟名称为 SysClk。然后双击 SysClk 进行设置，如图 5-4 所示。

选择"Embedded Processors"→"Nios Ⅱ Processor"添加至当前系统，重命名为 SysCpu。双击 SysCpu，打开如图 5-5 所示的窗口进行设置。此处选择 Nios Ⅱ/f，在"JTAG Debug Module"选项卡中选择 JTAG 调试模式为 Level 1。至于其他 Nios Ⅱ标准及 JTAG 调试标准与当前标

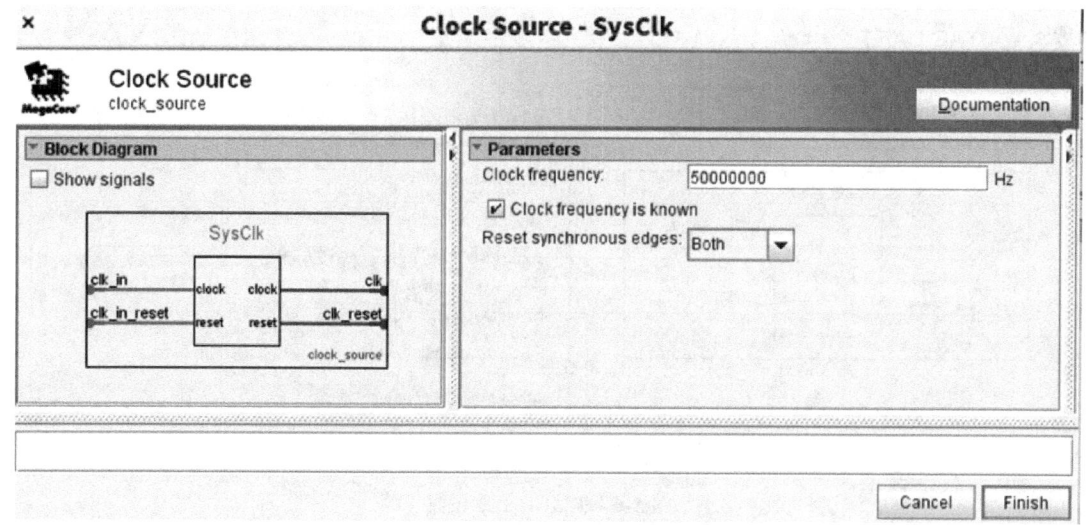

图 5-4 SysClk 设置

准之间的异同可以查看相应的表。图 5-5 中，Nios Ⅱ/s 与 Nios Ⅱ/e 的差别就是加粗字体显示的指令缓冲、分支预测等。JTAG 差别查看和此相似。其他设置均保留默认后，单击 "Finish" 按钮完成设置。其中 Reset Vector 和 Exception Vector 在添加完 OnRam 并连接正确后才可以设置。

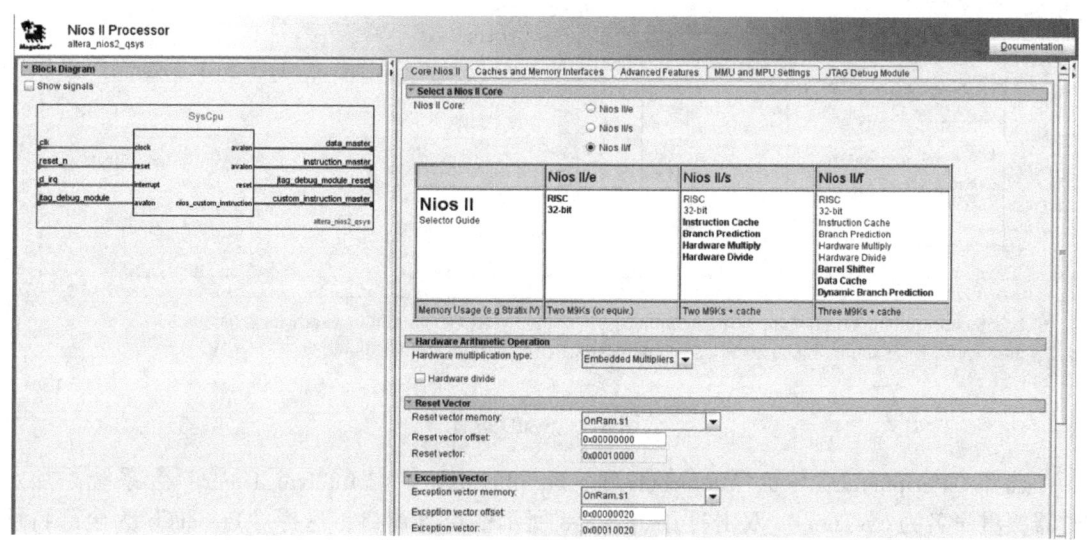

图 5-5 SysCpu 设置

选择 "Interface Protocols" → "Serial" → "JTAG UART" 添加至当前系统，重命名为 JTAGDebug。JTAGDebug 的作用主要是用于在线调试。双击设置 JTAGDebug，保持默认值不变，单击 "Finish" 按钮完成设置，如图 5-6 所示。

选择 "Peripherals" → "Debug and Performs" → "System ID Peripheral" 添加至当前系统，重命名为 SysID，双击选择默认设置完成添加，如图 5-7 所示。SysID 的作用是为当前的 Nios Ⅱ 硬件系统产生一个唯一的系统标识码，以防止在使用 Nios Ⅱ SBT 进行 JTAG 下载调试时，下错调试的 ELF 文件至硬件系统。

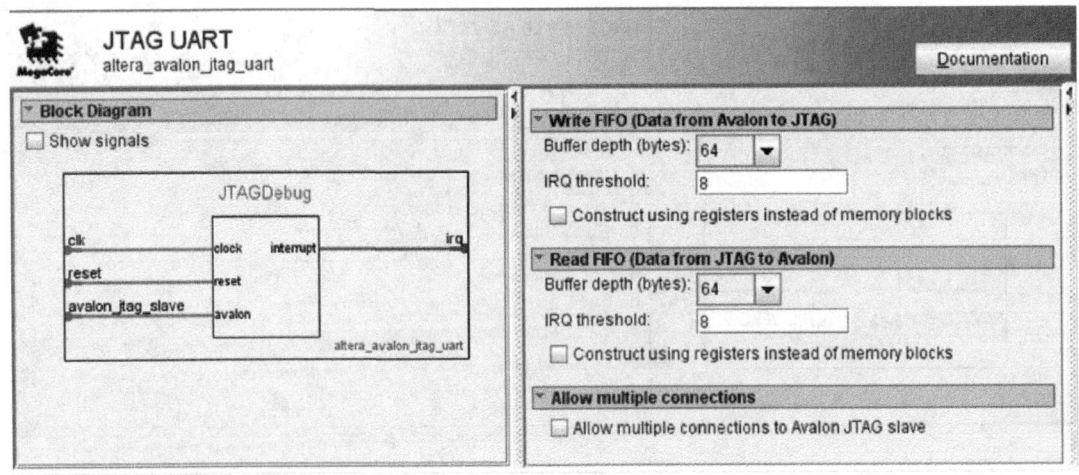

图 5-6 JTAGDebug 设置

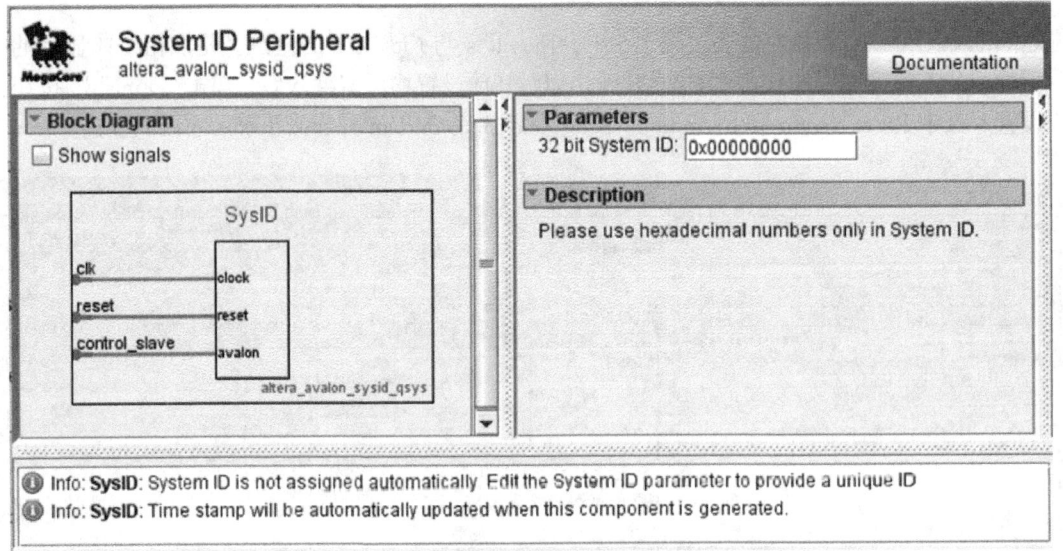

图 5-7 SysID 设置

选择 "Peripherals" → "Microcontroller Peripherals" → "Interval Timer" 为系统添加定时器，重命名为 SysTimer。双击打开如图 5-8 所示的设置窗口，选择 "Presets" 为全部特征 "Full-featured" 后，单击 "Finish" 按钮完成设置。

选择 "Peripherals" → "Microcontroller Peripherals" → "PIO" 为系统添加输出端口，重命名为 LEDS。双击打开如图 5-9 所示的设置窗口，设置为 8 位输出口。

选择 "File" → "Referesh System" 更新系统后，选择 "File" → "Save"，用 LightRunCPU.qsys 保存创建的 Qsys 系统。按照图 5-3 连接好片上连线，并自动分配地址空间和中断号后，选择 "Generate" → "Generate" 打开 "Generation" 窗口，如图 5-10 所示。设置 HDL Language 为 VHDL，单击 "Generate" 按钮生成 sys_HD.qsys 系统。如果一切正常，经过漫长的等待会得到成功的提示。如有错误，可以根据提示进行适当的修订，重新生成即可。图中的目录为工程目录，一般默认即可，不用人工修改。

第5章 EDA技术工程应用实例

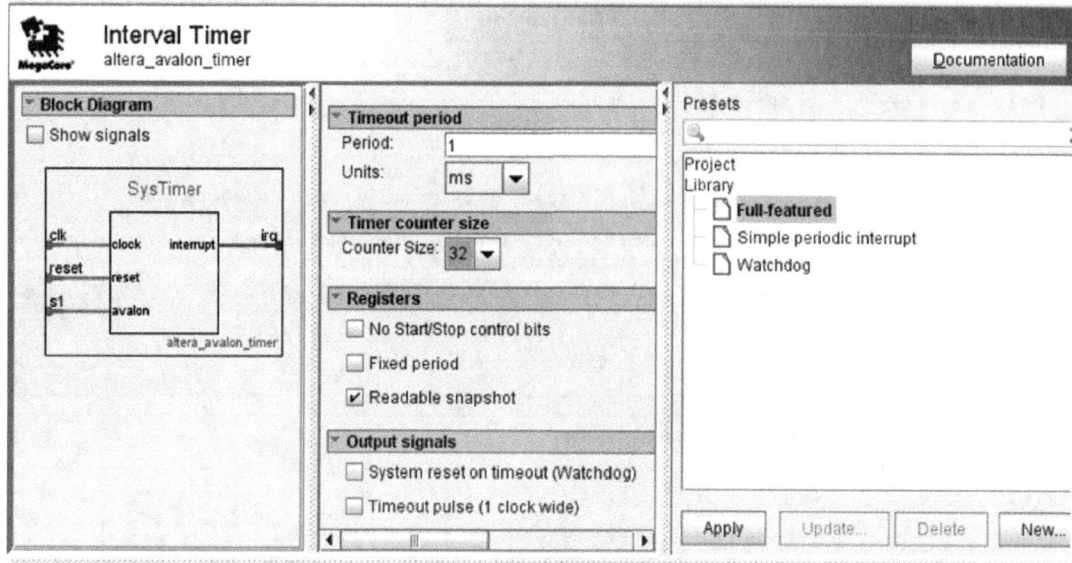

图 5-8 SysTimer 设置

图 5-9 LEDS 设置

163

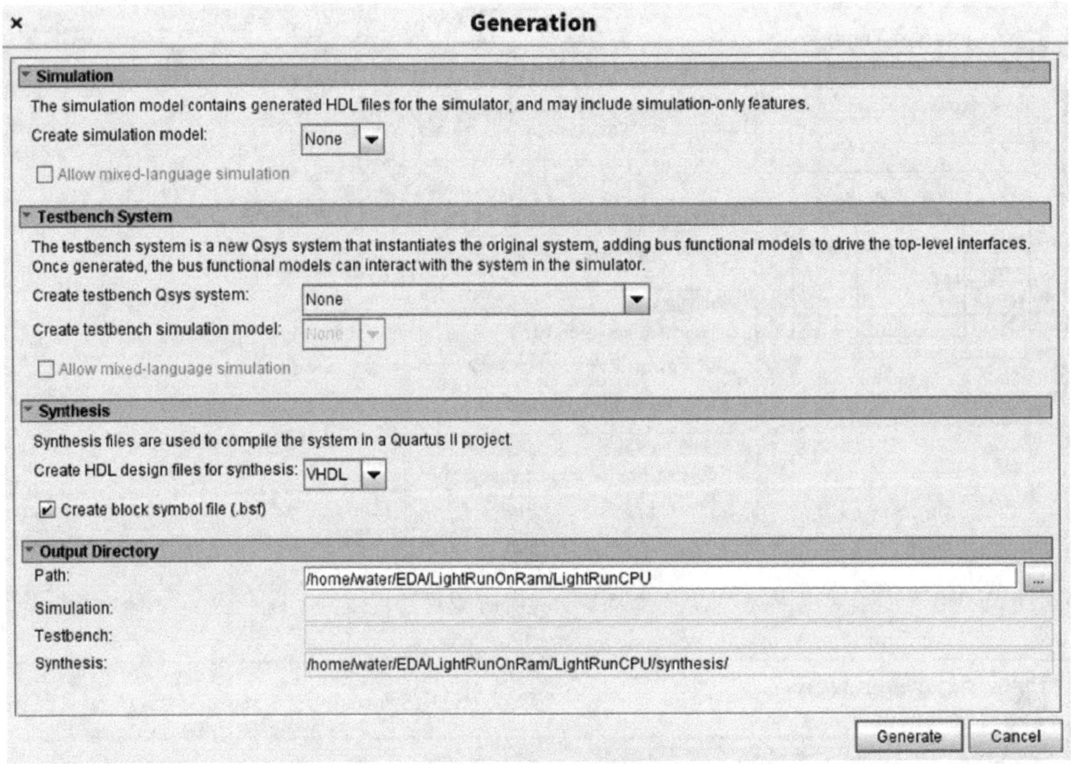

图 5-10 生成 Qsys 系统

当系统生成完成后,在原理图文件空白处双击弹出"Symbol"对话框,如图 5-11 所示。选择"LightRunCPU"添加至原理图文件,在 LightRunCPU 上右键选择"Generator Pins for Symbol Ports"生成引脚连接,并完成引脚锁定(引脚锁定可以使用 Pin Planner 或 Assignment Editor,特别是后者支持批量导入和导出工程设定,推荐使用)。

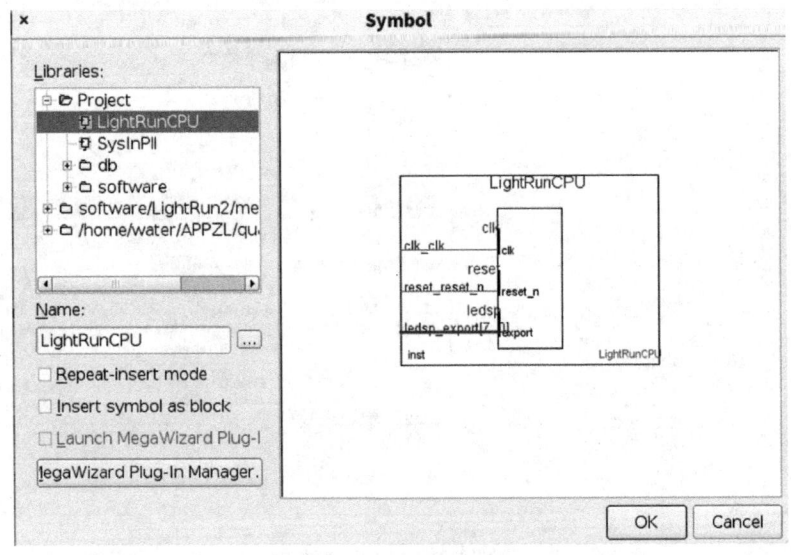

图 5-11 添加 LightRunCPU 至顶层原理图文件

最终的顶层原理图如图 5-12 所示。

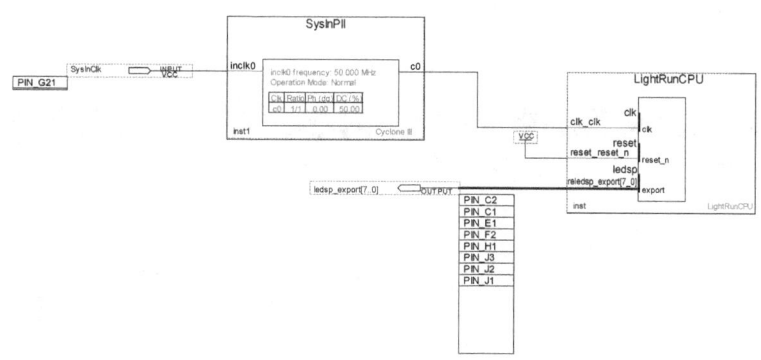

图 5-12　顶层原理图

外部的晶振时钟稳定性不足以支撑 Nios Ⅱ 系统的运行，故外部输入的时钟信号需经过 PLL 锁相环生成满足系统要求的时钟，在生成外部 SDRAM 时钟时，需按照手册把时钟的相位延时设定为负数，以满足的读写时序要求。

与创建其他 IP 核的步骤类似，在 I/O 分支内选择 ALTPLL IP 核，名称为 SysInPll，如图 5-13 所示，设置输入时钟频率为 50MHz，速度等级（speed grade）为 6（具体看器件，一般是器件编号的最后一个数字）。

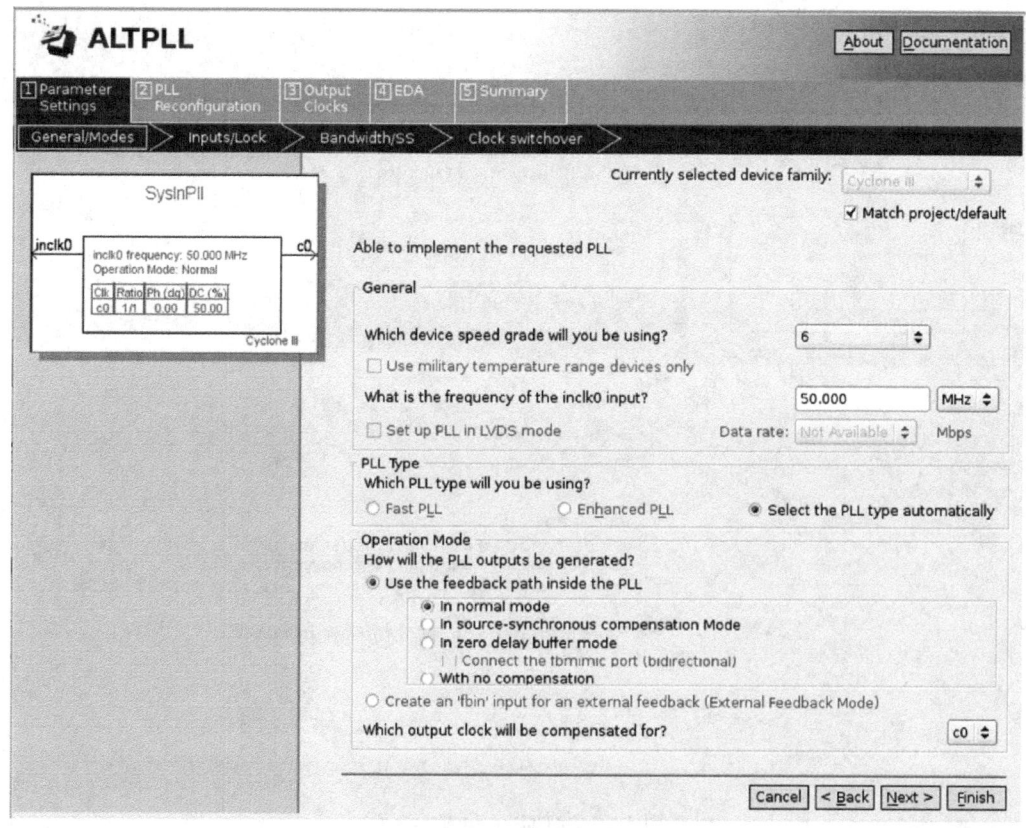

图 5-13　ALTPLL 设置第 1 页

在图 5-14 中去除创建输入复位（Create an 'areset' input to asynchronously reset the PLL）和输出锁定（Create 'locked' output）的勾选。

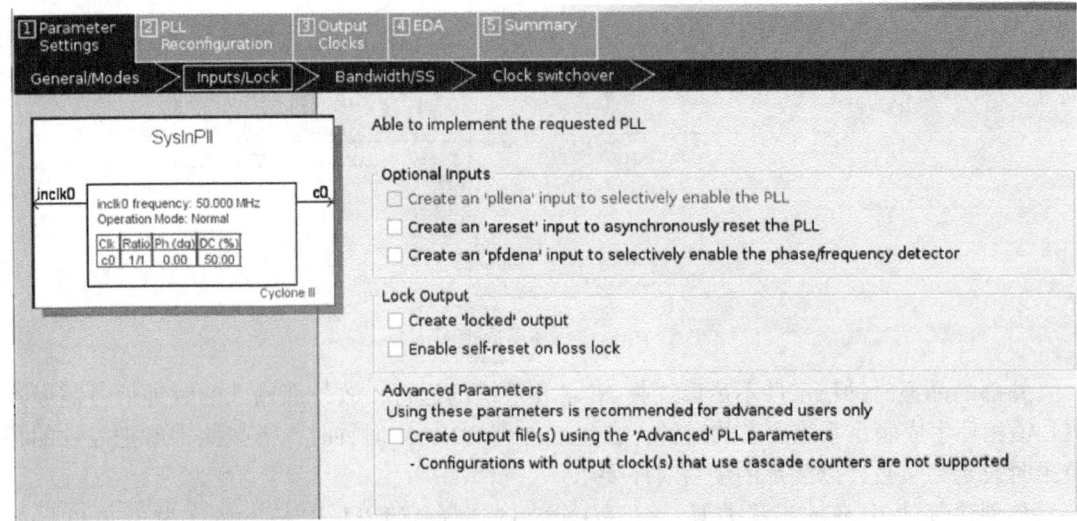

图 5-14　ALTPLL 设置第 2 页

在图 5-15 中 PLL 带宽设定选择默认。

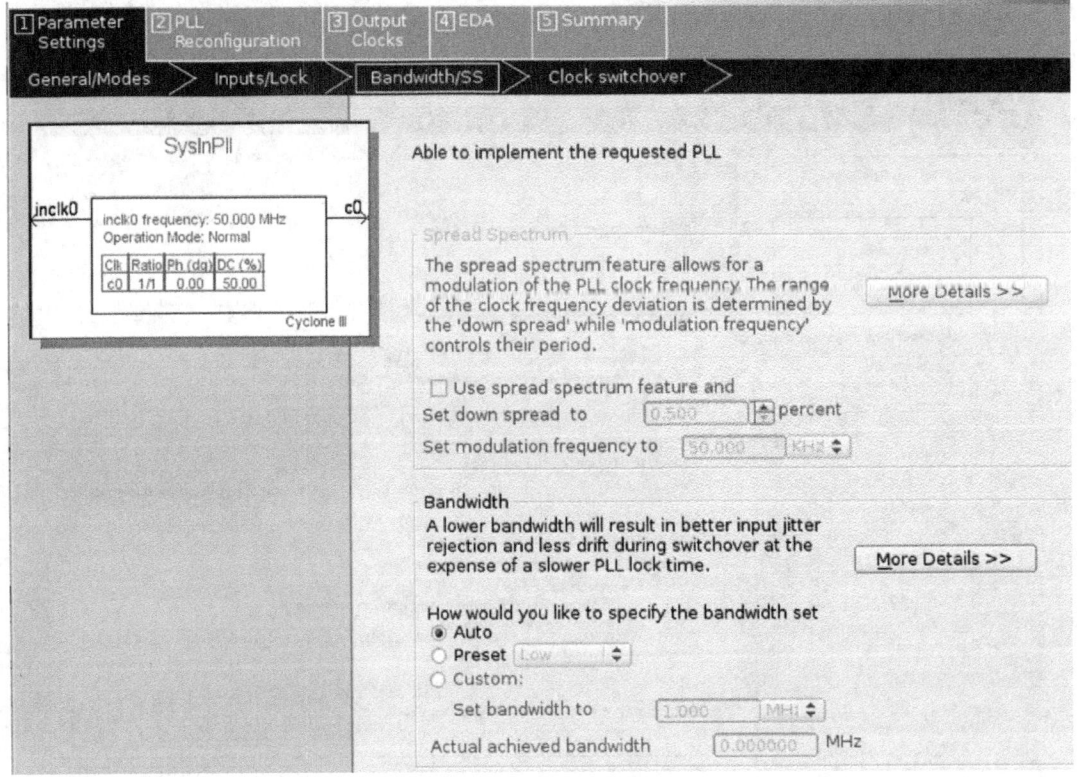

图 5-15　ALTPLL 设置第 3 页

在图 5-16 中 PLL 的第二时钟输入选择默认。

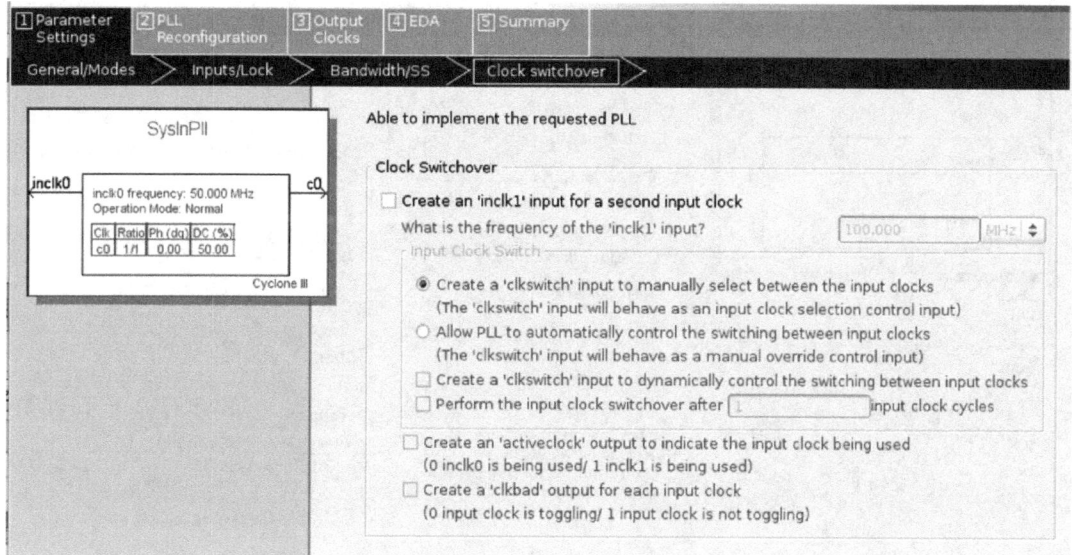

图 5-16 ALTPLL 设置第 4 页

在图 5-17 中 PLL 的可重配置选项选择默认。

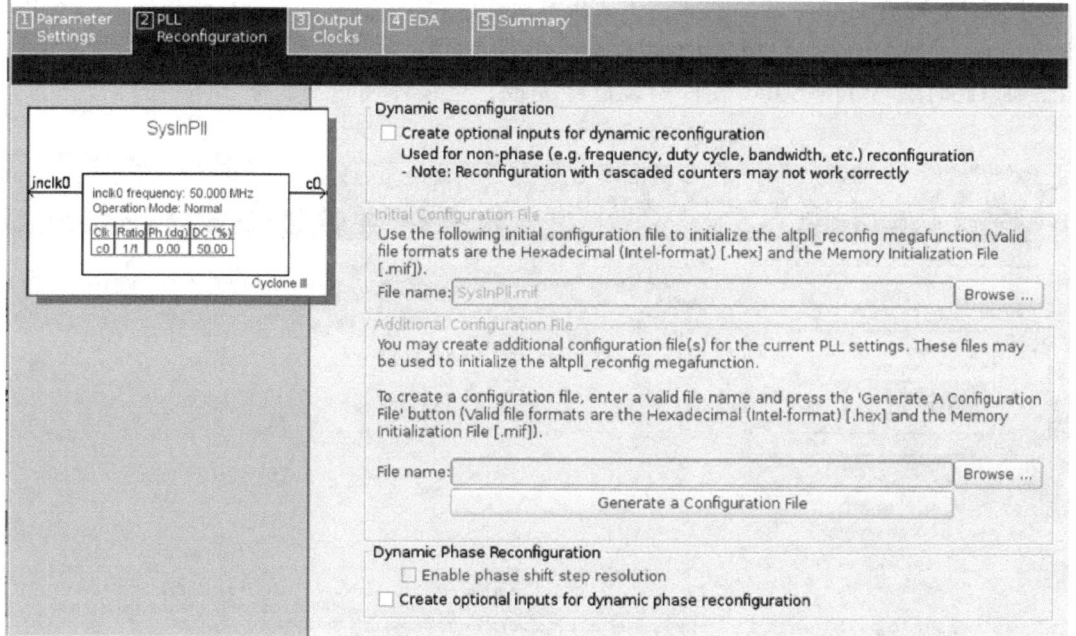

图 5-17 ALTPLL 设置第 5 页

图 5-18 设置 Nios Ⅱ 系统使用的频率为 50MHz。单个 PLL 共支持 5 个时钟输出，每个时钟输出具有特定的用途，具体需要参考 PLL 的手册。在设定 SDRAM 的时钟时，需要设定相位延时（clock phase shift）为 –75 度。需要使用的时钟需要勾选 "Use this clock" 复选框。此处的 clk c1、clk c2、clk c3、clk c4 均无须使用。

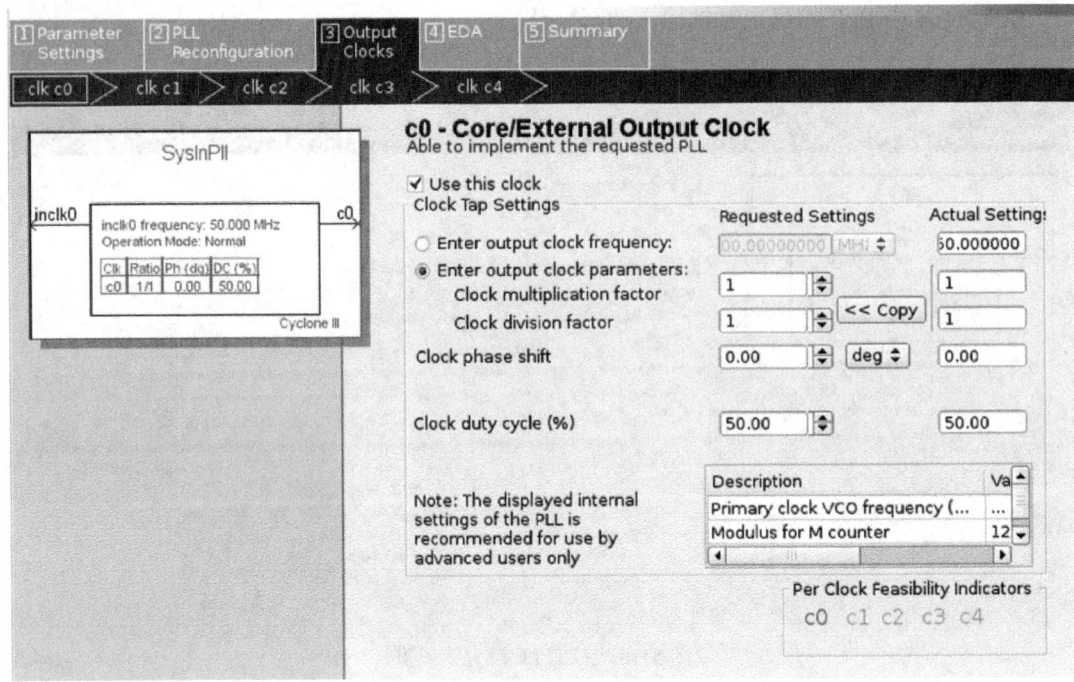

图 5-18　ALTPLL 设置第 6 页

图 5-19 EDA 选项卡选择默认，生成仿真所需的相关文件。图 5-20 显示了最终的 PLL 相关信息。其中主要的是组件例化文件 SysInPll.cmp，原理图使用的 symbol 文件 SysIn-Pll.bsf。此时跑马灯的 SOPC 硬件系统已经完成，全编译通过后，单击 图标按钮打开

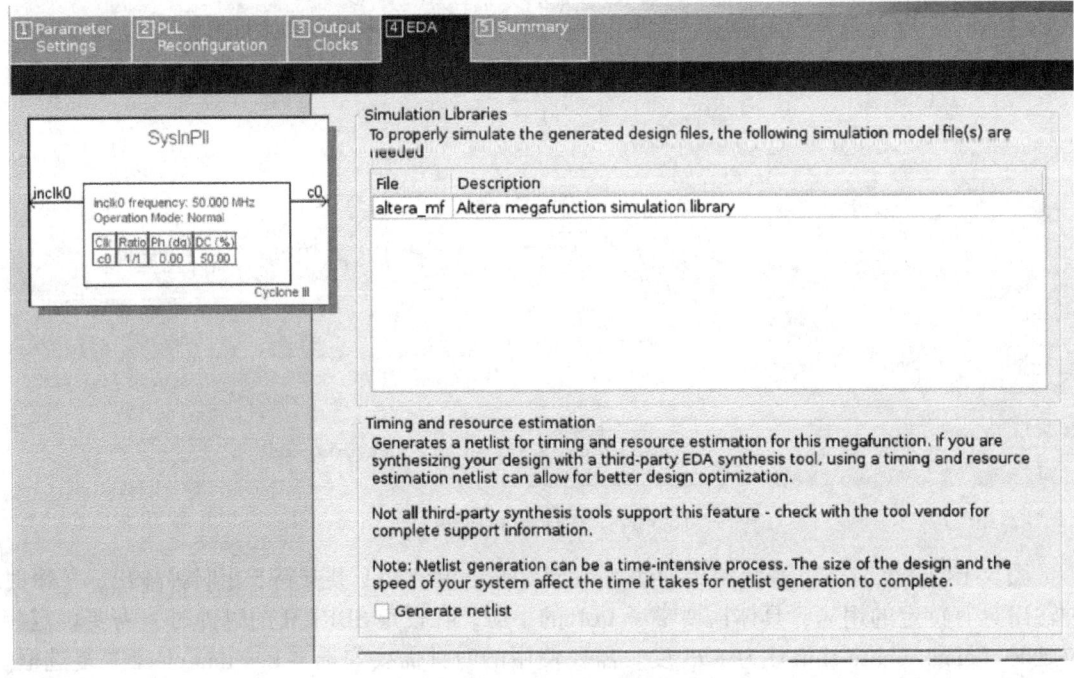

图 5-19　ALTPLL 设置 EDA 选项卡

"Programmer"窗口（见图 5-21）。继续单击"Hardware Setup…"按钮，打开"Hardware Setup"对话框选择正确的下载接口，如图 5-22 所示。设置接口正确后，选择 Mode 为 JTAG，单击"Add File…"按钮添加 sof 文件，此处为 LightRun.sof，在工程文件夹的 output_files 子文件中。注意勾选"Program/Configure"复选框后，单击"Start"按钮开始编程下载，此时 Progress 处会有绿色进度条提示。下载成功后，转入跑马灯软件系统设置。

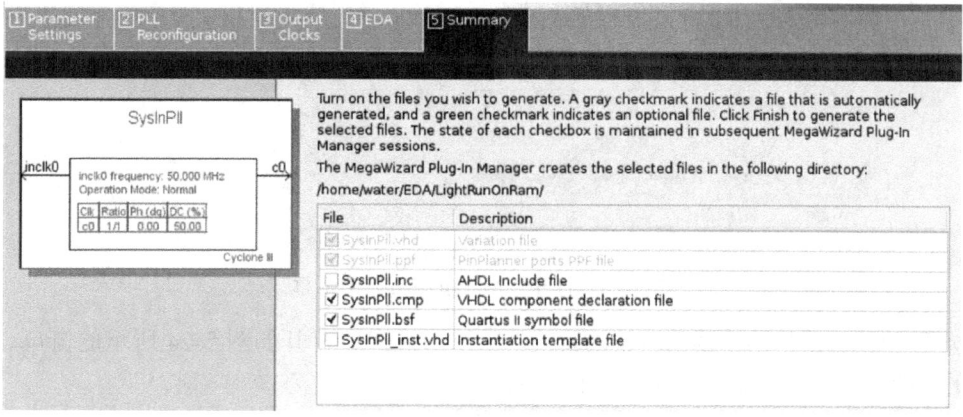

图 5-20　ALTPLL 设置摘要

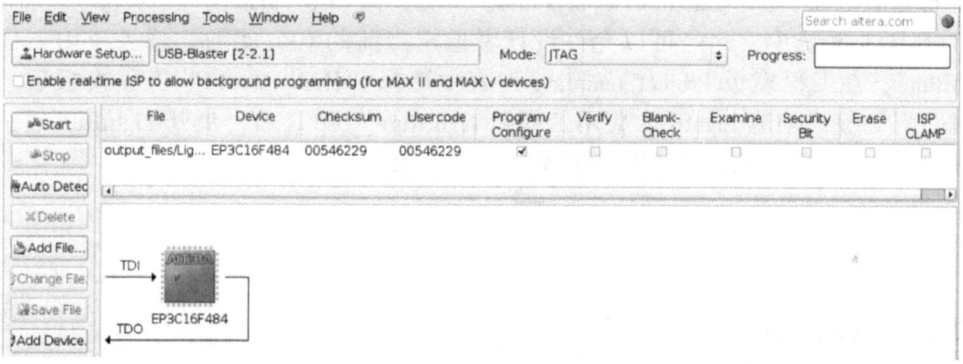

图 5-21　硬件系统下载

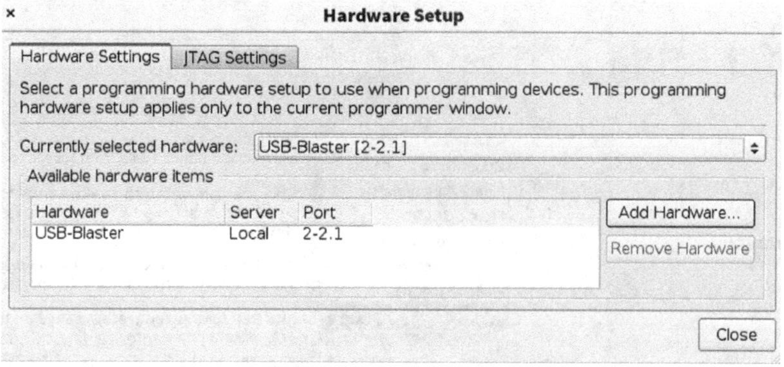

图 5-22　下载接口设置

在 Quartus 中选择"Tools"→"Nios Ⅱ Software Build Tools for Eclipse",打开"Nios Ⅱ SBT"对话框。开始需要设置 Nios Ⅱ SBT 的工具目录至当前 Quartus Ⅱ工程目录下,如图 5-23 所示。

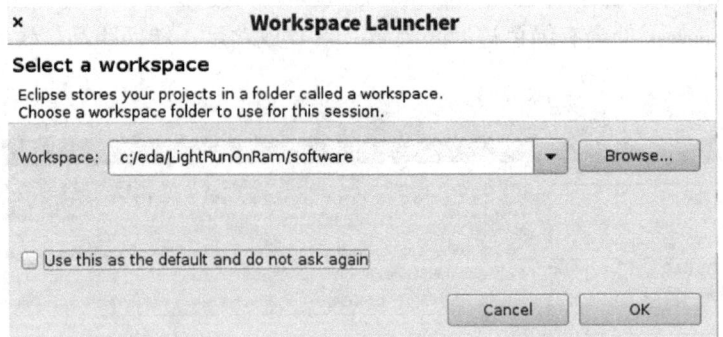

图 5-23 打开"Nios Ⅱ SBT"对话框

选择"Window"→"Open Perspective"→"Other",打开如图 5-24 所示的窗口。选择当前的视图为 Nios Ⅱ视图,单击 OK 的按钮完成。

选择"File"→"New"→"Nios Ⅱ Application and BSP from Template",打开 Nios Ⅱ应用工程及 BSP 工程创建向导,如图 5-25 所示。在 Target hardware information 中选择目标硬件系统,即当前工程下的 LightRunCPU. sopcinfo,然后选择 CPU name 为"SysCpu"。在有多个 CPU 的 Nios Ⅱ系统中,此处可以允许设计者选定当前的 CPU 名称。输入应用工程名称"LightRun",在工程模板 Project template 列表中选择"Hello World"工程模板后,单击"Finish"按钮完成创建 LightRun 应用工程和 LightRun_bsp 工程。展开 LightRun 后,双击"hello_world. c"后的 Nios Ⅱ SBT 界面如图 5-26 所示。

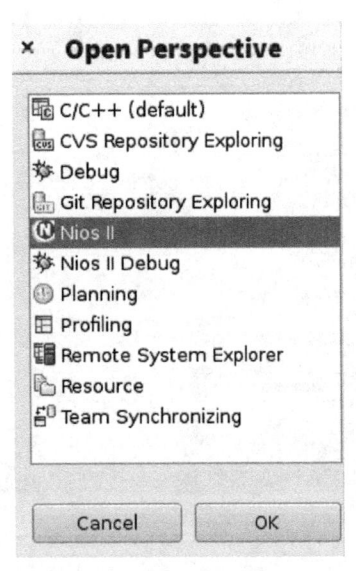

图 5-24 选择 Nios Ⅱ视图

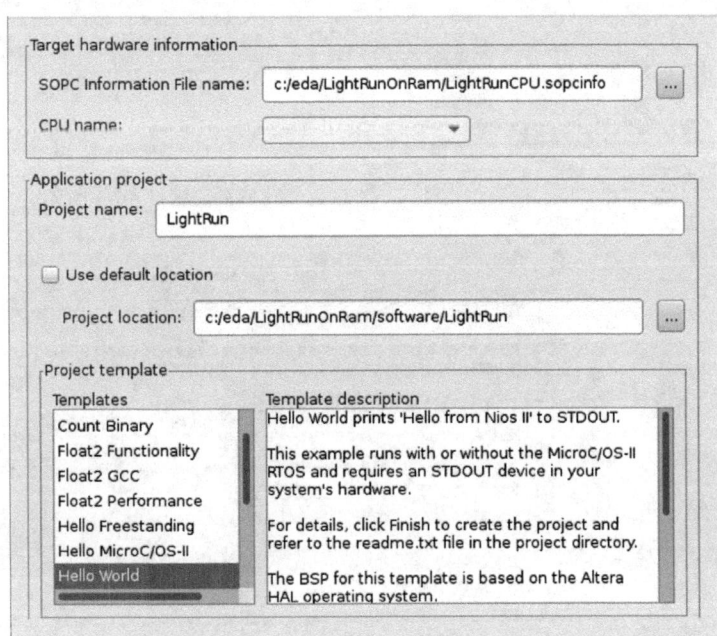

图 5-25 创建应用工程向导

第5章 EDA技术工程应用实例

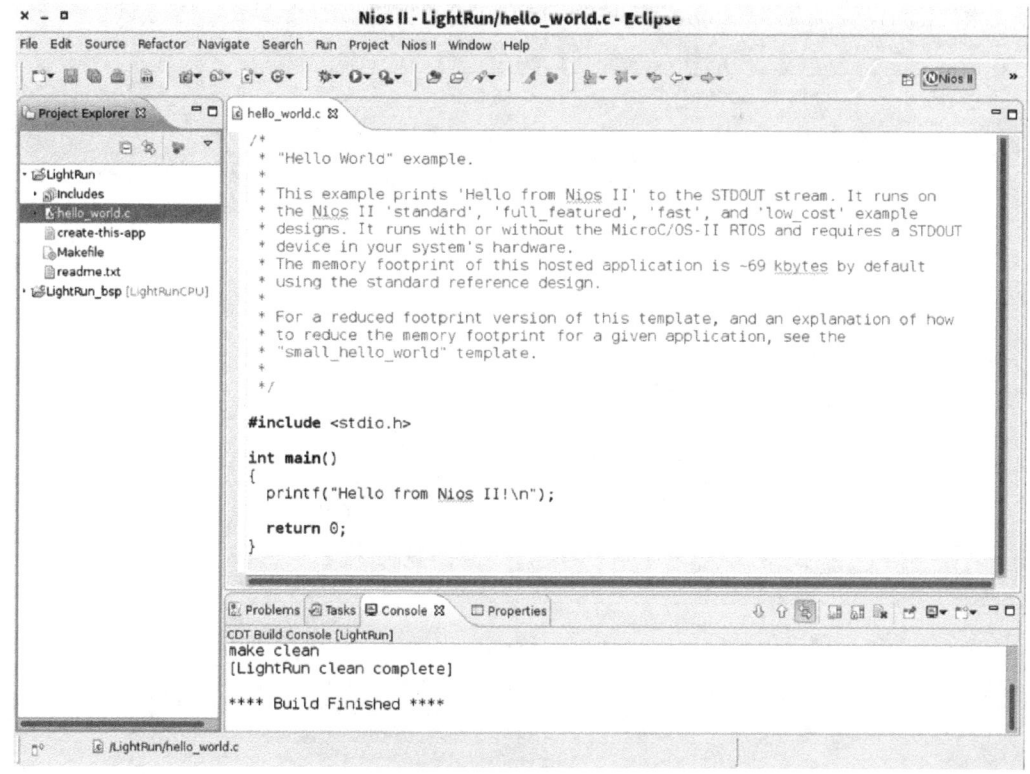

图5-26 创建完工程后的 Nios Ⅱ SBT 界面

右键单击"LightRun_bsp",在快捷菜单中选择"Nios Ⅱ"→"BSP Editor",打开"Nios Ⅱ BSP Editor"对话框。在如图5-27所示的"Main"选择卡中,勾选"enable_reduced_device_drivers"复选框精简系统驱动;勾选"enable_small_c_library"复选框精简c库;勾选"enable_exception_stack"复选框使能异常堆栈;勾选"enable_interrupt_stack"复选框使能中断堆栈。选择 timestamp_timer 为"SysTimer"。此页面还设置系统的标准输出组件为 JTAGDebug,该设置主要是设计者在编程中使用 printf()函数时,输出的结果从 JTAGDebug 送达 PC 的调试窗口;还设置了各堆栈的位置为 ext_sdram,大小为1024B。单击"Drivers"选项卡,勾选"enable_small_driver"复选框进一步缩小系统驱动的大小。单击"Generate"按钮重新生成 BSP 后,单击"Exit"按钮退出。修改过 BSP 后,需在 LightRun_bsp 上单击右键,选择"Build Project"重新生成。然后,右键选择"LightRun",单击"Build Project"生成可编程的 elf 文件。最终的"Console"窗口会提示如下信息。

Info:(LightRun.elf)8860 Bytes program size(code + initialized data)。

Info:28 KBytes free for stack + heap。

Info:Creating LightRun.objdump。

这说明,最终形成的可编程文件大小为8860B,可供堆栈使用的空间大小为28KB。

右键单击"LightRun",选择"Run As"→"Run Configurations",打开"运行配置"对话框。在左侧的 Nios Ⅱ Hardware 上右键单击,选择"New"新建一个 Nios Ⅱ 硬件配置副本,在右侧的 Name 中输入"LightConfig"。在"Project"选项卡中,设置当前硬件上运行的应用工程名及 ELF 文件的位置,如图5-28所示,单击"Apply"应用设置。在"Target

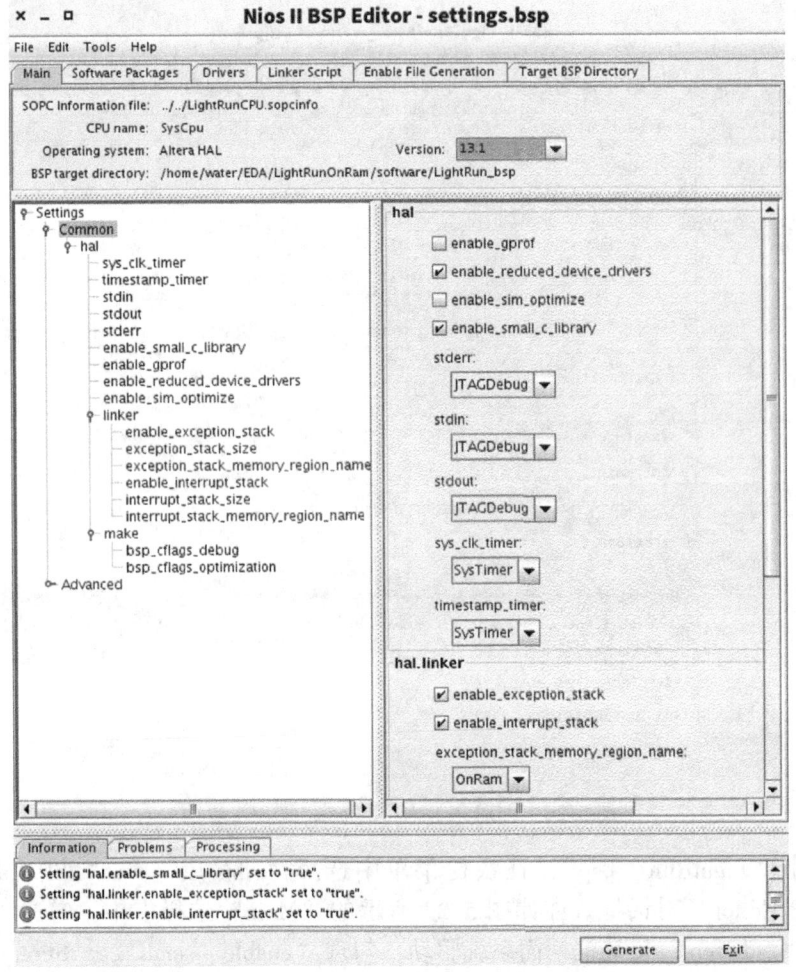

图 5-27 "Main"选项卡

Connection"选项卡中,单击"System ID Properties"弹出如图 5-29 所示的对话框,查看当前应用工程针对的系统 ID 和当前连接的硬件系统的 ID 是一致的。没有红色错误提示后,单击"Run"按钮下载程序至 FPGA 进行运行验证,前提一定是此时的跑马灯硬件系统已经下载至 FPGA。

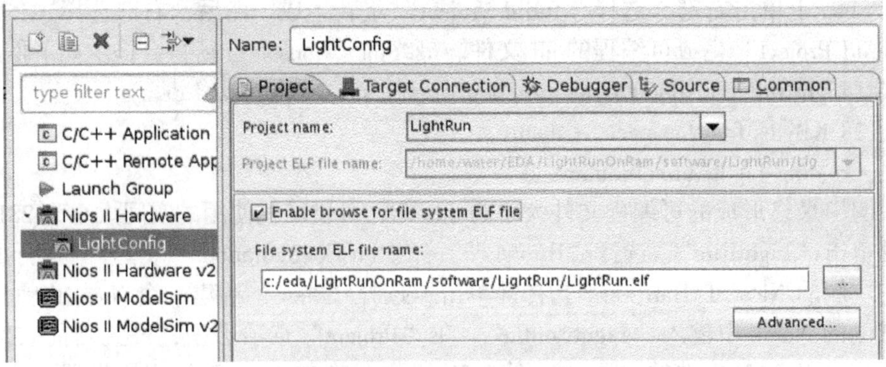

图 5-28 运行 Nios Ⅱ 硬件配置

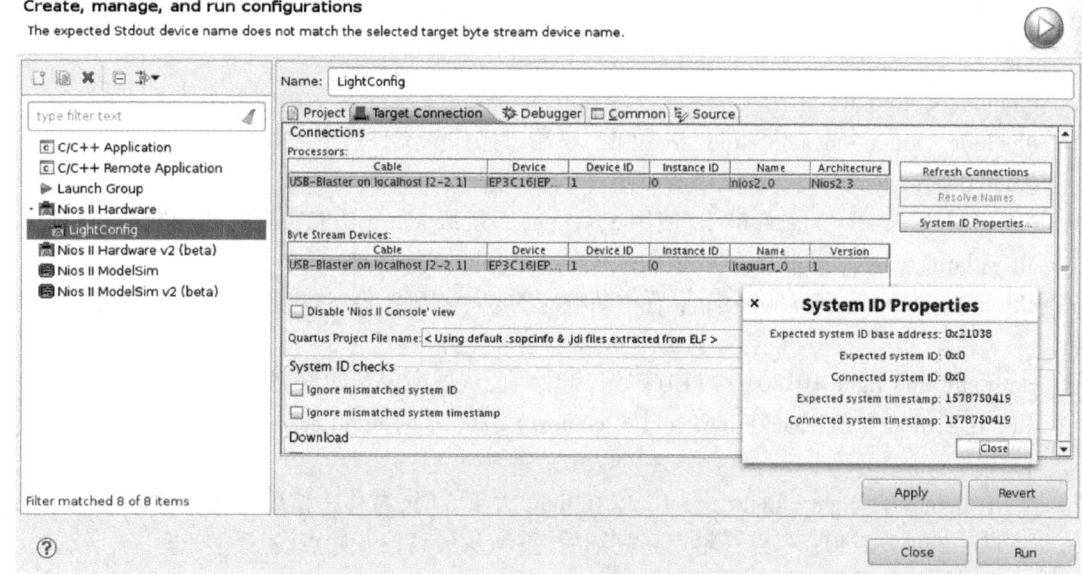

图 5-29　查看系统 ID 属性

下载成功后，如图 5-30 所示的"Console"窗口有相应的提示信息。图 5-31 中展示了跑马灯软件系统返回的由语句"printf（"Hello from Nios Ⅱ！\n"）;"执行带来的返回结果。这个结果正确出现的前提是图中 JTAGDebug 的正确设置。

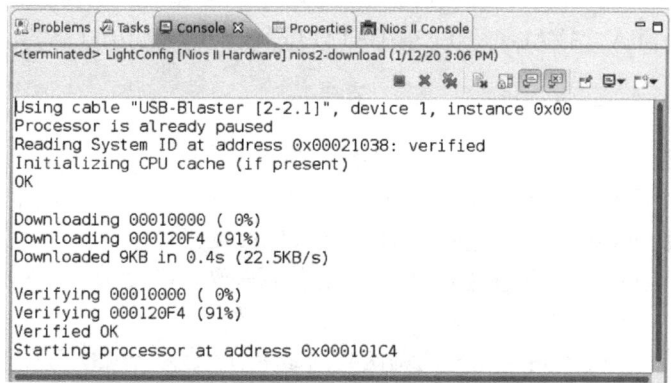

图 5-30　跑马灯软件系统下载成功

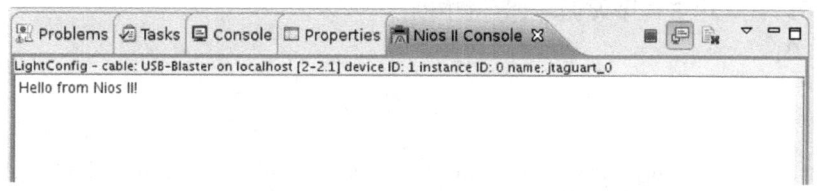

图 5-31　跑马灯软件系统返回的信息

跑马灯的流水闪亮功能需要一个定时中断控制，此处必须使用系统的定时器 SysTimer。可以从寄存器控制级别和系统级别来实现，具体可参考定时器的手册。此处选用系统级别实现 0.5s 中断，然后在中断服务子程序中利用移位控制 LED 的亮灭来实现跑马灯。

具体程序为：

```c
#include <stdio.h>
#include "altera_avalon_pio_regs.h" //端口操作头文件
#include "system.h" //系统中所有组件的相关信息
#include "sys/alt_alarm.h" //使用 SysTimer 系统级 alarm 功能实现定时中断
alt_alarm timer_addr;      //指向结构体 alt_alarm 的指针
alt_u32 ticks_num = 500; //设置中断响应的频率,每隔 500 次响应,则时间间隔为 500×
                           1ms = 0.5s
static alt_u8 light = 0x80; //LEDS 端口起始值,从最高位开始点亮
alt_u32 timer_CallBackFunc(void * context) //0.5s 时间间隔到达后的中断响应程序
{
    if(light > 0) light = light >> 1; //在 light 大于 0 时,右移一位后送往 LEDS 端口
    else light = 0x80; //当一轮点亮完毕后,重新从最高位开始点亮
    IOWR_ALTERA_AVALON_PIO_DATA(LEDS_BASE, light);
    return ticks_num;//返回下一次 sys_clk_timer 服务的 ticks_num
}
int main()
{
    printf("Hello from Nios Ⅱ ! \n"); //向 Nios Ⅱ SBT 输出提示信息
    IOWR_ALTERA_AVALON_PIO_DATA(LEDS_BASE, 0xff); //给 LED 赋全亮初值

    /*
     * 函数功能:启动 sys_clk_timer 服务
     * 函数备注:#include "sys/alt_alarm.h"
     * 入口参数:timer_addr,指向结构体 alt_alarm 的指针
     *         ticks_num,每隔 ticks_num 执行一次回调函数
     *         timer_CallBackFunc,用户回调函数
     *         context,传给用户回调函数的参数,此处为 NULL
     */
    alt_alarm_start(&timer_addr, ticks_num, timer_CallBackFunc, NULL);
    while(1); //让主程序死循环,等待中断
    return 0;
}
```

请打开/LightRun_bsp/drivers/inc/altera_avalon_pio_regs.h、/LightRun_bsp/system.h、/LightRun_bsp/HAL/inc/sys/alt_alarm.h 三个文件深入研读。深刻理解一个 SOPC 软件系统实现的 bsp 结构。详细的内容可以具体参考各个组件的使用手册。

选择"Project"→"Build All"对工程进行完全编译。如果硬件系统有修改，则需要选择"Project"→"Clean"对工程进行完全清理，然后在工程的 bsp 上右键选择"Nios Ⅱ"→

"BSP Editor",重新设置和生成（generate），最后再选择"Build All"。

按照上述调试跑马灯软件系统步骤下载程序至 FPGA 后,你会发现 8 个 LED 会完美实现跑马灯功能。

程序的烧写固化,只能利用 FPGA 的外置配置芯片 EPCS4（不同的板子,外置配置芯片的型号不同）。本例中的软件程序代码是放置在片上的 OnRam 中的,故需要生成 Ram 的初始化数据,放入 Quartus Ⅱ 工程,统一编译成 sof 文件后,再转换为 pof 文件,烧写进 FPGA 的外置配置芯片 EPCS4,如图 5-32 所示。

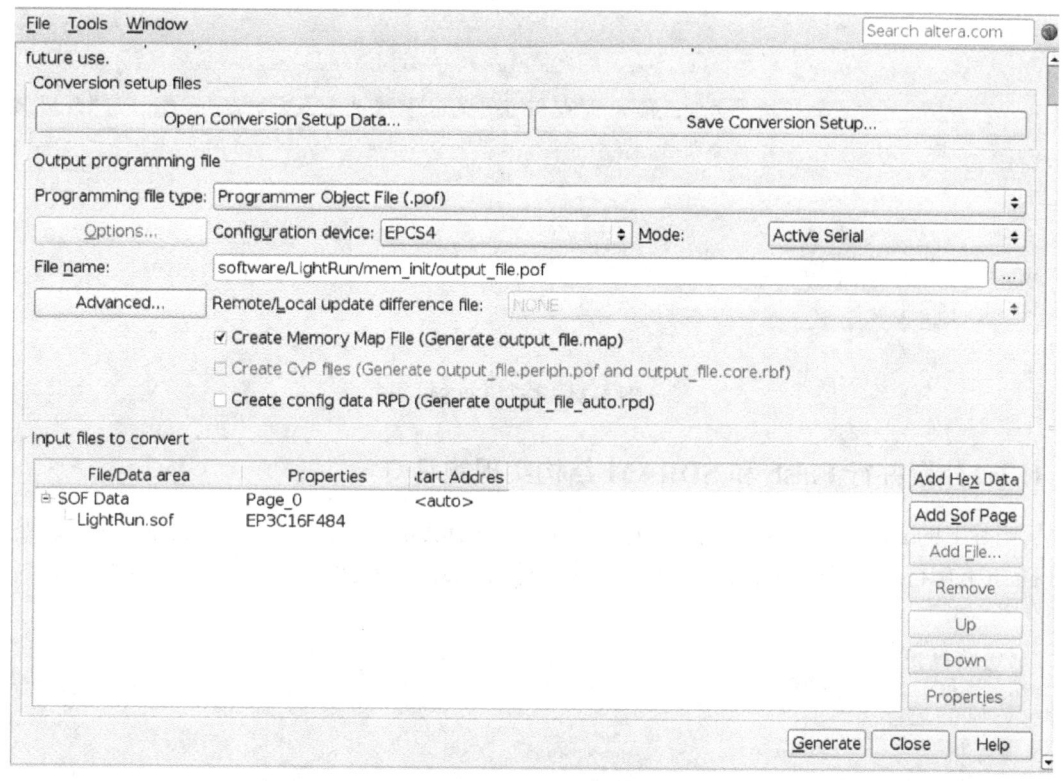

图 5-32 生成 pof 文件

在 Nios Ⅱ SBT 的 Project Explorer 中的 LightRun 目录上,右键选择"Make Targets"→"Build…",然后在"Make Targets"窗口中选择"mem_init_generate"（见图 5-33）,生成 OnRam 所需要的初始化数据/LightRun/mem_init/LightRunCPU_OnRam.hex,注意此时的 LightRun 目录下应该会有 mem_init 目录。在 Quartus Ⅱ 工程中添加 software/LightRun/mem_init/meminit.qip 后全编译。

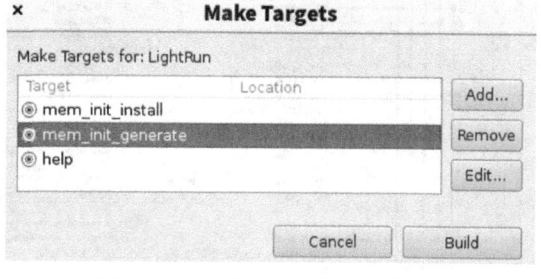

图 5-33 生成 OnRam 初始化数据

全编译成功后,在 Quartus Ⅱ 中选择"File"→"Convert Programming Files…"打开窗口图,设置配置器件（configuration device）为"EPCS4",模式（Mode）为"Active Serial",添加 LightRun.sof（"Add File"按钮）后,单击"Generate"按钮生成 software/Light-

Run/mem_init/output_file.pof。重新打开下载器,如图 5-34 所示,设置 Active Seriel Programming 模式后,添加对应的 output_file.pof 文件,勾选"Program/Configure""Verify"和"Blank-Check"复选框后,单击"start"按钮开始下载。如果板子有调试(RUN)和编程(PROG)模式,请注意切换至 PROG 模式后,重新上电才可以对 EPCS 进行烧写。

下载成功后,重新上电运行即可实现跑马灯。

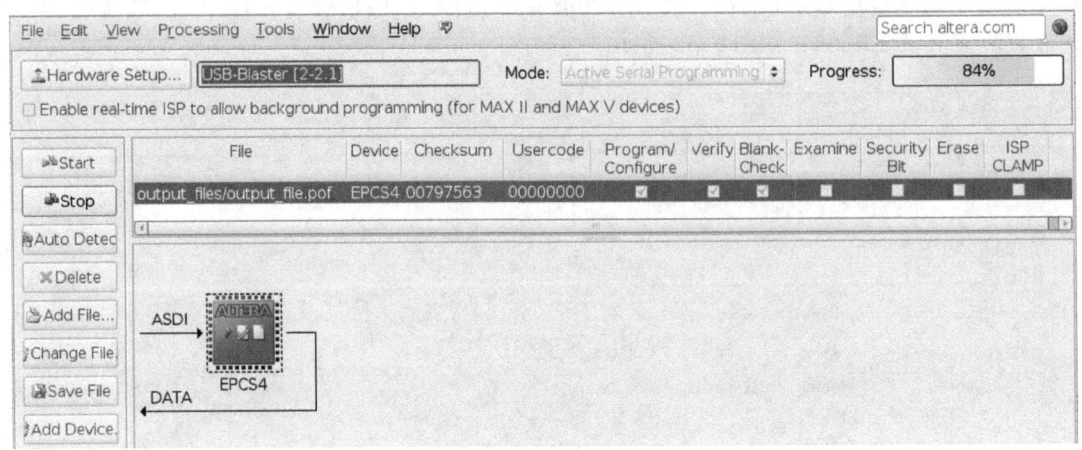

图 5-34 烧写 EPCS4

5.1.3 外置并行 Flash 和 SDRAM 结构实现跑马灯

当片上的 ram 无法满足要求的情况下,外置的 SDRAM 和外置的 Flash 就是不二选择。外置的 Flash 有串行的 EPCS(5.1.4 节会介绍)和并行的 Flash。最终的 Qsys 界面如图 5-35 所示。

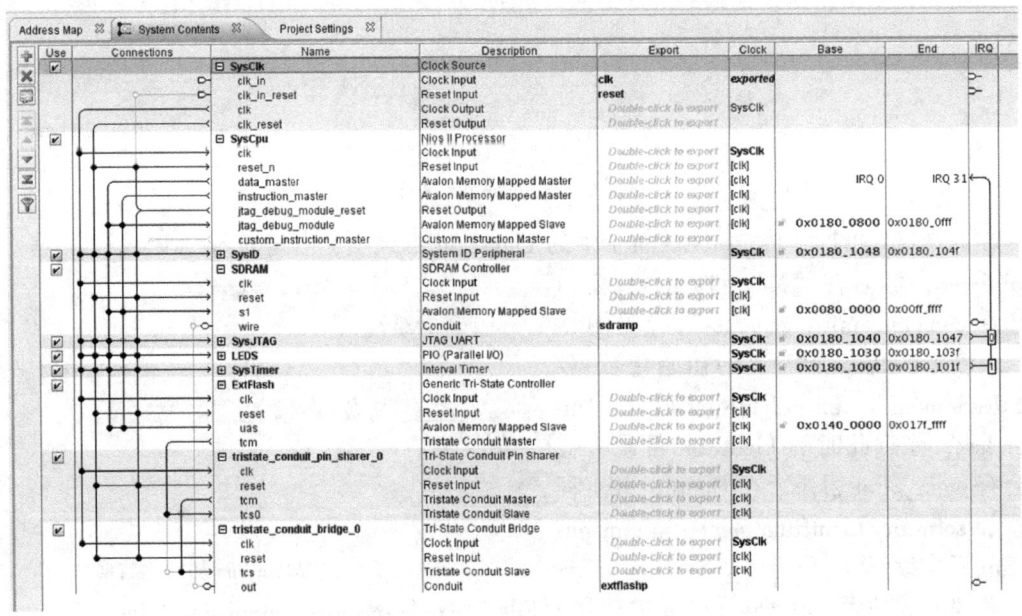

图 5-35 外置 SDRAM 和外置并行 Flash + FPGA 结构的硬件系统

在 5.1.3 节的硬件系统结构上，移除 OnRam，添加外置 SDRAM 控制器和外置并行的 Flash 控制器"ExtFlash"及通道三态桥"tristate_conduit_bridge_0"和通道总线共享三态桥"tristate_conduit_pin_sharer_0"。注意 ExtFlash 的 uas 连接至 SysCpu 的数据和指令端口，tcm 连接至 tristate_conduit_pin_sharer_0 的 tcs0，tristate_conduit_pin_sharer_0 的 tcm 连接至 tristate_conduit_bridge_0 的 tcs，tristate_conduit_bridge_0 的 out 设置为连接外置并行 Flash 的 extflashp 端口。

其中 SysCpu 的复位和执行的初始地址设置如图 5-36 所示。SysCpu 复位至系统程序的存放处 ExtFlash 的 uas，执行却在 SDRAM 的 s1，表示系统复位后，SysCpu 会读取 ExtFlash 中的代码至 SDRAM 中执行。可以理解为，此处的外置并行 Flash 对应 PC 中的硬盘，而外置的 SDRAM 相当于 PC 机中的内存。

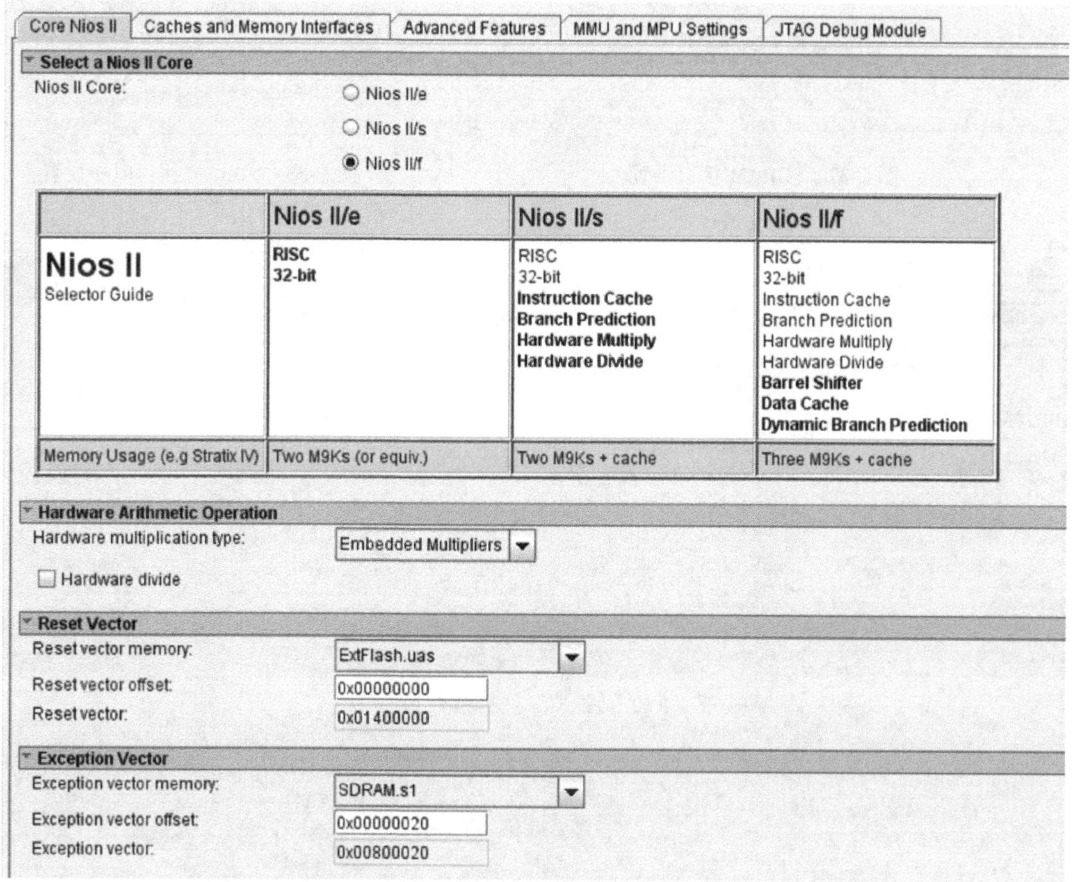

图 5-36　SysCpu 的复位和执行的初始地址设置

SDRAM 接口设置如图 5-37 所示，具体请根据选用的板子进行调整。SDRAM 的时序设置如图 5-38 所示，具体请根据板载的 SDRAM 数据手册进行微调。其中 SDRAM 的输入时钟取自 5.1.2 节中介绍的 PLL 设置的 clk c1，注意时钟频率与 SysCpu 的时钟频率相同，但是相位延时是 −60 度。

图 5-39 为 ExtFlash 的接口设置，图 5-40 为 ExtFlash 的接口时序设置（需手动输入），图 5-41 为 ExtFlash 的接口极性设置。以上请深入阅读板载的 Flash 使用手册后进行设定。

图 5-42 和图 5-43 分别对应三态桥设置。其中图 5-42 需要单击"Update Interface Table"按钮更新接口信息。

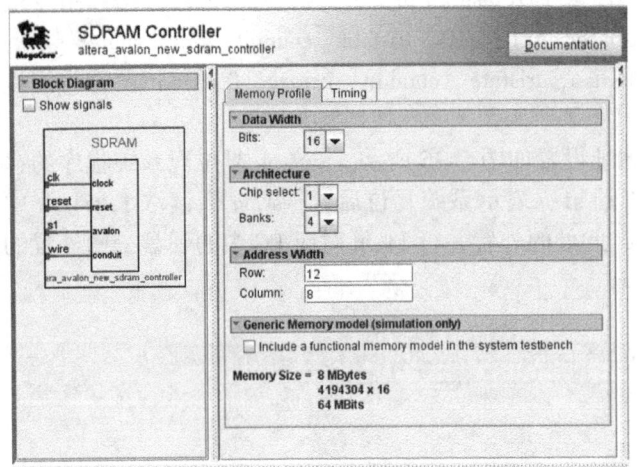

图 5-37　SDRAM 接口设置

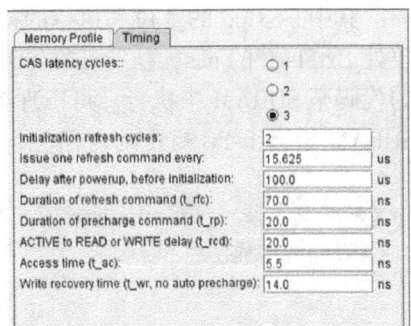

图 5-38　SDRAM 接口时序设置

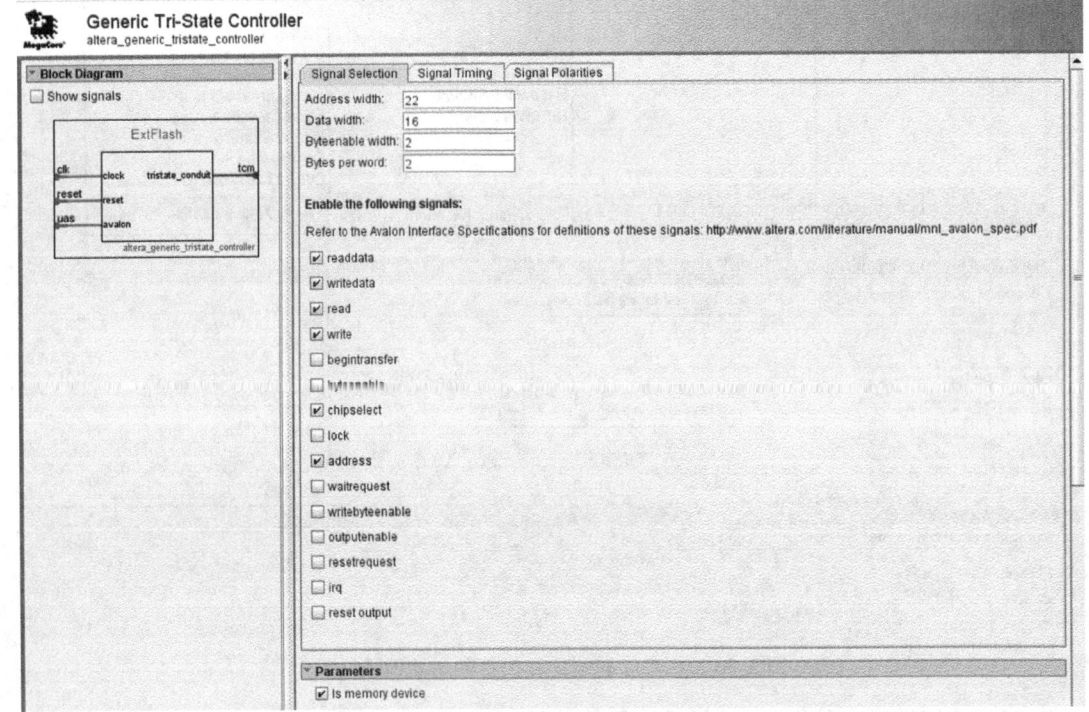

图 5-39　ExtFlash 接口设置

另外，对于外部并行 Flash 的使用，请注意在字模式下，ExtFlash 的输出地址第 1 位与外部并行 Flash 的第 0 位地址对齐；在字节模式下，ExtFlash 的输出地址第 0 位与外部并行 Flash 的第 0 位地址对齐（此处请切记，不然会导致能运行软件系统，但是不能烧写进外置 Flash 的情况，报 8 号错误）。

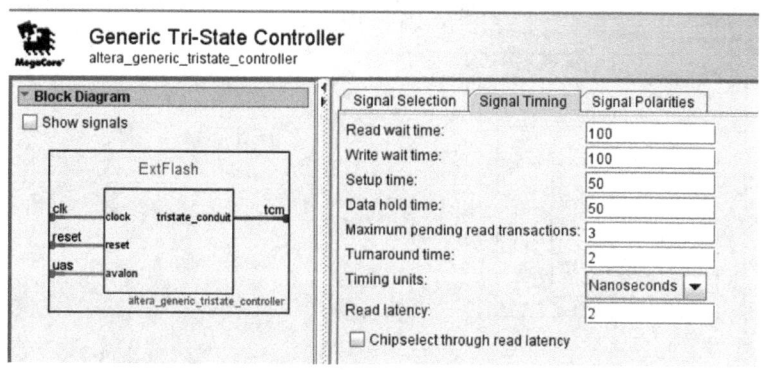

图 5-40　ExtFlash 接口时序设置

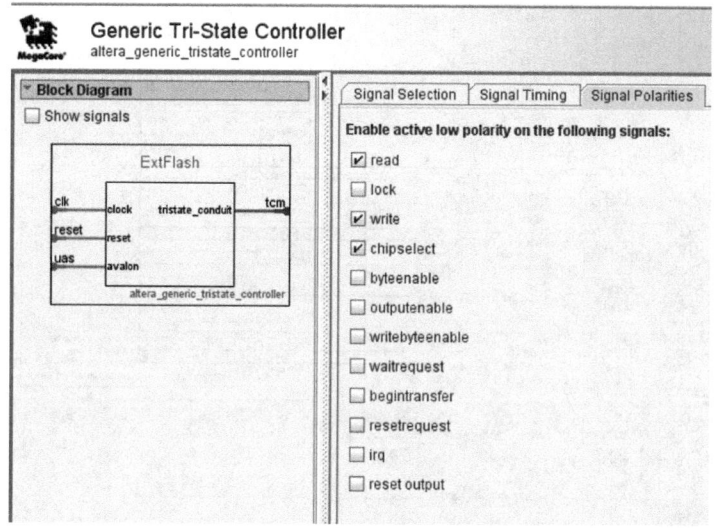

图 5-41　总线极性设置

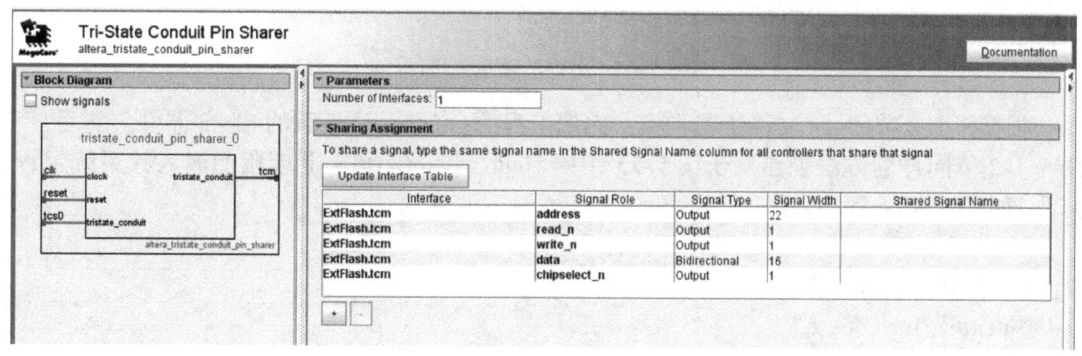

图 5-42　tristate_conduit_pin_sharer_0 端口设置

图 5-44 为最终的顶层原理图，请注意图中 FlRd（Flash Ready 信号）悬空，FlByteN（Flash Byte Enable 信号）、FlRstN（Flash Reset Enable 信号）和 FlWpN（Flash Wp Enable 信号）均置高电平。系统的复位脚 reset_reset_n 置高电平，没有使用输入复位引脚。

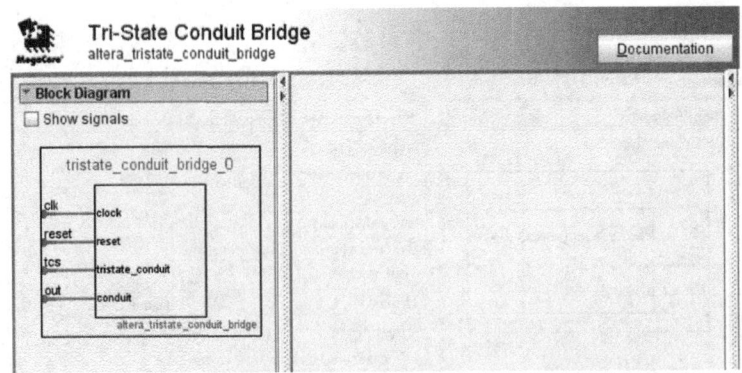

图 5-43 tristate_conduit_bridge_0 设置

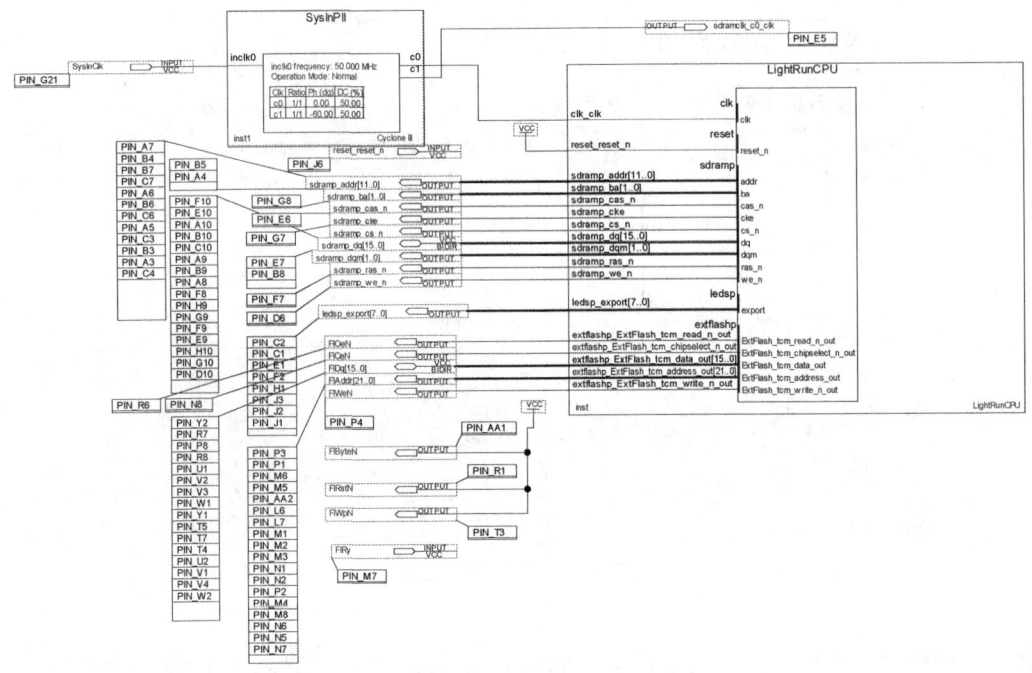

图 5-44 最终的顶层原理图

根据 5.1.2 节的 pof 文件烧写步骤,先把工程的 pof 烧写进板载的 EPCS 器件。然后,利用 5.1.2 节同样的方法创建基于图 5-25 中的 Hello MicroC/OS – Ⅱ 模版的嵌入式系统工程,修改 HelloWorld.c 程序为:

```
#include <stdio.h>
#include "includes.h"
#include <io.h>
#include <system.h>
/* 任务堆栈定义 */
#define    TASK_STACKSIZE    2048
OS_STK    task1_stk[TASK_STACKSIZE];
```

```c
OS_STK      task2_stk[TASK_STACKSIZE];

/*任务优先级定义*/

#define TASK1_PRIORITY      1
#define TASK2_PRIORITY      2
/*设定LEDS端口的初始值*/
volatile unsigned char light = 0x80;
/*任务1 输出Hello from task1*/
void task1(void * pdata)
{
    while(1)
    {
        printf("Hello from task1\n");
        OSTimeDlyHMSM(0,0,3,0);//延时3秒
    }
}
/*控制LED端口LEDS的输出值*/
void task2(void * pdata)
{

    while(1)
    {
        if(light>0)    //实现LEDS端口的输出值循环右移
            light = light >>1;
        else
        light = 0x80;
        IOWR(LEDS_BASE,0,light);            //控制LED亮灭,实现跑马灯效果
        OSTimeDlyHMSM(0,0,0,500);           //0.5秒延时

    }
}
/*主程序*/
int main(void)
{
    //任务1 创建
    ostaskcreateext(task1,
                null,
                (void * )&task1_stk[task_stacksize-1],
                task1_priority,
```

```
                task1_priority,
                task1_stk,
                task_stacksize,
                null,
                0);

    //任务2创建
    ostaskcreateext(task2,
                null,
                (void *)&task2_stk[task_stacksize-1],
                task2_priority,
                task2_priority,
                task2_stk,
                task_stacksize,
                null,
                0);
    OSStart();//系统启动
    return 0;
}
```

此时,在调试模式下,会看到8个LED按照跑马灯的样子开始循环点亮,且每隔3秒,在调试窗口得到"Hello from task1"信息。

在Nios Ⅱ SBT中,选择"Nios Ⅱ"→"Flash Programmer",打开"Nios Ⅱ Flash Programmer"窗口,然后选择"File"→"New",打开图5-45选定工程Flash的信息,可以从BSP设置文件中选定,也可以从工程的sopcinfo文件中选定。图中的目录请选定至正确的目录。

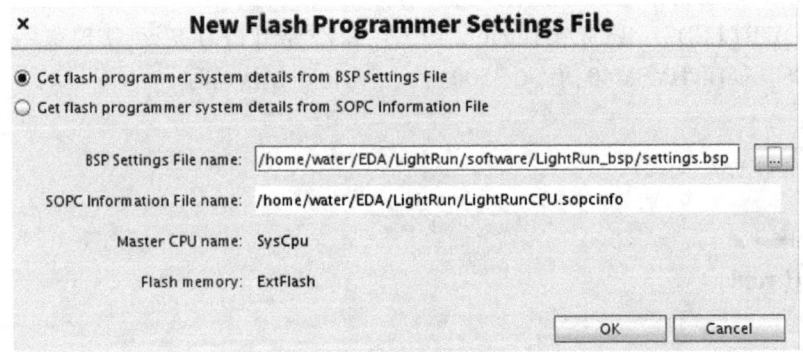

图5-45 选定工程的Flash信息

工程的Flash信息正确选定后,点击图5-46中"Add"按钮添加系统的软件代码elf文件,请注意目录。最后单击"Start"按钮进行Flash编程。一切顺利后,会有Success的提示。此处,另一个比较容易出错的地方是板载的硬件系统是否和软件系统匹配,即Connections

处的信息是否正确。

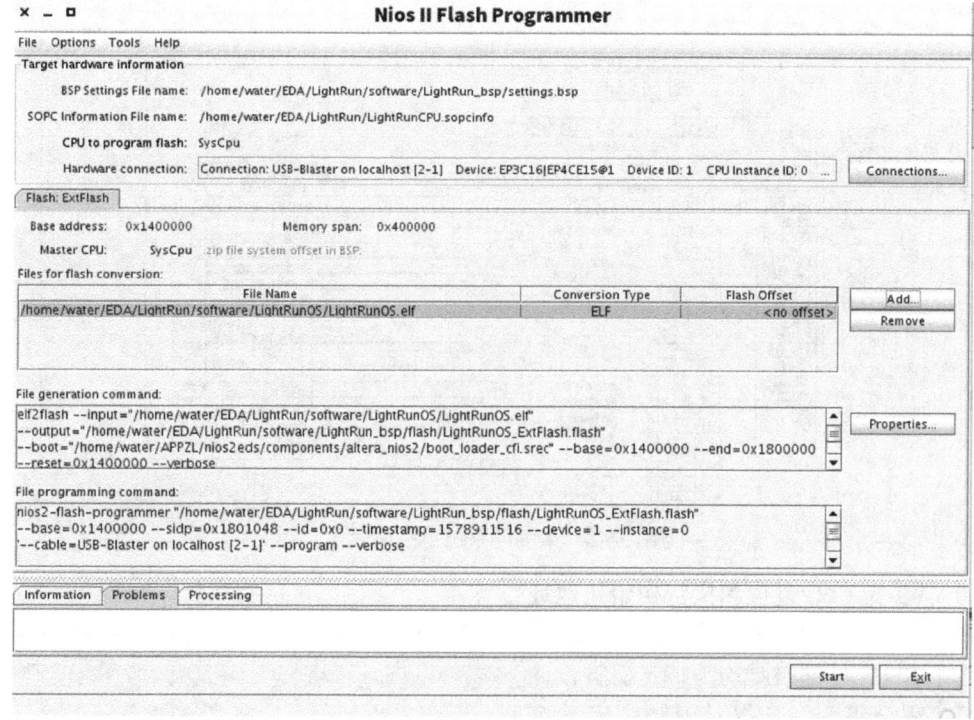

图 5-46　Flash Programmer 设定完成的界面

5.1.4　外置串行 EPCS 和并行 SDRAM 结构实现跑马灯

当系统中的 EPCS 芯片足够大时，可以考虑在保存了 FPGA 配置信息的剩余空间中存放应用系统程序，这样就可以省去使用外部 Flash，提供更多的可用引脚。为了对 EPCS 进行读写操作，需要在 5.1.3 节的 Qsys 系统中移除 Flash Memory Interface（CFI）控制器。选择 "Memorie and Memory Controllers" → "Flash Interfaces" → "EPCS Serial Flash Controller"，选择默认值添加到当前系统。如图 5-47 所示连接 EPCS 控制器到总线。最终的系统顶层原理图如图 5-48 所示。

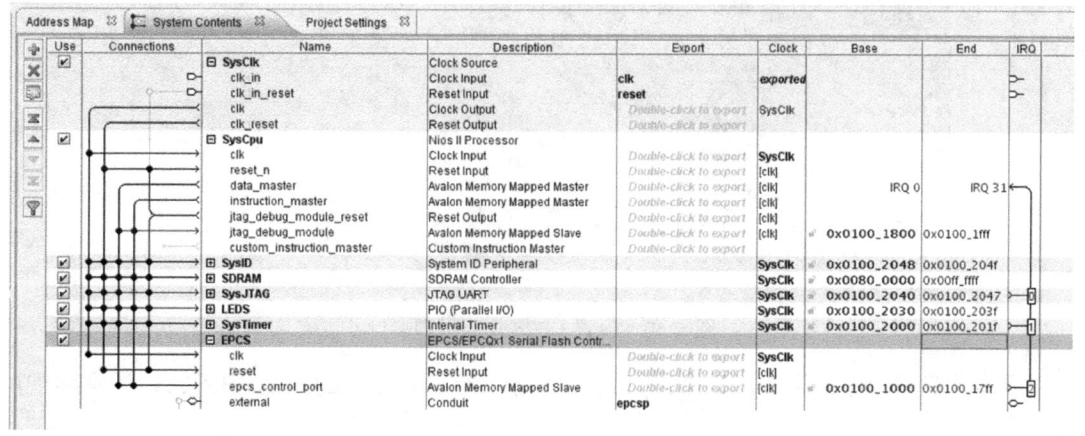

图 5-47　Qsys 界面

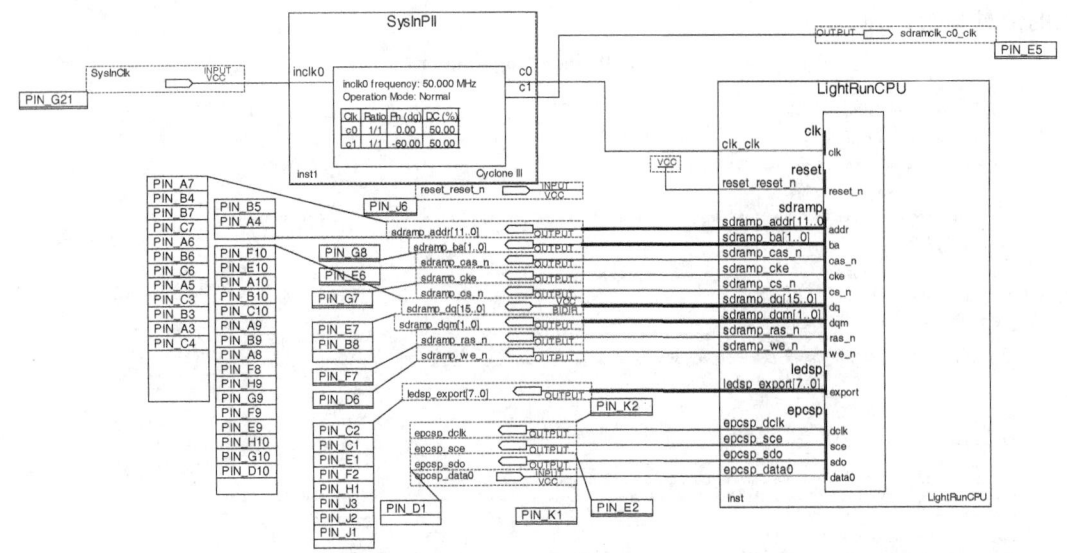

图 5-48 最终的系统顶层原理图

图 5-49 为 CPU 复位和执行初始化地址的设置。复位在 EPCS 中，执行在 SDRAM 中。由于 EPCS 外部引脚均为特定引脚，此时进行工程全编译，会提示引脚锁定冲突的信息。解决这一问题的方法就是选择工程窗口"Hierarchy"选项卡，双击"EP3C16E484C6"打开"器件（Device）"对话框，然后单击"Device and Pin Op-

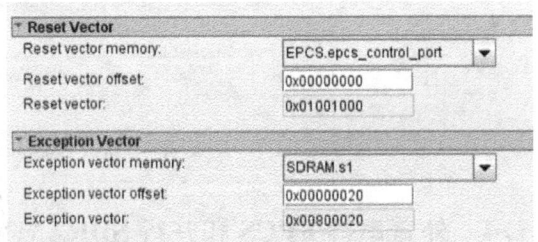

图 5-49 CPU 复位向量设置

tions"按钮打开如图 5-50 所示的对话框，选择"Dual-Purpose Pins"后设置右侧列表中的引脚均为普通端口（Use as regular I/O）。然后参照图 5-51 设置 FPGA 未用引脚。

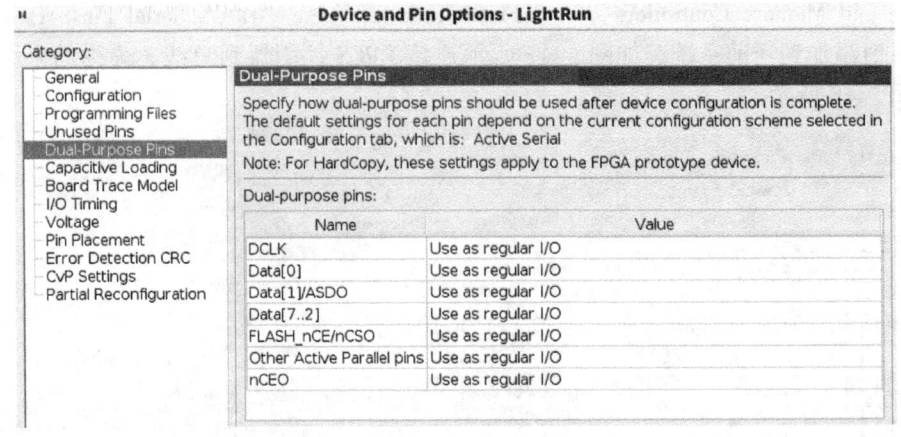

图 5-50 设置 EPCS 外部引脚端口

最终系统主程序采用寄存器操作方式实现定时器 SysTimer 的 0.5s 中断，请注意实现的基本流程：

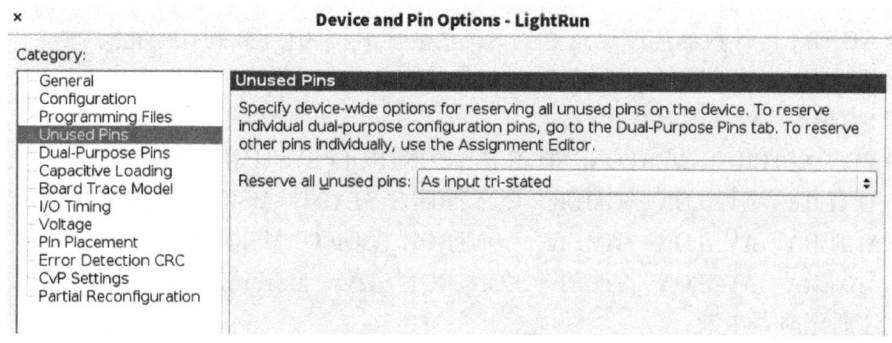

图 5-51　设置 FPGA 未用引脚

```c
#include <stdio.h>
#include "altera_avalon_pio_regs.h"
#include "system.h"
#include "altera_avalon_timer_regs.h"    // 定时器
#include "sys/alt_irq.h"                  // 中断
static alt_u8 light = 0x88;
void timer_CallBackFunc(void)
{
   //应答中断,将 STATUS 寄存器清零
    IOWR_ALTERA_AVALON_TIMER_STATUS(SYSTIMER_BASE,
     ~ALTERA_AVALON_TIMER_STATUS_TO_MSK);   // TO = 0
  if(light > 0) light = light >> 1;
  else light = 0x88;
  IOWR_ALTERA_AVALON_PIO_DATA(LEDS_BASE, light);
}
//定时器中断初始化
void Timer_Initial(void)
{
  //改写 timer_isr_context 指针以匹配 alt_irq_register() 函数原型
  void * isr_context_ptr = (void *) &timer_CallBackFunc;
  //设置 PERIOD 寄存器
  // PERIODH << 16 | PERIODL = 计数器周期因子 × 系统时钟频率因子 – 1
  // PERIODH << 16 | PERIODL = 500ms × 50MHz – 1 = 25000000 = 0x17d7840
  IOWR_ALTERA_AVALON_TIMER_PERIODH(SYSTIMER_BASE, 0x017d);
  IOWR_ALTERA_AVALON_TIMER_PERIODL(SYSTIMER_BASE, 0x7840);

  //设置 CONTROL 寄存器
  //位数 |  3  |  2  |  1  |  0  |
  // CONTROL | STOP | START| CONT | ITO |
```

```
    // ITO    1,产生 IRQ;                          0,不产生 IRQ
    // CONT   1,计数器连续运行直到 STOP 被置 1;    0,计数到 0 停止
    // START  1,计数器开始运行;                    0,无影响
    // STOP   1,计数器停止运行;                    0,无影响
    IOWR_ALTERA_AVALON_TIMER_CONTROL(SYSTIMER_BASE,
        ALTERA_AVALON_TIMER_CONTROL_START_MSK |  // START = 1
        ALTERA_AVALON_TIMER_CONTROL_CONT_MSK  |  // CONT = 1
        ALTERA_AVALON_TIMER_CONTROL_ITO_MSK);    // ITO = 1
    //注册定时器中断
    alt_ic_isr_register(
        SYSTIMER_IRQ_INTERRUPT_CONTROLLER_ID, //中断控制器标号,从 sys-
                                              //tem.h 复制
        SYSTIMER_IRQ,        //硬件中断号,从 system.h 复制
        timer_CallBackFunc,  //中断服务子函数
        isr_context_ptr,     //指向与设备驱动实例相关的数据结构体
        0x0);                // flags,保留未用
}
int main()
{
    printf("Hello from Nios II ! \n");
    IOWR_ALTERA_AVALON_PIO_DATA(LEDS_BASE, 0xff);
    Timer_Initial(); //初始化定时器中断

    while(1);
    return 0;
}
```

由于最后的 pof 文件和 elf 文件均是烧写进 EPCS 的,故整个系统的编程只需要在图 5-52 所示的 "Flash Programmer" 窗口中添加 sof 和 elf 文件,然后进行一次烧写即可。

小　　结

本案例从系统级别、寄存器级别和嵌入式级别实现了跑马灯。其硬件系统只能固化在 FPGA 外接的串行 EPCS Flash 中,但是软件系统的代码却可以选择固化在 FPGA 外接串行的 EPCS 和外接并行的 Flash 中。

特别是针对一些极小型的应用,只需要片上 RAM 就能满足要求时,Quartus II 工程中添加软件系统代码生成片上 RAM 的初始化数据后,只需要一个 pof 文件,在 Quartus II 中使用 Programmer 就可以完成整个系统的编程下载;当软件系统大到片上 RAM 不能满足要求时,如使用嵌入式系统,就必须使用外加的 SDRAM(PC 的内存)和并行 Flash(PC 的硬盘),此时的软件代码固化在外加的 Flash 上;其余的中型应用,可以采用外加 SDRAM 和 EPCS 的方式来

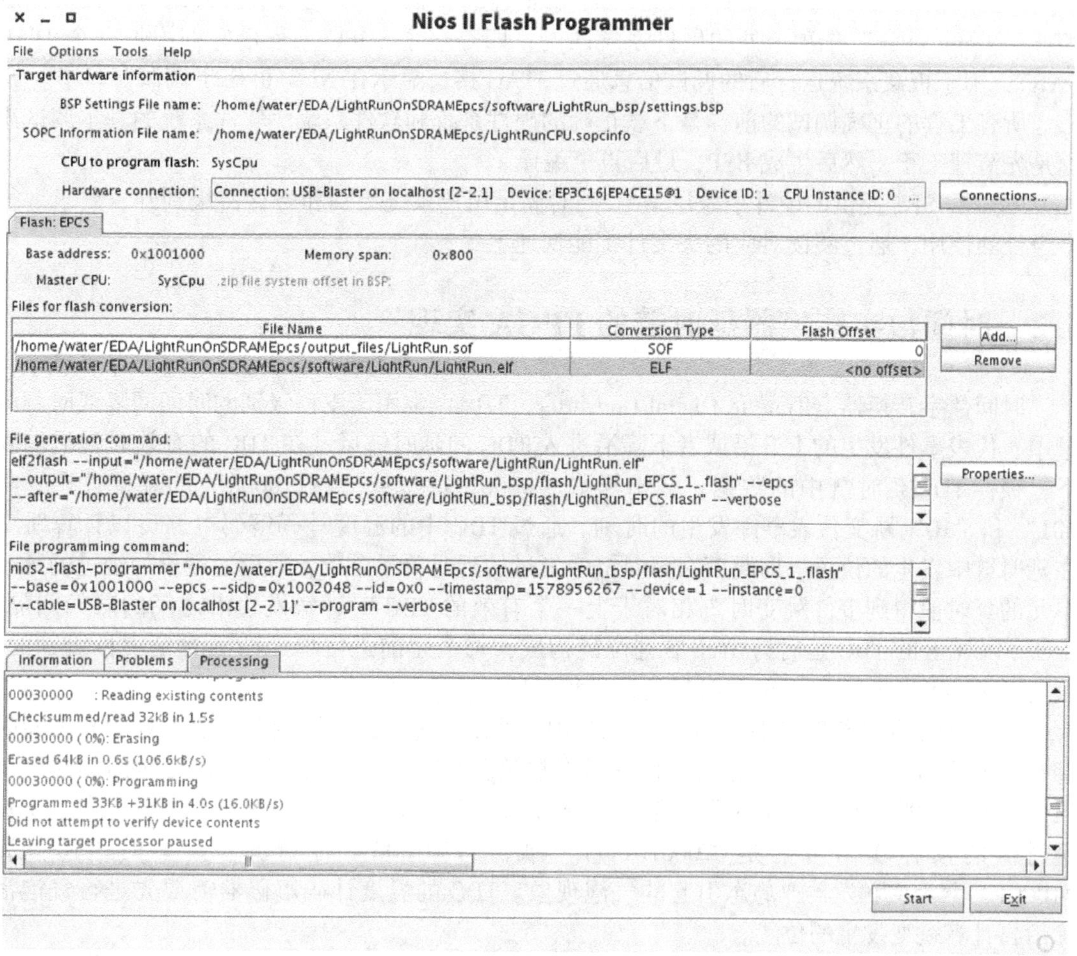

图 5-52 Flash 编程

实现,此时的硬件和软件系统全部需要使用 Nios Ⅱ SBT 下的 Flash Programmer 烧写进 EPCS。

在使用外加的 SDRAM 时,注意 SDRAM 时钟需要滞后 Nios Ⅱ 时钟 60 度;在使用外加的并行 Flash 时,需要注意字模式情况下,控制器输出的地址 0 需与外加并行 Flash 的地址 1 对齐连接,字节模式则无此地址对齐要求。另外,外接 SDRAM 和并行 Flash 的控制器内需要注意时序设置。在使用 EPCS 作为外接串行 Flash 来存放软件代码时,需要设定 EPCS 的专用引脚为普通引脚才能编程成功。

SOPC 工程中的 output_files 子目录存放的是硬件系统生成的 sof 和 pof 文件;software 子目录下放置着软件工程,其中带_bsp 的子目录下放置着工程配置信息,Flash Programmer 中会用到,而剩下的一个子目录下放置着软件系统代码 elf 文件;Qsys 创建的片上硬件系统单独对应一个子目录,子目录名字就是你的 Qsys 系统名称;modelsim 子目录下对应的是硬件系统仿真所需的各种文件,本章对 Nios Ⅱ 系统的仿真不做介绍,因为在负载的系统中,仿真的意义并不大。

Nios Ⅱ SBT 中开发的软件系统,需要注意的要点有:一是每次硬件系统有所改动后,需要对 BSP 重新设置并生成;二是在硬件系统改动或者编译有错误的情况下,需要对工程做一次全面清理（clean），然后再重新整体编译（build）；三是代码下载调试时，特别注意"Target Connection"选项卡处的硬件系统匹配；四是每个 SOPC 工程最好都添加一个 JTAG UART，用于板载系统运行后的调试信息通过 JTAG 接口显示在 Nios Ⅱ SBT 调试窗口中。

所有工程的正确调试的前提是下载正确的硬件系统和软件系统。软件系统的基本调试流程是先清理工程，然后生成 BSP，最后再全编译。

Nios Ⅱ SBT 提供的硬件抽象层 HAL 同时满足用户系统级别和寄存器级别开发要求。很多组件的使用，通过阅读对应的头文件都能快速上手。

5.2 时间数字转换器延时链的 FPGA 实现

时间数字转换器（Time to Digital Converter，TDC）常用于皮秒级别的时间间隔或时刻测量中。代表事件发生的上升沿或者下降沿进入 TDC 的延时链后，在 TDC 的有效时钟沿触发下，锁存 TDC 延时链中的数据，输出形如"00001111"或"11110000"的温度计码，其"01"和"10"跳变代表事件发生的时刻。通过 TDC 中的温度计码解码电路可以计算跳变在延时链中发生的位置，即跳变在延时链中走过的延时单元个数，最后通过累加经过的延时单元的延时值得到事件跳变时刻相对于上一个有效的 TDC 时钟触发边沿之间的时间间隔。由于 FPGA 上的 TDC 延时链由超前进位链构成，每个超前进位单元的延时是皮秒级别的，故基于 FPGA 实现的 TDC 的测时精度在皮秒级别。

使用有效的 TDC 时钟边沿锁存延时链中的"01"或"10"跳变，在跳变处的触发器时钟和输入数据 D 之间必然不能满足触发器正常触发所需要的建立时间和保持时间的时序约束，从而引发跳变处的一个或数个触发器输出处于亚稳态，即输出是随机的。这样，TDC 延时链的锁存输出可能是"000101111"或"11001000"等情况，其中的"10"和"10001"称为由触发器亚稳态引起的气泡现象。TDC 的温度计码解码器需要先进行气泡消除后再计算跳变发生的位置。

本节通过 TDC 延时链的构建和观测引领设计者掌握设计分区、综合适配结果保留、静态时序约束与分析、SignalTap Ⅱ 工具使用。最终帮助设计者进一步深入掌握 FPGA 的硬件资源分布、综合适配结果分析。

5.2.1 时序电路的建立和保持时间

时序电路分析中的重点是在满足建立和保持时间的情况下，获得最大的运行频率。一个简单的单周期路径如图 5-53 所示，其中，t_{dlc} 为时钟到达发射寄存器时钟脚上的延时时间；t_{co} 为发射寄存器的时钟脚上获得有效的时钟触发后，D 上的数据稳定出现在 Q 上的时间；t_{dd} 为发射寄存器 Q 上的数据传输到锁存寄存器 D 上的延时时间；t_{lt} 为时钟到达锁存寄存器时钟输入脚上的延时。

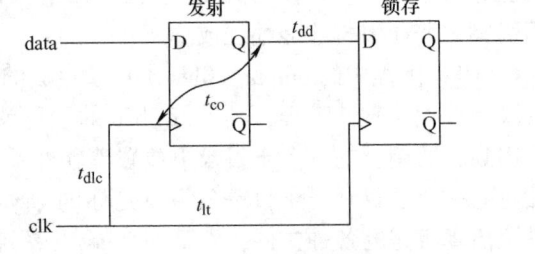

图 5-53 单周期路径

需要注意的是，发射时钟和锁存时钟的边沿之间在单周期路径中相差一个时钟周期 t_{clk}。具体的时序图如图 5-54 所示。锁存寄存器的时钟边沿想要正确的锁存数据，其边沿与数据的起始时刻之间必须大于最小建立时间 t_{su}，与数据的结束时刻之间必须大于最小保持时间 t_{hd}。寄存器的最小建立时间和最小保持时间可以通过查阅器件数据手册得到。

取 T_0 为发射源的时刻，则数据到达锁存寄存器的 D 端的时刻应该为：

$$T_{LD} = T_0 + t_{dlc} + t_{co} + t_{dd} \tag{5-1}$$

锁存寄存器的时钟脚时钟到达的时刻为：

$$T_{LC} = T_0 + t_{lt} + t_{clk} \tag{5-2}$$

它们需要满足建立和保持时间的约束：

$$T_{LC} - T_{LD} \geq t_{su} \rightarrow t_{lt} + t_{clk} - t_{dlc} - t_{co} - t_{dd} \geq t_{su} \tag{5-3}$$

$$T_{LD} + t_{clk} - T_{LC} \geq t_{hd} \rightarrow t_{dlc} + t_{co} + t_{dd} - t_{lt} \geq t_{hd} \tag{5-4}$$

不难看出，发射寄存器上的数据输出延时越大对满足锁存寄存器的保持时间越有利，但对满足建立时间约束要求越不利。故如何调和建立和保持时间的矛盾是时序电路设计优化的关键。从理论上来说，一个时序电路的最大运行频率取决于最小建立和保持时间之和的倒数。

$$f_{max} = \frac{1}{t_{su} + t_{hd}} \tag{5-5}$$

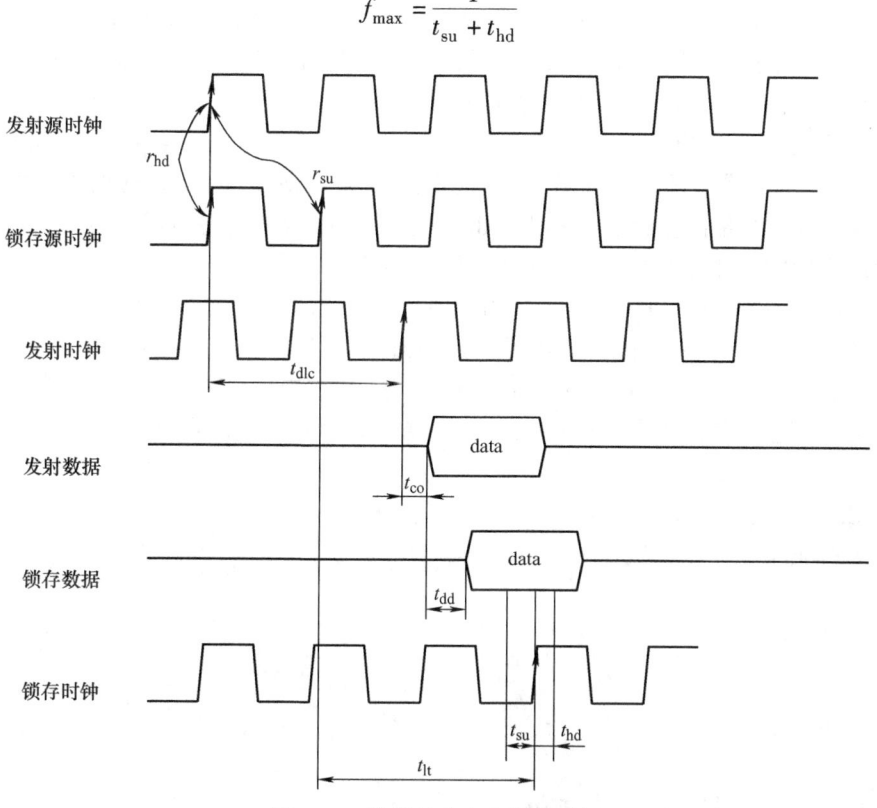

图 5-54 数据的建立和保持时间

5.2.2 TDC 延时链的构建

本节将使用时间数字转换器在 FPGA 中实现的例子来简单介绍逻辑锁定、时序分析和 SignalTap 等技术的基本使用。最终的 TDC 顶层原理图如图 5-55 所示。TDC 的核心思想是用 FPGA 内的 LUT 上延时在皮秒级别的单个超前进位链相级联，形成大于一个时钟周期的总的延时链。延时链通过锁定图 5-55 中 96 位加法器 delay：inst 的适配结果后，设定加数 b［95..0］为全"1"，a［95..1］为全"1"，a［0］为待测信号输入（图中为第二个锁相环 TestClk：inst3 的 c0 时钟输出，是为了测试和校准）。在具体应用的过程中，可以通过选择器控制 TDC 输入测试信号在外部输入端口 din 和 TestClk：inst3 的 c0 之间进行人工切换，如每次测试前使用 TestClk：inst3 的 c0 进行校准后，再切换到 din 外部输入端口进行测量，进一步消除环境干扰、温度变化等因素引起的延时链中的延时单元的延时误差。

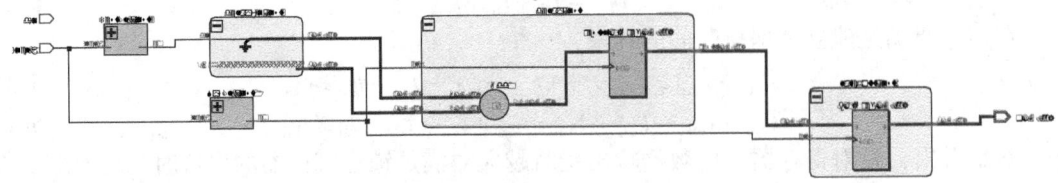

图 5-55　TDC RTL Viewer

在取得延时链总延时大于 SysClk：inst1 的时钟 c0 的时钟周期后，delay_in 的 din 上的待测输入信号的边沿在 delay 的延时链中从低位到高位传递的过程中，总是会被 SysClk：inst1 的时钟 c0 通过寄存器 delay 的 result［95..0］寄存器组捕捉到。但是 delay_in 的 din 上的跳变在被捕捉时总是违反寄存器的建立时间和保持时间的约束，即 delay 延时链上 din 跳变处的几个寄存器输出总是处于亚稳态，即这几个亚稳态寄存器的输出总是随机的。result［95..0］寄存器组的建立和保持时间越短，处于捕捉 din 跳变处的处于亚稳态的寄存器个数越少，这样测量误差越小。其中，din 边沿在延时链中传播时间长度为 din 边沿发生时刻与锁存成功的时钟边沿的上一个相邻边沿时刻的时间差。

delay 输出 result［95..0］的输出中的亚稳态对于 din 边沿位置在 delay 延时链中位置的确定是复杂的，故设计中使用二级寄存器 latchout 锁存后，防止 delay 输出 result［95..0］的亚稳态对后继的位置解码器组合逻辑电路的影响。

新建 TDC 工程，设置顶层文件为 delay.vhd，程序内容如下，实现一个 96 位二进制加法器。

libraryIEEE；
useIEEE.std_logic_1164.all；
useIEEE.numeric_std.all；

entity delay is

　generic
　（
　　DATA_WIDTH：natural：=96
　）；

　port
　（
　　clk：in std_logic；
　　a　　　：in unsigned（（DATA_WIDTH-1）downto 0）；
　　b　　　：in unsigned（（DATA_WIDTH-1）downto 0）；

```
    result: out unsigned ((DATA_WIDTH - 1) downto 0)
    );
end entity;
architecture rtl of delay is
begin
    process(clk)
    begin
        if (clk'event and clk = '1') then
            result <= a + b;
        end if;
    end process;
end rtl;
```

96 位的选择在后面的 TimeQuest 时序分析会有详细的叙述。综合成功以后，在 "Project Navigator" 窗口的 Hierarchy 选项卡中的 delay 实体上，右键选择 "Design Partition" → "Set as Design Partition"，然后继续选择 "Design Partition" → "Design Partition Properties"，打开 "Design Partition Properties"，按图 5-56 和图 5-57 设置 General 选项卡和 Advanced 选项卡，保留适配和路由结果，最后结果 Statistics 选项卡如图 5-58 所示。

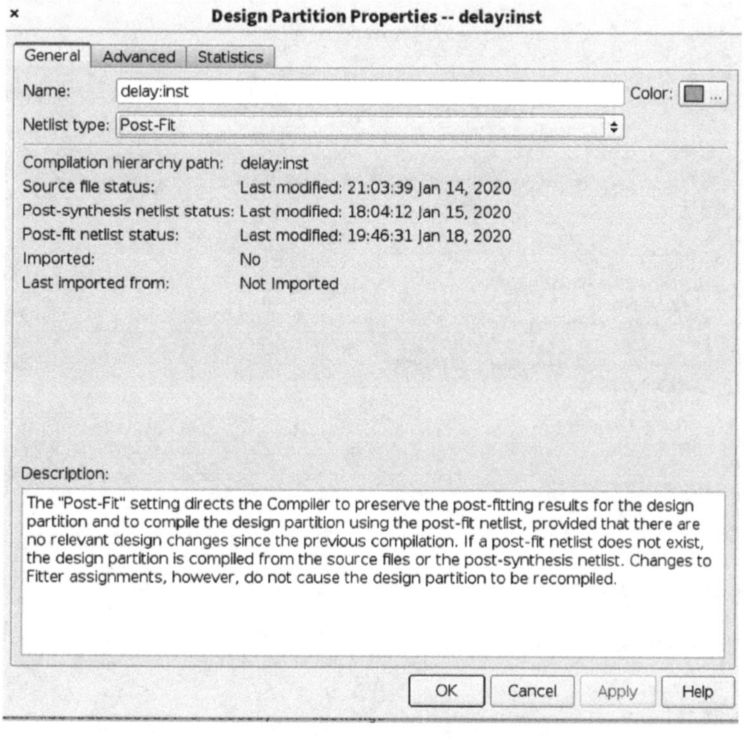

图 5-56　General 选项卡

按照图 5-55 设计 TDC 顶层原理图。其中 TDC 时钟 SysClk：inst1 的时钟 c0 的设置页面如图 5-59 所示；TestClk：inst3 的时钟 c0 的设置页面如图 5-60 所示。SysClk：inst1 的时钟 c0 的时钟频率设置为 333.3MHz，是为了满足延时链的总延时要大于 TDC 锁存时钟 SysClk：

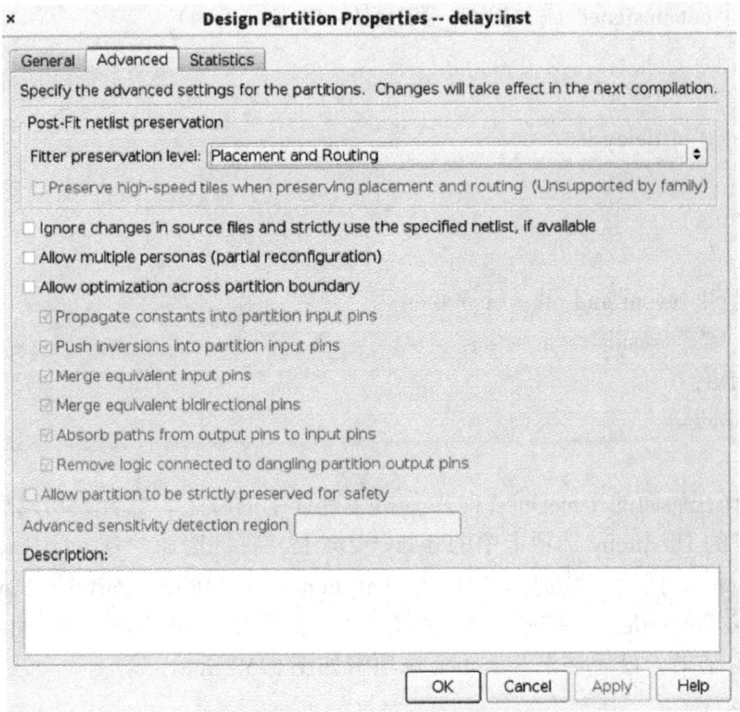

图 5-57　Advanced 选项卡

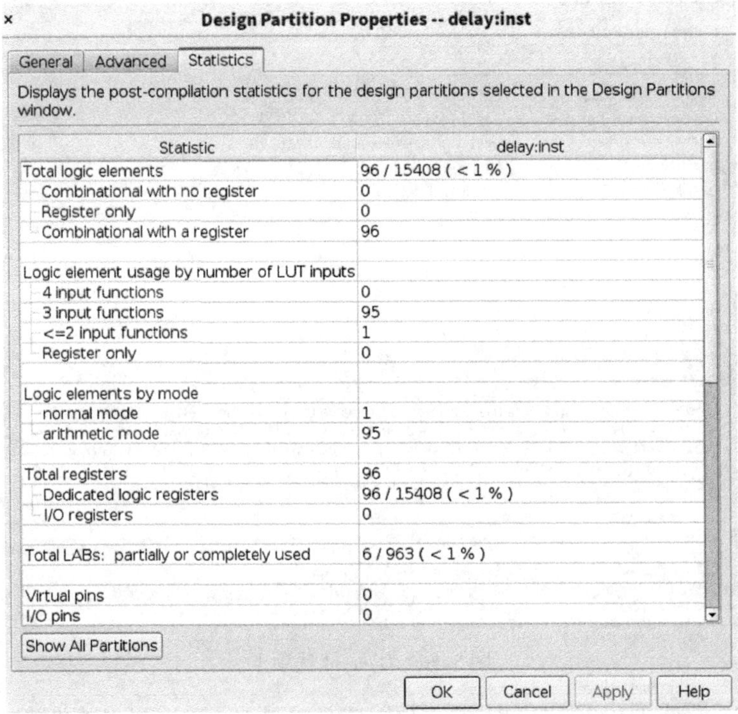

图 5-58　Statistics 选项卡

inst1 的时钟 c0 的时钟周期 3ns；TestClk：inst3 的时钟 c0 频率设置为 170MHz，是为了让校准时钟 TestClk：inst3 的 c0 的半个周期尽可能的覆盖延时链，其中延时 245.1ps 是为了避免校准时钟和锁存时钟的边沿对齐问题。

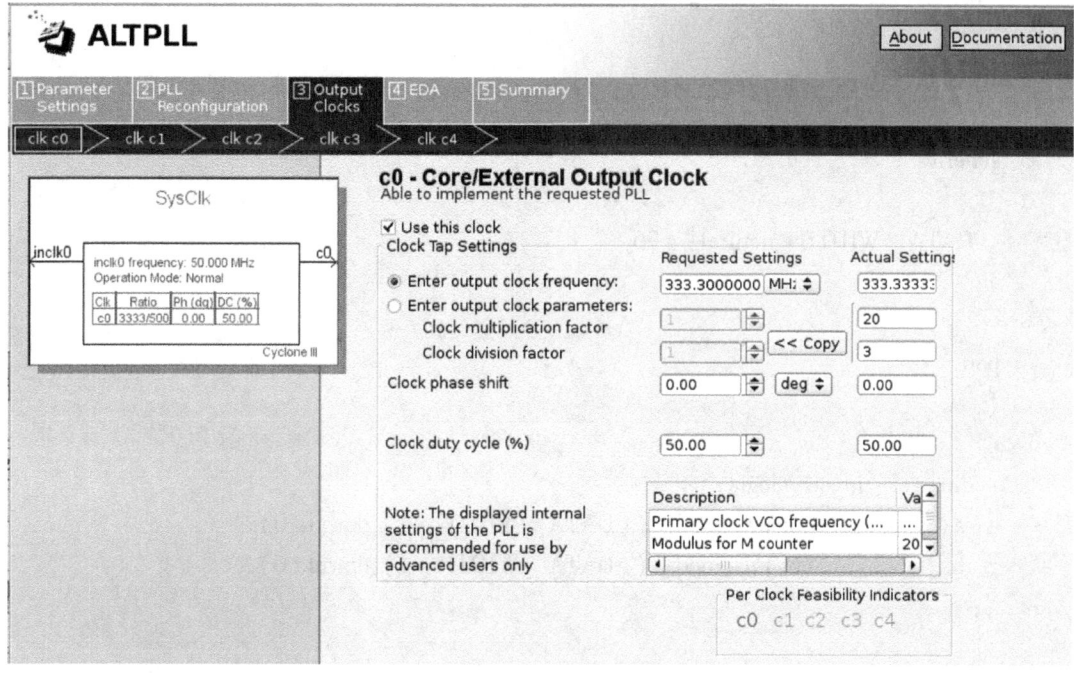

图 5-59 SysClk 的时钟 c0 设置

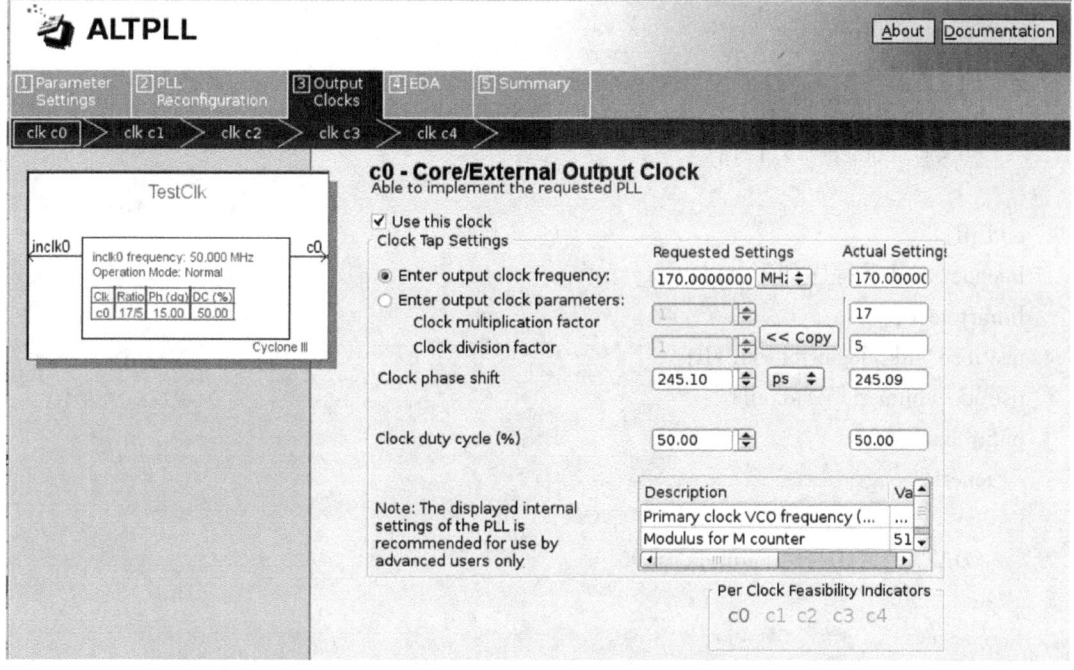

图 5-60 TestClk 的时钟 c0 设置

delay_in.vhd 源程序如下：
```vhdl
library IEEE;
use IEEE.std_logic_1164.all;
use IEEE.numeric_std.all;

entity delay_in is

   generic
 (
      DATA_WIDTH: natural: = 96
   );

   port
   (

      din       : in std_logic;
      a         : out unsigned ((DATA_WIDTH - 1) downto 0);
      b         : out unsigned ((DATA_WIDTH - 1) downto 0)
   );

end entity;

architecture rtl of delay_in is
begin
    a <= ((DATA_WIDTH - 1) downto 1 => '0', 0 => din);
    b <= (others => '1');

end rtl;
```
latchout.vhd 源程序如下：
```vhdl
library ieee;
use ieee.std_logic_1164.all;
use ieee.numeric_std.all;
entity latchout is
   generic
    (
      DATA_WIDTH: natural: = 96
   );

   port
    (
```

```
        clk        : in std_logic;
        a          : in unsigned   ((DATA_WIDTH-1) downto 0);
        b          : out unsigned  ((DATA_WIDTH-1) downto 0)
    );

end entity;

architecture rtl of latchout is
begin
    process (clk)
    begin
        if (clk'event and clk='1') then
                b <= a;
        end if;

    end process;

end rtl;
```

5.2.3　TDC 延时链的时序约束及时序分析

整体编译后，单击 ◎ 图标按钮打开"TimeQuest Timing Analyzer"。选择"Netlist"→"Create Timing Netlist"，按图 5-61 所示设置。其中网表（Netlist）有映射后 Post-map 和适配后 Post-fit 两种，一般设计比较关心适配后的结果，故选择 Post-map；而延时模型有几种选择，分别对应 FPGA 的几种工作状态，Slow-corner 对应 FPGA 的最坏工作状态，Fast-corner 对应 FPGA 最好的工作状态，Zero IC delays 对应的是 FPGA 理想的工作状态。设计一般选择 Fast-corner。点击 OK 按钮完成设置。

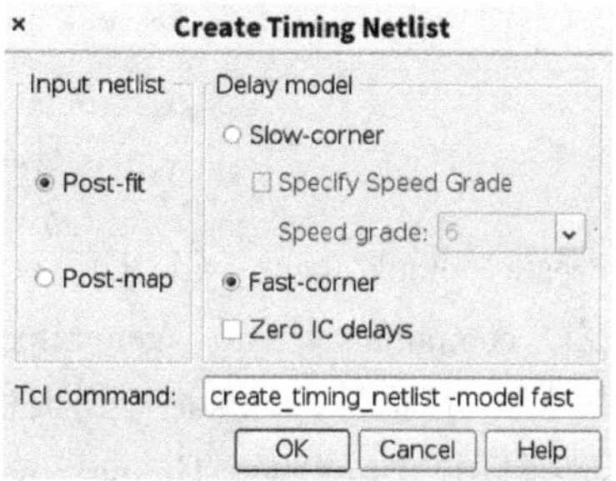

继续选择"Constraints"→"Create Clock"，打开设计时钟约束窗口，约束 TDC 的时钟 SysClk：inst1 的 c0 周期为 3ns，如图 5-62 所示。其中 Targets 中约束对象选择图 5-63 中的 Collection 中的 get nets、get keepers、get pins、get ports 和 get registers，如图 5-64 所示。其中：

图 5-61　"Create Timing Netlist"窗口

get keepers 表示所有 ports 或 registers。
get pins 表示 cells 的输入和输出。
get nets 表示 pins 之间的连接。
get ports 表示顶层实体的输入和输出。

单击图 5-62 中的"Run"按钮后，形成时钟约束；继续选择"Constraints"→"Write SDC File"形成"工程名.out.sdc"的约束文件，其中的约束语句如下：

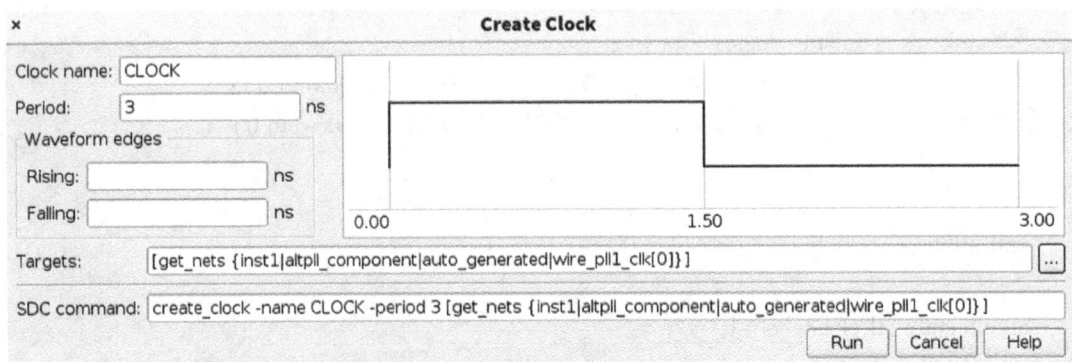

图 5-62 "Create Clock" 窗口

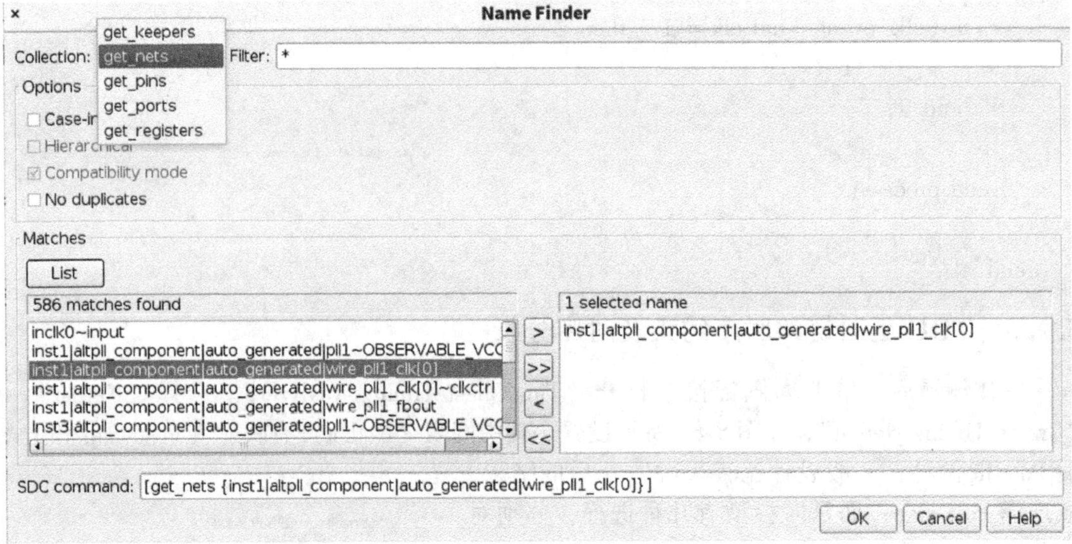

图 5-63 "Targets" 对象选择

create_clock-name {CLOCK} -period 3.000 -waveform { 0.000 1.500 } [get_nets {inst1 | altpll_component | auto_generated | wire_pll1_clk [0]}]

添加"工程名.out.sdc"到工程中后（图 5-65），全编译实现对时钟约束后的优化适配。重新打开 TimeQuest Timing Analyzer、Creating Timing Netlist 后，如图 5-66 所示，双击"Read SDC File"读入时序约束文件；双击"Update Timing Netlist"更新时序网表；双击"Report Path"按图 5-66 中的"Report Path"窗口，查看延时链第一个延时单元的输入脚 inst | result [0] ~96 | dataa 有关的 100 个（因为延时链长度为 96）路径。最终的"Report Path"窗口（见图 5-67）中会列出从 inst | result [0] ~96 | dataa 开始的 100 个路径信息；如图选中 result [95] ~reg0，下方的"Data Path"选项卡中会给出从 inst | result [0] ~96 | dataa 到 result [95] ~reg0 整个延时链路径经过的 FPGA 资源名称、坐标以及延时时间。例如，result [2] ~100 的 cin 到 cout 就对应一个延时单元的延时为 0.034ns，使用的 LUT 的坐标为 LCCOMB_X29_Y8_N4。当你使用不同的时序模型时，延时单元的延时会有很大出入，而且，随着环境噪声、温度等使用条件的变化，延时单元的延时也会有一定的出入，故

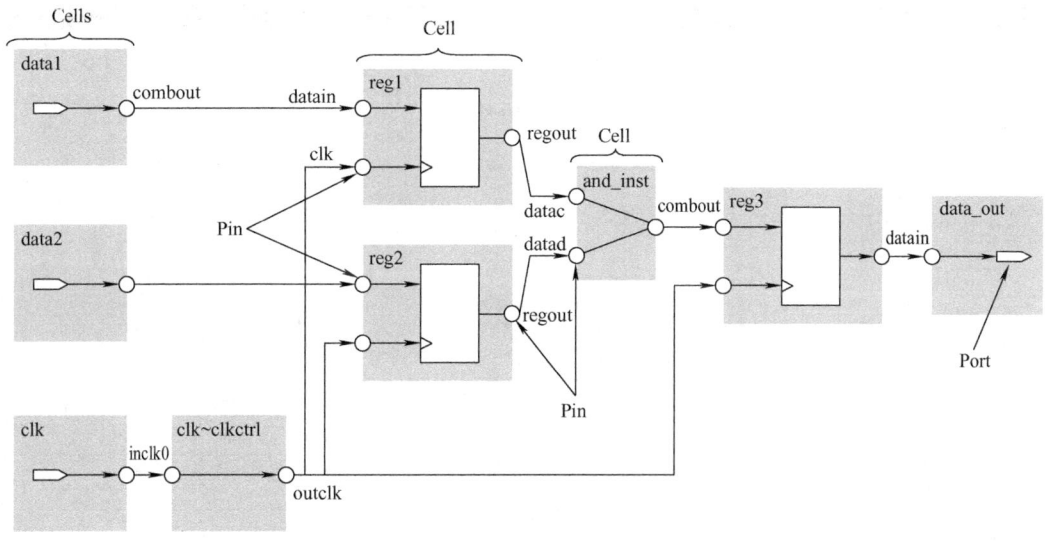

图 5-64　TimeQuest 中元素定义

在使用 TDC 进行时间测量的情况下，需要对延时链的延时进行校准。另外，不同的环节延时也是有出入的，不可能绝对的都等于 34ps。所以，除了采用校准方法之外，如何探索新的补偿方法来不断降低测时误差也是 TDC 研究的一个重要方向。

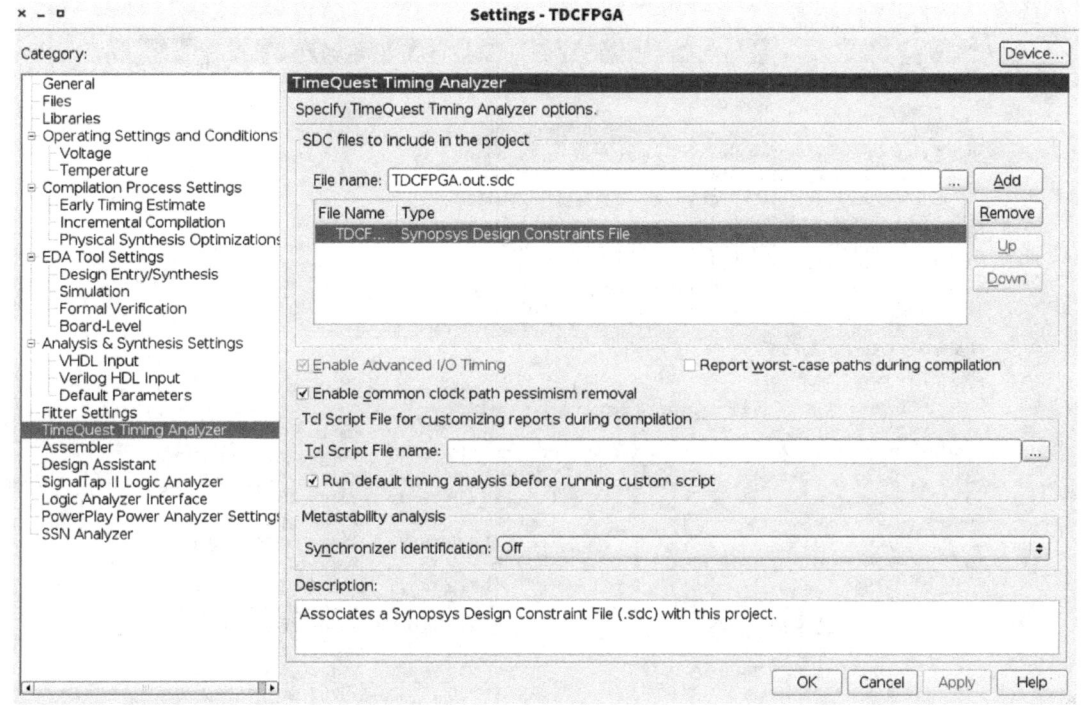

图 5-65　给工程添加时序约束

继续在 delay：inst | result［95］~ reg0 上右键选择"Locate Path"→"Chip Planner"后，点击 图标按钮显示路径延时信息后，会看到 Chip Planner 中的路径及相关延时信息

图 5-66 查看延时链路径信息

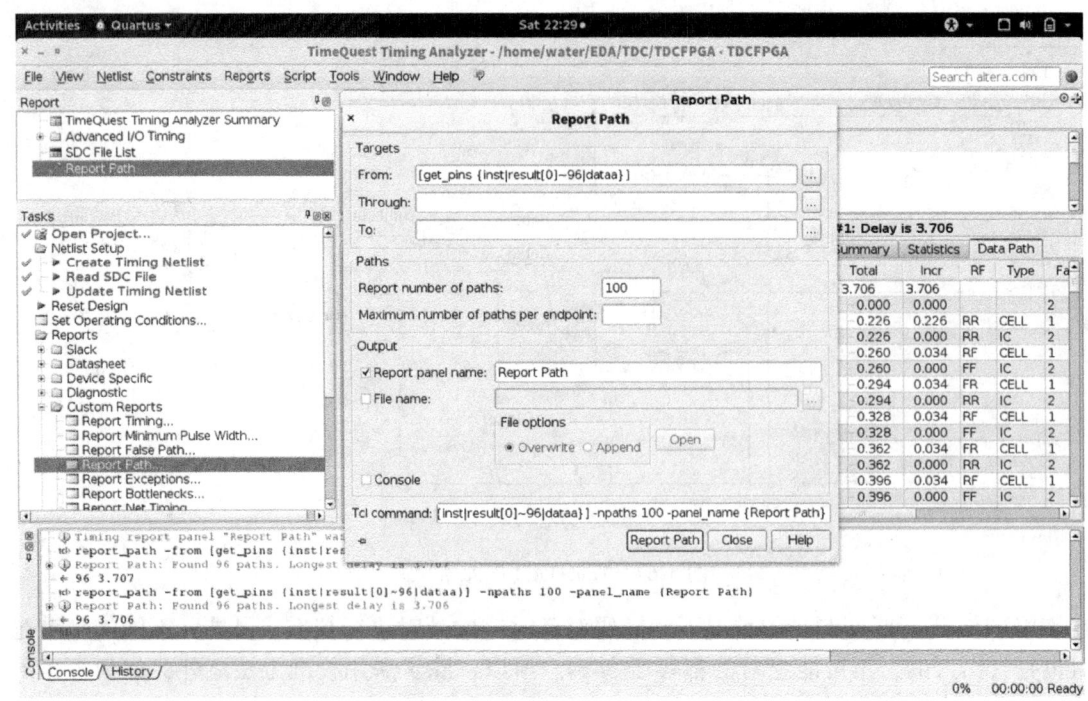

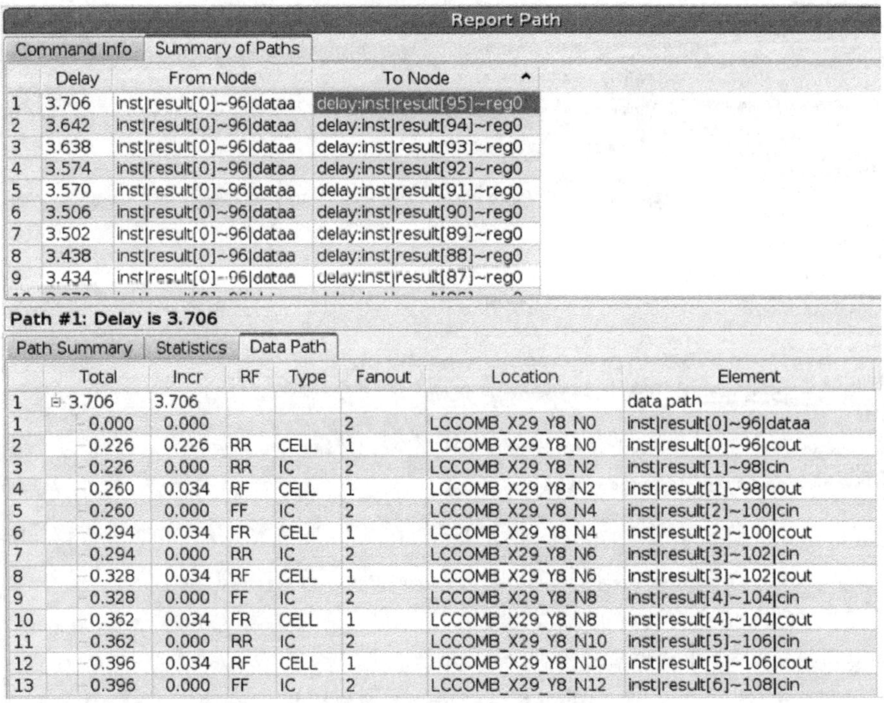

图 5-67 延时链延时信息

(图 5-68)。

现在,可以初步测算 96 个延时单元的总延时大约为 $96 \times 34\text{ps} = 3.264\text{ns} > 3\text{ns}$,此时可

以解释 TDC 时钟频率为什么选择为 333.3MHz 了。

5.2.4 TDC 延时链的 SignalTap II 数据采集

Quartus II 还提供了一个非常优秀的工具"SignalTap II Logic Analyzer"来方便用户观察设计中想要观察的对象。选择"Tools"→"SignalTap II Logic Analyzer",打开图 5-69 所示的"SignalTap II Logic Analyzer"窗口。按图示设定 JTAG 接口信息,指定工程 sof 文件并下载。然后在 Signal Configuration 子窗口中,设定采样时钟为 SysClk: inst1 | altpll: altpll _ component | SysClk _ altpll: auto _ generated | wire _ pll1 _ clk [0]; Sample depth 为 512; Storage qualifier 的 Type 为 Continuous; Trigger 默认。最后在"Setup"窗口中双击空白处添加预观测的对象 delay: inst | result [0..95] 和 latchout 的输出 q [95..0],并设定触发条件为 q [95..0] 中任一位有变化。单击 Instance Manager 后面的第二个"Autorun Analysis"按钮 后,会提示添加"SignalTap II Logic Analyzer"到工程(图 5-70),

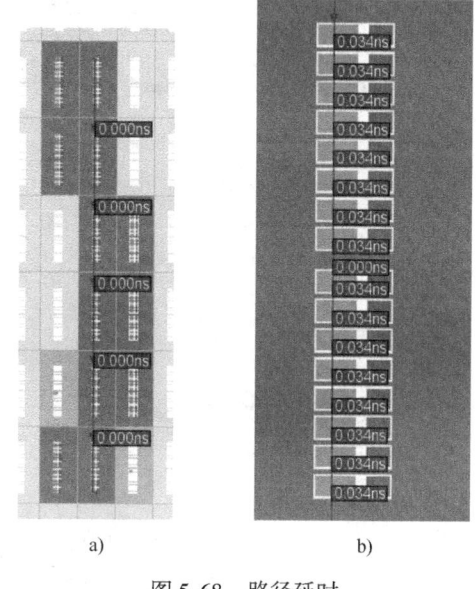

图 5-68 路径延时
a) 整个路径延时 b) 单个 LAB 内路径延时

并重新编译下载。添加到工程、全编译、下载后继续单击"Autorun Analysis"会在"Data"窗口中看到数据。

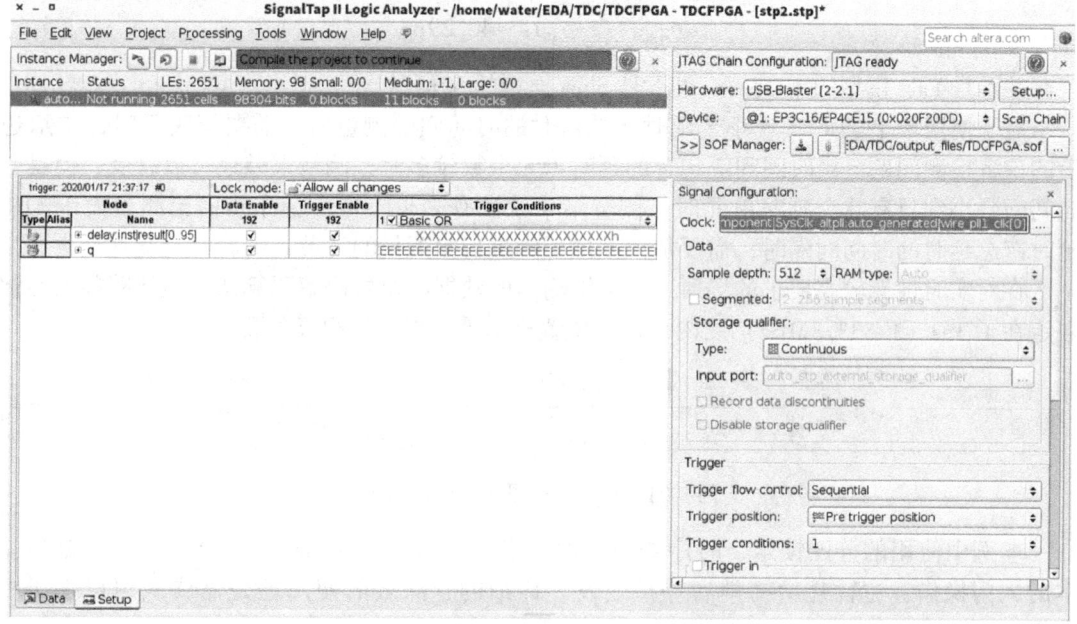

图 5-69 "SignalTap II Logic Analyzer"窗口

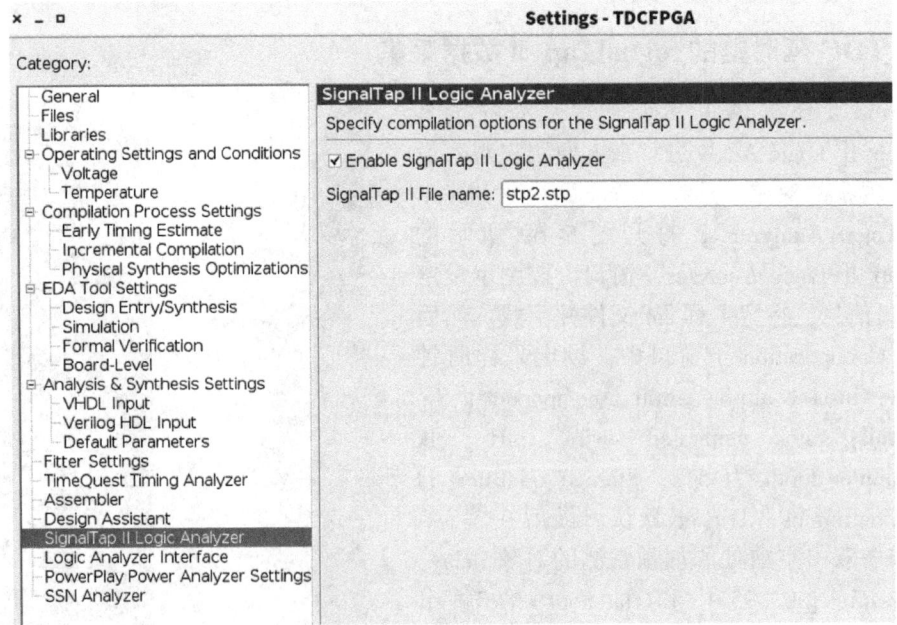

图 5-70 添加"SignalTap Ⅱ Logic Analyzer"到工程

图 5-71 中采集到的数据 q[95..0] 中连续全"1"和连续全"0"分别对应测试时钟 TestClk 的 c0 的低电平和高电平。其中"FFE000000000000000000FFFh"中全"0"共有 73 个,说明 TestClk 的时钟 c0 的高电平共占据了 73 个延时单元,而 TestClk 的 c0 的时钟频率为 170MHz,时钟周期约为 5.883ns,由此不难计算出单个延时单元平均延时应该为:

$$\frac{1}{170 \times 2 \times 73}\mu s \approx 40.29 ps \tag{5-6}$$

并不是 Fast 模型的中 34ps,也不是 Slow 模型的 52ps。

对于使用单个 TDC 实现小于延时链总延时的时间间隔测量时,需要解决延时链中双边沿的位置检测问题。当时间间隔包含的延时单元个数较多时,测量误差还可以忍受,但是当时间间隔小到只有几个延时单元时,测量结果就没有多少参考价值了。而当测量大于 TDC 延时链总延时的时间间隔时,需要加入基准时钟进行粗测量的环节。

在对实时性有较高要求的场所,延时链输出的数据的位置码解码算法的最坏路径长度被限定在了 3ns(1/333.3MHz)之内,这对位置检出算法提出了很高的要求。

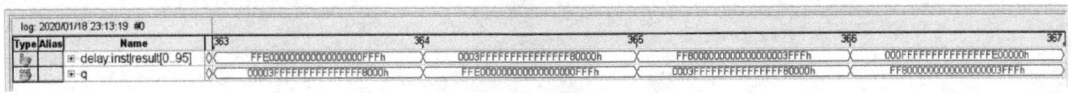

图 5-71 SignalTap Ⅱ 采集到的数据

本例中使用的分区锁定、时序约束、时序分析、SignalTap Ⅱ Logic Analyzer 都是最基本的入门操作,主旨是给初学者一点启发。详细的、深入的使用还是需要从用户手册中获得。

小 结

　　TDC 延时链的 FPGA 实现涉及设计分区、分区适配结果保留、静态时序约束与时序分析、SignalTap Ⅱ 工具的使用。此处只是给出了一些基本的应用，其余的诸如逻辑锁定、时序优化、SignalTap Ⅱ 的高级应用请参考手册。本节的 TDC 只是给出了延时链结构的实现，其输出结果的边沿位置码的解码器的实现是一个比较复杂的组合逻辑电路，其中需要考虑单边沿和多边沿的情况，对于长时间间隔的测量，还需要考虑粗时间计数问题，留给读者自行解决。特别是再考虑实时性（单周期实现解码器）、校准、测量精度提升等问题时，TDC 的位置解码器的复杂度会直线上升。

习 题

1. 简述 SOPC 工程开发流程。
2. 分别参照本章的三种结构实现板载串口和 PC 之间的数据交换，如板载串口向 PC 发 "Hello!"，PC 返回 "Yes!"。
3. 设计一个按键计数器的 SOPC。要求，对用户的按键次数进行累计，并在数码管上显示出来。
4. 设定延时链中只有一个边沿跳变，请试着编写 TDC 的位置解码器。
5. 请试着实现一个基于 SOPC 的 TDC 测时系统，设定延时链中只有一个边沿跳变，要求有粗时间计数和细时间位置码输出。

第6章　EDA 技术实验

6.1　Quartus II 的使用

1. 实验目的

1）学会使用 Quartus II 软件。
2）用图形输入法设计十二进制、六十进制计数器，并进行仿真。

2. 实验原理

利用复位法和置零法，用74LS161 等计数器设计十二进制、六十进制计数器。

已知 N 进制计数器，要设计一个 M 进制的计数器，可以采用跳过 $N-M$ 个状态的方法来实现。

构成任意进制计数器的方法有两种：一种是置（复）零法，另一种是置数法，如图6-1所示。

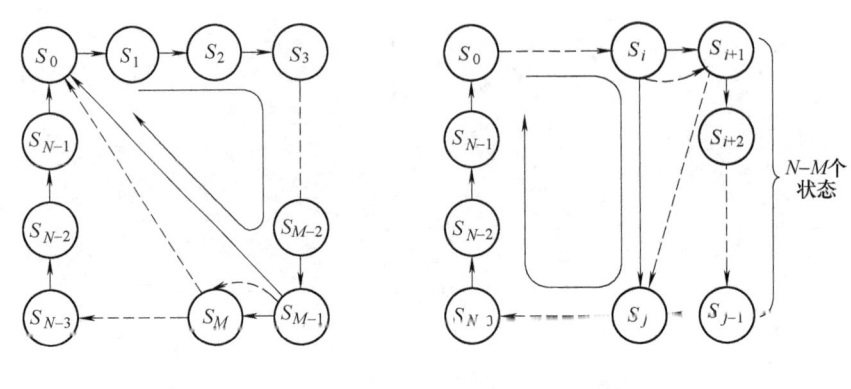

图6-1　任意进制计数器的两种方法
a）置零法　b）置数法

置零法的原理：设原有的计数器为 N 进制，当它从起始状态 S_0 开始计数，并接收了 M 个脉冲以后，电路进入 S_M 状态，如果这时利用 S_M 状态产生一个复位脉冲将计数器置成 S_0 状态，这样就可以跳越 $N-M$ 个状态，而得到 M 进制计数器了，其示意图如图6-1a 所示。由于电路一进入 S_M 状态后立即又被置成 S_0 状态，所以 S_M 状态仅在极短的瞬间出现，在稳定的状态循环中不包括 S_M 状态，换句话说，S_M 状态是一个暂态。

构成方法为：一般是在 M 个脉冲作用下，把计数到 M 时所有触发器输出状态为"1"的输出端连接到一个"与非"门的输入端，再用这个与非门的输出去控制计数器的复位端，从而在第 M 个脉冲作用时计数器回到"0"状态。

置数法与置零法有所不同，它是利用给计数器重复置入某个数值的方法跳越 $N-M$ 个状态，从而得到 M 进制计数器，其示意图如图6-1b 所示。方法是：把计数到（$M-1$）时的

$Q=1$ 的触发器输出连接到一个与非门的输入端，再用这个与非门的输出连接到所有触发器的置位端。

当 $N<M$ 时，可以采用整体置零法。

3. 实验内容

1）熟悉 Quartus Ⅱ 软件的界面及各菜单、工具按钮的使用。

2）设计计数器并进行仿真。

3）根据实验板引脚分配图分配输入输出引脚，下载并验证设计结果的准确性。

4. 设计提示

设计计数器可以用计数器的置数端，也可以用计数器的复位端，但要注意这两种方法对同步和异步计数器方法不完全一样，差别在计数器的稳定状态是否包含复位或置位译出状态。

5. 实验报告要求

1）介绍利用 Quartus Ⅱ 进行图形输入法的详细步骤。叙述语言要流畅。

2）画出十二进制、六十进制计数器的电路原理图和仿真波形图，在截取波形图时，应选择具有代表性的点进行截取，如六十进制，可以选取在由 59 到 00 跳变的区域进行截取，截取的图形应清晰。

6. 思考题

1）如何建立一个工程（project），有哪些事项值得注意？

2）异步复位和同步复位有什么差别，使用时应注意什么？

6.2　7 人表决器

1. 实验目的

1）初步了解 VHDL。

2）学会用行为描述方式来设计电路。

2. 实验原理

用 7 个开关作为表决器的 7 个输入变量，输入变量为逻辑"1"时表示表决者"赞同"；输入变量为"0"时，表示表决者"不赞同"。输出逻辑"1"时，表示表决"通过"；输出逻辑"0"时，表示表决"不通过"。当表决器的 7 个输入变量中有 4 个以上（含 4 个）为"1"时，则表决器输出为"1"，否则为"0"。

7 人表决器设计方案很多，比如用多个全加器采用组合电路实现。用 VHDL 设计 7 人表决器时，也有多种选择。常见的 VHDL 描述方式有行为描述、寄存器传输（RTL）描述、结构描述以及这几种描述在一起的混合描述。我们可以用结构描述的方式用多个全加器来实现电路，也可以用行为描述。

采用行为描述时，可用一变量来表示选举通过的总人数。当选举人数大于或等于 4 时为通过，绿灯亮；反之不通过，黄灯亮。描述时，只需检查每一个输入的状态（通过为"1"，不通过为"0"）并将这些状态值相加，判断状态值的和即可选择输出。

3. 实验内容

1）用 VHDL 设计上述电路并进行仿真。

2）根据实验板引脚分配图分配输入输出引脚，下载并验证结果。

4. 设计提示

1）初次接触 VHDL 应注意语言程序的基本结构、数据类型及运算操作符。

2）了解变量和信号的区别。

3）了解进程内部顺序执行语句及进程外部并行执行语句的区别。

5. 实验报告要求

1）写出 7 人表决器的 VHDL 设计源程序。

2）书写实验报告时要结构合理、层次分明，在分析叙述时注意语言的流畅。

3）截取仿真波形图。

6. 思考题

1）VHDL 编写程序存盘时应注意些什么？

2）如果设计一个 4 人表决器时，4 人同意时，各人分值不同（7，5，3，1），不同意时，得分为 0 分，得分超过总分的三分之二时通过，否则不通过，如何用 VHDL 来实现？

6.3 格雷码变换电路

1. 实验目的

1）用组合电路设计 4 位格雷码/二进制码变换电路。

2）了解进程内部 case 语句的使用及用 VHDL 设计门级电路的方法。

2. 实验原理

用 VHDL 描述 4 位格雷码/二进制码变换电路有两种设计方法，即方程输入、状态方程输入。

（1）方程输入法　4 位格雷码/二进制码转换表如表 6-1 所示。由此转换表（真值表）可以求得每个输出方程为：

$$B3 = G3; \quad (6\text{-}1)$$
$$B2 = !\,G3G2 + G3!\,G2; \quad (6\text{-}2)$$
$$B1 = !\,G3!\,G2G1 + !\,G3G2!\,G1 + G3!\,G2!\,G1; \quad (6\text{-}3)$$
$$B0 = !\,G3!\,G2!\,G1G0 + !\,G3!\,G2G1!\,G0 + !\,G3G2G1G0 + !\,G3G2!\,G1!\,G0$$
$$+ G3G2!\,G1G0 + G3G2G1!\,G0 + G3!\,G2G1G0 + G3!\,G2!\,G1!\,G0; \quad (6\text{-}4)$$

考虑实验时观察方便，每个输出均受一个 EN 信号控制；EN = 0 时，4 个输出为 0；EN = 1 时，4 个输出由式（6-1）~式（6-4）决定。

表 6-1　4 位格雷码/二进制码转换表

G3	G2	G1	G0	B3	B2	B1	B0
0	0	0	0	0	0	0	0
0	0	0	1	0	0	0	1
0	0	1	1	0	0	1	0
0	0	1	0	0	0	1	1
0	1	1	0	0	1	0	0
0	1	1	1	0	1	0	1
0	1	0	1	0	1	1	0

(续)

G3	G2	G1	G0	B3	B2	B1	B0
0	1	0	0	0	1	1	1
1	1	0	0	1	0	0	0
1	1	0	1	1	0	0	1
1	1	1	1	1	0	0	0
1	1	1	0	1	0	0	0
1	0	1	0	1	1	0	0
1	0	1	1	1	1	0	1
1	0	0	1	1	1	1	0
1	0	0	0	1	1	1	1

（2）状态方程输入法　利用 case-when 语句、if 的多选择控制语句、条件信号代入语句或选择信号代入语句都可以实现，只要条件和结果状态相一致即可得到逻辑综合的结果。

3. 实验内容

1）用 VHDL 设计采用方程输入的方法设计 4 位格雷码/二进制码变换器，并下载验证之。

2）用 VHDL 设计采用状态方程输入的方法设计 4 位格雷码/二进制码变换器，并下载验证之。

4. 设计提示

1）case-when 语句只能在进程内部采用。

2）比较一下两种描述方式的难易程度，体会 VHDL 行为描述的优点。

5. 实验报告要求

1）写出两种设计方法的源文件。

2）截取仿真波形图。

3）写出心得体会。

6. 思考题

1）在用状态方程输入法时，你认为利用 case-when 语句和 if 语句时，哪种方法更好些？为什么？

2）如何将 8421BCD 码转换为余 3 循环码？

6.4　BCD 码加法器

1. 实验目的

1）熟练掌握用 VHDL 的行为描述及结构描述设计组合电路。

2）初步掌握真值表的设计。

2. 实验原理

BCD 码是一种二进制代码表达的十进制数。BCD 码与 4 位二进制码关系如表 6-2 所示，从表中可以看到从 0～9，BCD 码与 4 位二进制码相同；从 10～15，BCD 码等于 4 位二进制码加 "0110"。这个关系构成了 4 位二进制码与 BCD 码的转换关系，同时也是用 4 位二进制加法器实现 BCD 码加法的算法基础。

设计 BCD 码加法器首先要将两个 BCD 码输入到二进制加法器相加，得到的结果是一个二进制数，然后转换成 BCD 码。

表 6-2 BCD 码与 4 位二进制码关系

十进制数	BCD 码	4 位二进制码	十六进制数
0	00000	00000	0
1	00001	00001	1
2	00010	00010	2
3	00011	00011	3
4	00100	00100	4
5	00101	00101	5
6	00110	00110	6
7	00111	00111	7
8	01000	01000	8
9	01001	01001	9
10	10000	01010	A
11	10001	01011	B
12	10010	01100	C
13	10011	01101	D
14	10100	01110	E
15	10101	01111	F
16	10110	10000	10
17	10111	10001	11
18	11000	10010	12
19	11001	10011	13
20	00000	10100	14

3. 实验内容

1）用 VHDL 的行为描述方式设计 BCD 码加法器，并用仿真文件验证设计正确性。

2）选做内容（提高部分）：当两数相加大于 19 时，输出将显示 00，并且会闪动（用 64Hz 频率控制闪动），另外扬声器会发声报警。

4. 设计提示

1）用 VHDL 的结构描述方式设计时，加"6"校正电路实现真值表的设计。

2）用 VHDL 的行为描述方式设计时，要用条件语句判断两个 BCD 码相加后是否大于 9，当大于 9 时，采取加"6"校正。

5. 实验报告要求

1）叙述所设计的 BCD 码加法器电路工作原理。

2）写出用 VHDL 的结构描述方式设计 BCD 码加法器的各模块源文件。

3）写出用 VHDL 的行为描述方式设计 BCD 码加法器的源文件。

4）截取仿真波形图。

5）写出自己的心得体会。

6. 思考题

1）例 3-8 是一个 BCD 码加法器，如果把"binadd <=('0'&op1)+('0'&op2)"中的'0'删除，结果会怎样？

2）BCD 码的种类很多，最常用的是 8421BCD 码，表 6-2 中就是 8421BCD 码。如果换成余 3 码，程序该如何改动呢？

6.5 4 位全加器

1. 实验目的

1）用组合电路设计 4 位全加器。

2）了解 VHDL 的行为描述的优点。

3）初步掌握系统内部 std_logic_unsigned 包的调用。

2. 实验原理

4 位全加器可看作由 4 个 1 位全加器串行构成，具体连接方法如图 6-2 所示。

采用 VHDL 设计时调用其附带的程序包，其系统内部会自行生成此结构。

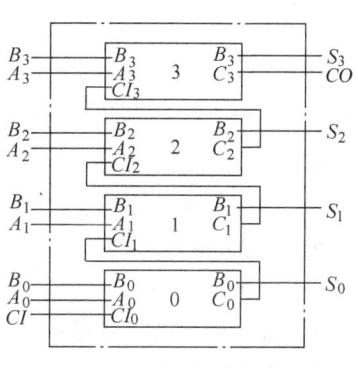

图 6-2 由 1 位全加器构成 4 位全加器连接示意图

3. 实验内容

1）用 VHDL 设计 4 位全加器。

2）锁定引脚，并下载验证之。

3）不调用包，用户自行按示意图进行设计，体会调用系统包的便利性。

4. 设计提示

调用 std_logic_unsigned 包，可以使用户在更高层次上进行设计。

5. 实验报告要求

1）叙述所设计的 4 位全加器工作原理。

2）写出 1 位全加器的 VHDL 源程序。

3）截取仿真波形图。

4）写出自己的心得体会。

6. 思考题

1）利用 VHDL 编写 1 位全加器并编译生成逻辑符号，再利用原理图输入法形成 4 位全加器顶层文件，是否能得到相同的结果？

2）在 VHDL 程序开始库的调用时，如果不调用 std_logic_unsigned 包，编译的结果会怎样？

6.6 英语字母显示电路

1. 实验目的

1）实现十六进制计数显示。

2）实现常见英语字母显示。

2. 实验原理

用数码管除了可以显示 0~9 的阿拉伯数字外，还可以显示一些英语字母。

数码管由 7 段显示输出，利用 7 个位的组合输出，就可以形成 26 个英语字母的对应显示。常见的字母与 7 段显示关系如表 6-3 所示。

表 6-3　常见的字母与 7 段显示关系

字母	段						
	a	b	c	d	e	f	g
A	1	1	1	0	1	1	1
B	0	0	1	1	1	1	1
C	1	0	0	1	1	1	0
D	1	1	1	1	1	1	0
E	1	0	0	1	1	1	1
F	1	0	0	0	1	1	1
H	0	1	1	0	1	1	1
P	1	1	0	0	1	1	1
L	0	0	0	1	1	1	0

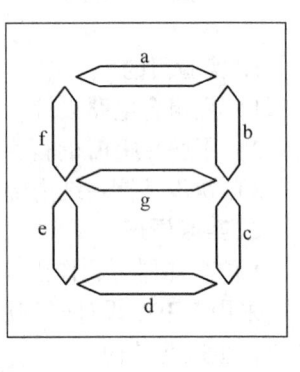

3. 实验内容

1) 编写一个简单的 0~F 轮换显示的十六进制计数器电路。
2) 编写一个显示上述字母的轮换显示电路。
3) 通过仿真或观察波形验证设计电路的正确性。
4) 锁定引脚并下载验证结果。

4. 设计提示

字母轮换显示电路可以采用状态图的方式设计，对于每一个时钟脉冲，将改变一种状态。由于系统时钟频率较高，可以采用计数器进行分频，得到一个合适的时钟信号。这样看起来比较清楚。

5. 实验报告要求

1) 叙述电路工作原理。
2) 写出由 7 段数码管显示输出的 VHDL 源程序。
3) 截取仿真波形图。
4) 写出自己的心得体会。

6. 思考题

1) "6" 和 "9" 的显示有带尾巴的，也有不带尾巴的，两者输出代码有何差别？
2) 如果给这个显示器电路配置电源，则该电源至少能输出多大的电流？

6.7　4 位并行乘法器

1. 实验目的

1) 用组合电路设计 4 位并行乘法器。

2)了解并行法设计乘法器的原理。
3)掌握调用自己设计的实体的方法。

2. 实验原理

4 位乘法器有多种实现方案,根据乘法器的运算原理,使部分乘积项对齐相加的方法(通常称并行法)是最典型的算法之一。这种算法可用组合电路实现。其特点是设计思路简单直观、电路运算速度快,缺点是使用器件较多。

(1)并行乘法的算法 下面将以乘法例题来分析这种算法,题中 $M_4M_3M_2M_1$ 是被乘数,也可以用 M 表示;$N_4N_3N_2N_1$ 是乘数,也可以用 N 表示。

```
              1 0 1 1 (M)
       ×)     1 1 0 1 (N)
              1 0 1 1 --- M×N₁
       +) 0 0 0 0 ----- M×N₂
              1 0 1 1 ------ 部分乘积之和
       +)  1 0 1 1 --------- M×N₃
            1 1 0 1 1 ----- 部分乘积之和
       +) 1 0 1 1 ------------ M×N₄
          1 0 0 0 1 1 1 1
```

从以上乘法实例中可以看到,乘数 N 中的每一位都要与被乘数 M 相乘,获得不同的积,如 $M×N_1$、$M×N_2$、…。位积之间以及位积与部分乘积之和相加时需按高低位对齐,并行相加,才能得到正确结果。

(2)并行乘法电路原理 并行乘法电路完全是根据以上算法而设计。4 位并行乘法器框图如图 6-3 所示。图中 XB_0 XB_1 XB_2 XB_3 是乘数 B 的第 n 位与被乘数 A 相乘的 $1×4$ bit 乘法器。三个加法器是将 $1×4$ bit 乘法器的积作为被加数 A,前一级加法器的和作为加数 B,相加后得到新的部分积,通过三级加法器的累加最终得到乘积 P($P_7P_6P_5P_4P_3P_2P_1$)。

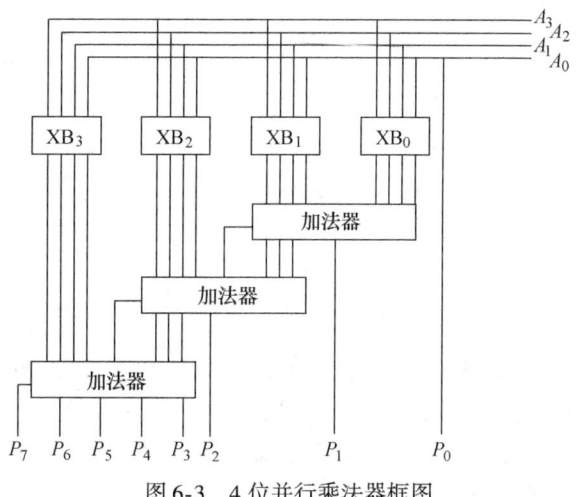

图 6-3 4 位并行乘法器框图

3. 实验内容

1)用 VHDL 或原理图输入法设计 4 位乘法器。

2)设计乘法器功能模块及 4 位加法器功能模块。

3)锁定引脚,并下载验证。

4. 设计提示

1)先读懂并行乘法器的算法和电路原理。

2)使用模块化设计方法。

5. 实验报告要求

1）叙述所设计的 4 位乘法器电路工作原理。

2）写出各模块源文件。

3）截取仿真波形图。

4）写出自己的心得体会。

6. 思考题

1）仿照 4 位并行乘法器完成 8 位并行乘法器的设计。

2）如果用移位相加的方法来实现乘法运算，如何编程？

6.8 设计基本触发器

1. 实验目的

1）设计 D 触发器。

2）设计 JK 触发器。

3）掌握时序电路的设计。

2. 实验原理

（1）D 触发器　正沿触发的 D 触发器的电路符号如图 6-4 所示。它有一个数据输入端 D、一个时钟输入端 clk 和一个数据输出端 Q。D 触发器的真值表如表 6-4 所示。从表中可以看到，D 触发器的输出端只有在正沿脉冲过后，输入端 D 的数据才可以传递到输出端 Q。

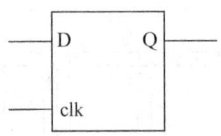

图 6-4　正沿触发的 D 触发器的电路符号

表 6-4　D 触发器真值表

数据输入端	时钟输入端	数据输出端
D	clk	Q
×	0	保持
×	1	保持
0	↑	0
1	↑	1

（2）JK 触发器　带有复位/置位功能的 JK 触发器电路符号如图 6-5 所示。JK 触发器的输入端有置位输入 pset，复位输入 clr，控制输入 J 和 K，时钟信号 clk；输出端 Q 和反相输出端 Q_b。JK 触发器的真值表如表 6-5 所示。

3. 实验内容

1）通过模拟、仿真分析和验证两种触发器的逻辑功能及触发方式。

2）扩展任务：设计其他触发器，如 RS 触发器，并研究其相互转化的方法。

4. 实验报告要求

1）写出 D 触发器和 JK 触发器的源程序。

2）截取仿真波形图。

3）写出自己的心得体会。

第6章 EDA技术实验

表 6-5 JK 触发器真值表

输入端					输出端	
pset	clr	clk	J	K	Q	Q_b
0	1	×	×	×	1	0
1	0	×	×	×	0	1
0	0	×	×	×	×	×
1	1	↑	0	1	0	1
1	1	↑	1	1	翻转	翻转
1	1	↑	0	0	保持	保持
1	1	↑	1	0	1	0
1	1	0	×	×	保持	保持

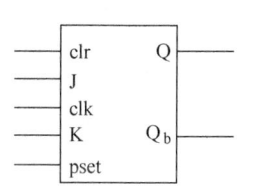

图6-5 带有复位/置位功能的 JK 触发器电路符号

5. 思考题

1）设计一个带有复位/置位功能的 D 触发器，在基本 D 触发器源程序的基础上如何修改？

2）如何将 JK 触发器转换成 T（T'）触发器？

6.9 设计 74LS160 计数器功能模块

1. 实验目的

1）学会用 VHDL 设计时序电路。

2）用 VHDL 设计 74LS160 计数器功能模块。

2. 实验原理

计数器是最常用的时序逻辑电路，从微处理器的地址发生器到频率计都需要用到计数器。计数器的分类方法很多，按计数结果是增大还是减小可以分为两类：加法计数器和减法计数器。加法计数器即每来一个时钟脉冲计数结果加 1；减法计数器即每来一个时钟脉冲计数结果减 1。

下面将通过模仿中规模集成电路 74LS160 的功能，用 VHDL 设计一个十进制可预置计数器。74LS160 共有 1 个时钟输入端 clk，1 个清除输入端 clr，2 个计数允许信号 P 和 T，4 个可预置数据输入端 $D_3 \sim D_0$，1 个置位允许端 LD，4 个计数输出端 $Q_3 \sim Q_0$，1 个进位输出端 TC，其功能表如表 6-6 所示。

表 6-6 74LS160 功能表

功能操作	输入						输出	
	clr	clk	P	T	LD	Dn	Qn	TC
复位	L	×	×	×	×	×	0	0
预置	H	↑	×	×	L	D	D	0
计数	H	↑	H	H	H	×	+1	Qn = 9 时为 1，其他为 0
保持	H	×	L	H	H	×	Qn	Qn = 9 时为 1，其他为 0
保持	H	×	×	L	H	×	Qn	0

211

3. 实验内容

1) 分析 74LS160 的功能表（见表 6-6），搞清其逻辑功能。
2) 用 VHDL 设计一个具有 74LS160 功能的电路。
3) 通过仿真和下载验证设计电路的正确性。

4. 实验报告要求

1) 写出 74LS160 的 VHDL 源文件。
2) 截取 74LS160 的仿真波形图。
3) 写出自己的心得体会。

5. 思考题

1) 怎样将设计好的 74LS160 计数器修改为 74LS161 计数器？
2) 74LS160 的复位和预置数的优先级哪个高？

6.10 步长可变的加减计数器

1. 实验目的

1) 掌握加减法计数器以及特殊功能计数器的设计原理。
2) 用 VHDL 设计多功能计数器。

2. 实验原理

步长可变的加减计数器原理框图如图 6-6 所示。

计数器按工作方式分为异步计数器和同步计数器。计数器按进位方式分为二进制计数器、十进制计数器和任意进制计数器。

(1) 加减工作原理 加减计数也称为可逆计数，就是根据计数控制信号的不同，在时钟脉冲的作用下，计数器可以进行加 1 计数操作或者减 1 计数操作。

(2) 变步长工作原理 如步长为 3 的加法计数器，计数状态变化为 0、3、6、9、12、…，步长值由输入端控制。在加法计数时，当计数值达到或超过 99 时，在计数器下一个时钟脉冲过后，计数器清零；在减法计数时，当计数值达到或小于 0 时，在计数器下一个时钟脉冲过后，计数器也清零。

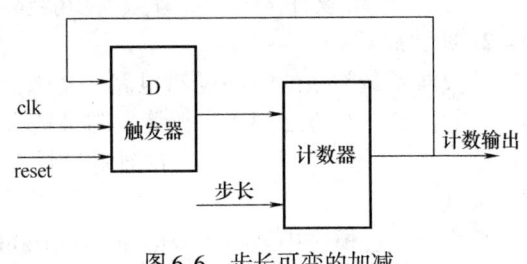

图 6-6 步长可变的加减计数器原理框图

3. 实验内容

1) 设计的计数步长可在 0~9 之间变化。
2) 通过仿真或观察波形图验证设计的正确性。
3) 编译下载验证结果。

4. 设计提示

1) 注意 if 语句的嵌套。
2) 注意加减计数状态的变化，计数值由 9 变 0（加法）及由 0 变 9（减法）各位的变化。由于计数器为十进制计数器，还应考虑进位或借位后进行加 6 及减 6 校正。

5. 实验报告要求

1) 叙述多模加减计数器的工作原理。
2) 写出多模加减计数器的 VHDL 源程序。
3) 截取计数器仿真工作波形图。
4) 写出设计心得体会。

6. 思考题

1) 减法计数器减到不足步长时,下一个时钟脉冲后计数器的结果是什么?
2) D 触发器在这里的作用是什么?

6.11 可控脉冲发生器

1. 实验目的

1) 掌握脉冲发生器的设计原理。
2) 掌握脉冲接收和发送的方法。

2. 实验原理

可控脉冲发生器原理框图如图 6-7 所示。

本设计由发送脉冲模块和接收脉冲模块组成,发送脉冲模块可由用户设置一次发送过程中脉冲的个数,发送过程中由二极管显示输出脉冲并用数码管记录脉冲个数,接收脉冲模块接收脉冲并输出到数码管显示,接收脉冲模块和发送脉冲模块采用同一个时钟工作。

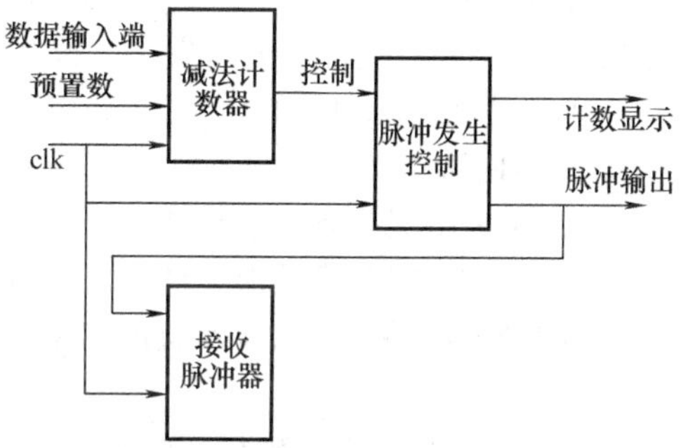

图 6-7 可控脉冲发生器原理框图

3. 实验内容

1) 用 VHDL 设计可控脉冲发生器。
2) 通过仿真或观察波形图验证设计的正确性。
3) 编译下载验证结果。

4. 设计提示

1) 注意 if 语句的嵌套。
2) 注意脉冲的消抖问题和接收脉冲模块的采样方式。

5. 实验报告要求

1) 写出可控脉冲发生器的 VHDL 源程序。
2) 叙述模块间通信的工作原理。
3) 画出模块通信的工作波形图。
4) 写出设计心得体会。

6. 思考题

1) 图 6-7 中的接收脉冲器能否删除?其作用是什么?
2) 产生的脉冲占空比是多少?能否实现可调?

6.12 正负脉宽数控调制信号发生器

1. 实验目的

1）熟练掌握预置计数器的描述方法。
2）掌握 VHDL 反馈信号的处理。
3）设计正负脉冲宽度可调的数控调制信号发生器。

2. 实验原理

预置计数器比普通计数器多了一个预置端 LD 和预置数据端 DATA。当 LD = 1（或 0）时，在下一个时钟脉冲过后，计数器输出端输出预置数 DATA。图 6-8 为正负脉宽数控调制信号发生器框图。

从图 6-8 可以看到输出脉宽调制信号由计数器 A、B 的进位脉冲信号控制。计数器 A 的进位脉冲使输出信号为正脉冲，计数器 B 的进位脉冲使输出信号为负脉冲，同时反馈信号使计数器 A、B 分别重新置数，从而达到控制正负脉冲宽度的目的。

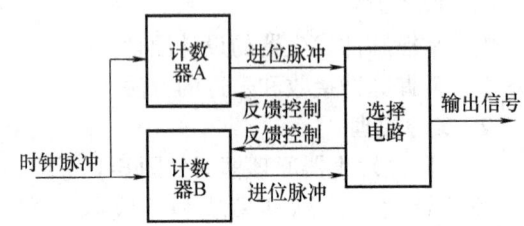

图 6-8 正负脉宽数控调制信号发生器框图

3. 实验内容

1）用 VHDL 设计各功能模块。
2）通过仿真或观察波形文件验证设计课题的正确性。
3）编译下载并通过示波器验证结果。

4. 设计提示

1）选择电路可用带清零端的 D 触发器构成，也可以用 VHDL 的进程语句进行描述。
2）注意用到反馈信号的地方，输出信号线应定义成 buffer 类型。

5. 实验报告要求

1）写出各模块的源程序。
2）画出详细电路图并分析电路的工作原理。
3）画出电路工作时序波形图。
4）写出设计心得体会。

6. 思考题

1）正负脉宽数控调制信号发生器中的预置数是同步还是异步？
2）输出信号线应定义成 buffer 类型，改为 inout 类型可以吗？

6.13 序列检测器

1. 实验目的

1）了解状态机的设计。
2）设计一个序列检测器。

2. 实验原理

序列检测器在数据通信、雷达和遥测等领域中用于检测同步识别标志。

序列检测器用来检测一组或多组序列信号的电路。例如序列检测器收到一组串行码"1110010"后，输出标志1，否则，输出0。

考查这个例子，每收到一个符合要求的串行码就需要用一个状态机进行记忆。串行码长度为7位，需要7个状态；另外，还需要增加一个"未收到一个有效位"的状态，共8个状态，S0～S7；状态标志符表示有几个有效位被读出。

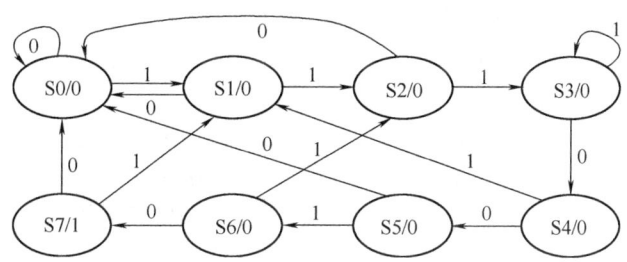

图6-9 序列检测器状态变化图

画出状态变化图，如图6-9所示，很显然这是一个穆尔（moore）状态机。8个状态机根据编码原则可以用3位二进制数来表示。

3. 实验内容

1）用 VHDL 编写出源程序。

2）设计两个脉冲发生器，一个包含"1110010"序列，另一个不包含此序列，用于检测程序是否正确。

3）将脉冲序列发生器和脉冲序列检测器结合生成一个文件，编译下载并验证结果。

4. 实验报告要求

1）详述序列检测器的工作原理。

2）写出序列检测器 VHDL 设计源文件。

3）画出电路工作时序波形图。

4）写出自己的心得体会。

5. 思考题

1）编写状态机时，如果不对状态机初始状态进行复位，仿真时会出现什么结果？

2）能否设计一个程序，只要改变外部输入数据即可实现另一个脉冲序列检测功能？

6.14　4位移位乘法器

1. 实验目的

1）学会用层次化设计方法进行逻辑设计。

2）设计一个8位乘法器。

2. 实验原理

4位二进制乘法采用移位相加的方法，即用乘数的各位数码，从高位开始依次与被乘数相乘，每相乘一次得到的积称为部分积，将第一次得到的部分积左移一位并与第二次得到的部分积相加，将加得的和左移一位再与第三次得到的部分积相加，再将相加的结果左移一位与第四次得到的部分积相加……，直到所有的部分积都被加过一次。例如被乘数

（$M_3M_2M_1M_0$）和乘数（$N_3N_2N_1N_0$）分别为 1101 和 1001，其计算过程如下：

```
          1 1 0 1
     ×    1 0 0 1
     -----------------
          1 1 0 1       N₃ 与被乘数相乘的部分积
        1 1 0 1 0       部分积左移一位
     +  0 0 0 0         N₂ 与被乘数相乘的部分积
     -----------------
        1 1 0 1 0       两个部分积之和
      1 1 0 1 0 0       部分积之和左移一位
     +  0 0 0 0         N₁ 与被乘数相乘的部分积
     -----------------
      1 1 0 1 0 0       与前面部分积之和相加
    1 1 0 1 0 0 0       部分积之和左移一位
     +  1 1 0 1         N₀ 与被乘数相乘的部分积
     -----------------
    0 1 1 1 0 1 0 1     与前面部分积之和相加
```

这样就可以得到如图 6-10 所示的框图和图 6-11 所示的简单流程图。

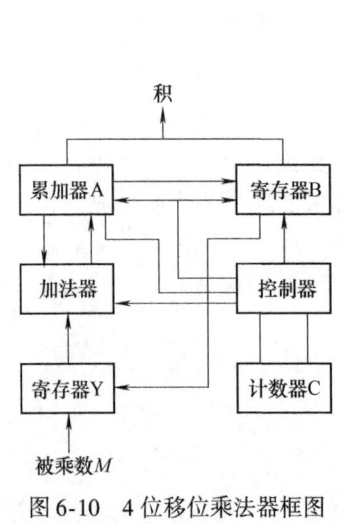

图 6-10 4 位移位乘法器框图　　　　图 6-11 4 位移位乘法器流程图

3. 实验内容

1) 画出完整原理图。

2) 用 VHDL 设计电路中的每一个基本模块。

3）锁定引脚并下载验证结果。

4. 实验报告要求

1）画出原理图。

2）编写 4 位乘法器的源程序。

3）叙述电路工作原理。

4）写出自己的心得体会。

5. 思考题

1）和 6.7 节 4 位并行乘法器相比，哪一种方法更容易实现，哪一种方法占用的资源更少？

2）在 IEEE 库中有乘运算，为什么不直接用呢？

6.15 出租车计费器

1. 实验任务及要求

1）能实现计费功能，计费标准为：按行驶里程收费，起步费为 7.00 元，并在车行 3 公里后按 2.2 元/公里计费，当计费器计费达到或超过一定费用（如 20 元）时，每公里加收 50% 的车费，车停止不计费。

2）实现预置功能：能预置起步费、每公里收费、车行加费里程。

3）实现模拟功能：能模拟汽车起动、停止、暂停、车速等。

4）设计动态扫描电路：将车费显示出来，有两位小数。

5）用 VHDL 设计符合上述功能要求的出租车计费器，并用层次化设计方法设计该电路。

6）各计数器的计数状态用功能仿真的方法验证，并通过有关波形确认电路设计是否正确。

7）完成电路全部设计后，通过系统实验箱下载验证设计课题的正确性。

2. 实验原理

出租车计费器系统顶层框图如图 6-12 所示。

出租车计费器结构框图如图 6-13 所示。

计费器按里程收费，每 100m 开始一次计费。各模块功能如下：

1）计数器 A 为十进制计数器，显示车费的百位，计数时钟为进位脉冲。

2）计数器 B 为带预置的模 100 十进制计数器，预置数为出租车起步价，计数时钟为进位脉冲信号。

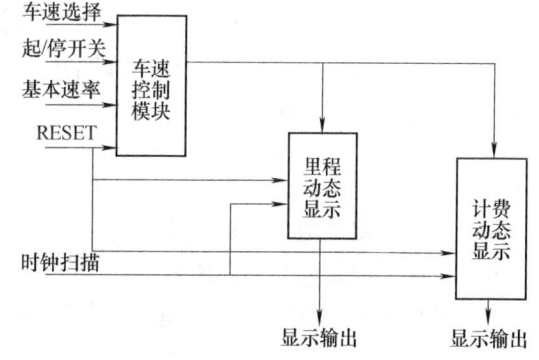

图 6-12 出租车计费器系统顶层框图

3）计数器 C 为可变步长的模 100 十进制计数器，带预置端，预置数为计数步长。计数器 C 主要用于累加，当车行达到 100m 时，计数器计数一次，计数步长为每 100m 的行车收费。

4）计数器 D 为带预置模的十进制加法计数器，预置数为车行起步里程 3 公里，计数脉冲为计数器 E 的进位信号。这样当计数器 D 计数达到 30 后，进位输出将为一个高电平，控制计数器 A、B、C 开始计数，这样就能实现超过 3 公里后计费器再按每公里加收车费。

5）计数器 E 为带预置的可变步长的模 100 计数器，预置端为车速（每秒），如果预置

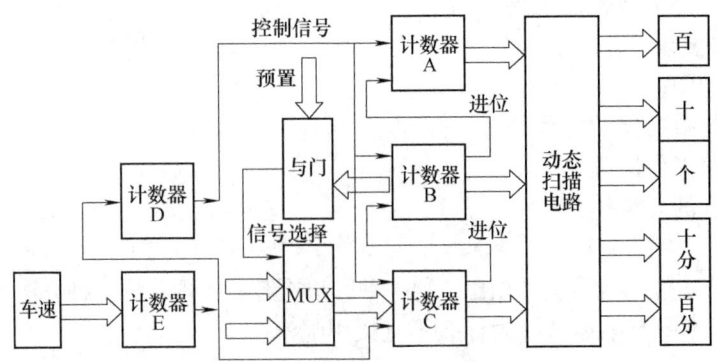

图 6-13 出租车计费器结构框图

端接入车速表,就可以实现计费了,这里用于模拟行车速度。

6) 与门为两个 8 输入的 8 与门,一端用于预置,一端输入当前计费器收费情况,当计费器计费达到或超过一定费用(如 20 元)时,每公里加收 50% 的车费,此时该与门输出一个片选信号送 MUX。

7) MUX 为 16 选 8 的 2 选 1 MUX,两个选择输入端分别为每 100m 收费和 150% 的每 100m 收费,片选信号由与门控制。

8) 动态扫描电路将计数器 A、B、C 的计费状态用数码管显示出来,所连接的数码管共用一个数据端,由片选信号依次选择输出,轮流显示。图 6-14 是一动态显示电路的扫描框图。

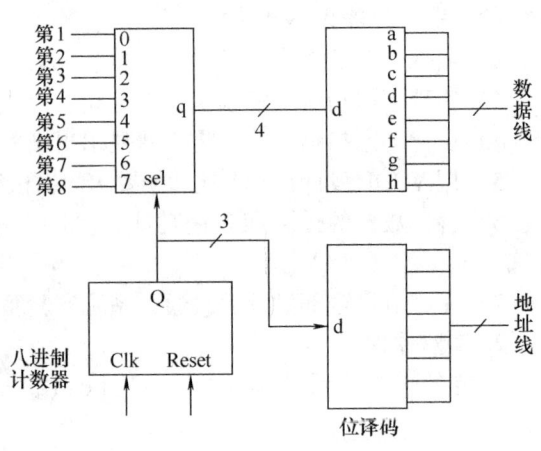

图 6-14 动态显示电路的描述框图

3. 实验报告要求

1) 画出(或打印出)顶层原理图。
2) 画出(或打印出)各模块原理图并用 VHDL 描述。
3) 画出(或打印出)有关仿真文件及仿真波形图。
4) 叙述顶层原理图工作原理。
5) 叙述各模块电路工作原理。
6) 书写实验报告应结构合理、层次分明,在分析时注意语言的流畅。

6.16 数字秒表

1. 实验任务及要求

1) 设计用于体育比赛的数字秒表,要求:

①计时精度应大于 1/100s,计时器能显示 1/100s 的时间,提供给计时器内部定时的时钟脉冲频率应大于 100Hz,这里选用 1kHz。

②计时器的最长计时时间为 1h,为此需要一个 6 位的显示器,显示的最长时间

为59min59.99s。

2）设置有复位和起/停开关。

①复位开关用来使计时器清零，并做好计时准备。

②起/停开关的使用方法与传统的机械式计时器相同，即按一下起/停开关，起动计时器开始计时，再按一下起/停开关计时终止。

③复位开关可以在任何情况下使用，即使在计时过程中，只要按一下复位开关，计时进程立刻终止，并对计时器清零。

3）复位和起/停开关应有内部消抖处理。

4）采用VHDL用层次化设计方法设计符合上述功能要求的数字秒表。

5）对电路进行功能仿真，通过有关波形确认电路设计是否正确。

6）完成电路全部设计后，通过系统实验箱下载验证设计课题的正确性。

2. 设计说明与提示

数字秒表结构框图如图6-15所示。

1）计时控制器作用是控制计时。计时控制器的输入信号是启动、暂停和清零。为符合惯例，将启动和暂停功能设置在同一个按键上，按一次是启动，按第二次是暂停，按第三次是继续。所以计时控制器共有两个开关输入信号，即启动/暂停和清除。计时控制器输出信号为计数允许/保持信号和清零信号。

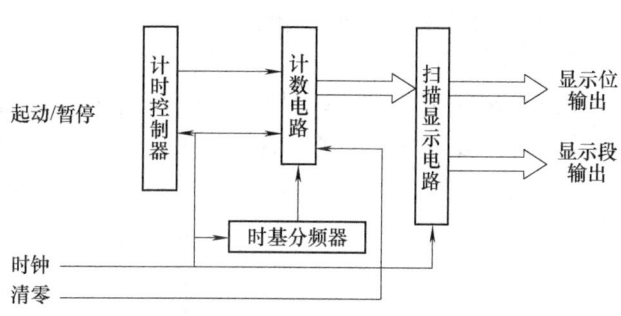

图6-15 数字秒表结构框图

2）计时电路的作用是计时，其输入信号为1kHz时钟、计数允许/保持和清零信号，输出为10ms、100ms、1s和1min的计时数据。

3）时基分频器是一个10分频器，产生10ms周期的脉冲，用于计时电路时钟信号。

4）显示电路为动态扫描电路，用以显示十分位、1min、10s、1s、100ms和10ms信号。

3. 实验报告要求

1）画出顶层原理图。

2）编写各模块的VHDL源文件。

3）叙述电路工作原理，并画出时序波形图。

4）画出消抖电路的原理图，并写出源文件。

5）书写实验报告时应结构合理、层次分明，在分析时注意语言的流畅。

6.17 频率计

1. 实验任务及要求

1）设计一个3位十进制频率计，其测量范围为1MHz以下，量程分10kHz、100kHz、1MHz三档（最大读数分别为9.99kHz、99.9kHz、999kHz），量程自动转换规则如下：

①当读数大于999时，频率计处于超量程状态，此时显示器发出溢出指示（最高位显示F，其余各位不显示数字），下一次测量时，量程自动减小一档。

②当读数小于 090 时，频率计处于欠量程状态，下一次测量时，量程自动减小一档。

2）显示方式如下：

①采用记忆显示方式，即计数过程中不显示数据，待计数过程结束后，显示计数结果，并将此显示结果保持到下一次计数结束。显示时间应不小于 1s。

②小数点位置随量程变换自动移位。

3）送入信号应是符合 CMOS 电路要求的脉冲或正弦波。

4）设计符合上述功能的频率计，并用层次化方法设计该电路。

5）控制器、计数器、锁存器的功能，用功能仿真方法验证，还可通过观察有关波形确认电路设计是否正确。

6）完成电路设计后在实验系统上下载，验证课题的正确性。

2. 设计说明与提示

1）频率计测频原理框图如图 6-16 所示。

模块电路功能如下：

①每次测量时，由时基信号产生的闸门信号启动计数器，对输入脉冲信号计数，闸门信号结束后将计数结果送入锁存器，然后计数器清零，准备下一次计数。但下一次计数的开始，需待设定的显示时间结束。为与时基信号同步，在此时间结束后还有一段准备时间。其工作波形图如图 6-17 所示。

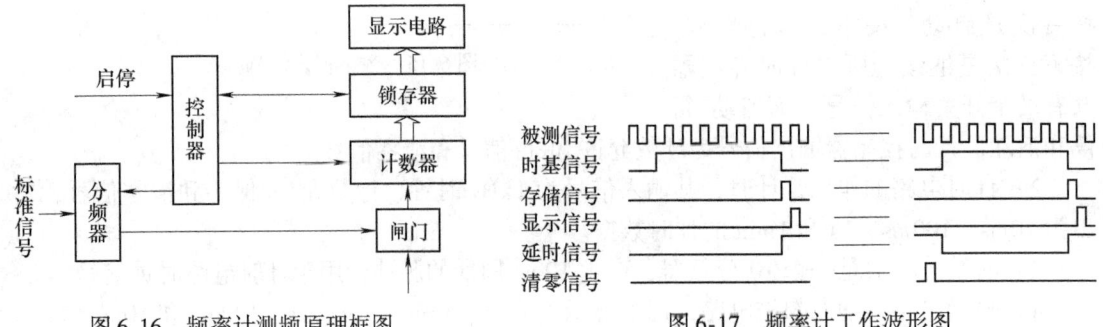

图 6-16　频率计测频原理框图　　　图 6-17　频率计工作波形图

②显示电路为 3 位动态扫描电路，可以参阅以前的动态扫描电路。注意这里只用 3 位。

③计数器为模 999 十进制加法计数器，可由 3 个模 10 十进制计数器级联而成。

④锁存器为一保持电路。

2）分频器由控制器控制，选择输出时基信号用于控制闸门。分频器可分频出 0.1s、0.01s、0.001s（对应于 10kHz、100kHz 和 1MHz 量程）的脉冲方波。

3）控制器由时序机组成，能够完成对量程的选择调整。

3. 实验报告要求

1）画出顶层原理图。

2）对照频率计波形图分析电路工作原理。

3）写出各功能模块的 VHDL 源文件。

4）叙述各模块的工作原理。

5）详述控制器的工作原理，绘出完整的电路或写出 VHDL 源文件。

6）书写实验报告时应结构合理、层次分明，在分析时注意语言的流畅。

6.18 交通灯控制器

1. 实验任务及要求

1）能显示十字路口东西、南北两个方向的红、黄、绿的指示状态。用两组红、黄、绿三色灯作为两个方向的红、黄、绿灯。S_1 键按下时，时钟信号不经过分频器，计时器能够迅速递增，并按24h循环，计满23h后再回00。

2）能实现正常的倒计时功能。

3）用两组数码管作为东西和南北方向的倒计时显示，显示时间为红灯35s、绿灯50s、黄灯5s。

4）能实现特殊状态的功能。
①按下 K_1 键后，能实现特殊状态功能。
②显示倒计时的两组数码管闪烁。
③计数器停止计数并保持在原来的状态。
④东西、南北路口均显示红灯状态。
⑤特殊状态解除后能继续计数。

5）按下 S_2 键后，系统实现总清零，计数器由初始状态计数，对应状态的指示灯亮。

6）用 VHDL 设计符合上述功能要求的交通灯控制器，并用层次化设计方法设计该电路。

7）控制器、计数器的功能用功能仿真的方法验证，可通过有关波形确认电路设计是否正确。

8）完成电路全部设计后，通过系统实验箱下载验证设计课题的正确性。

2. 设计说明与提示

交通灯控制器电路框图如图 6-18 所示。

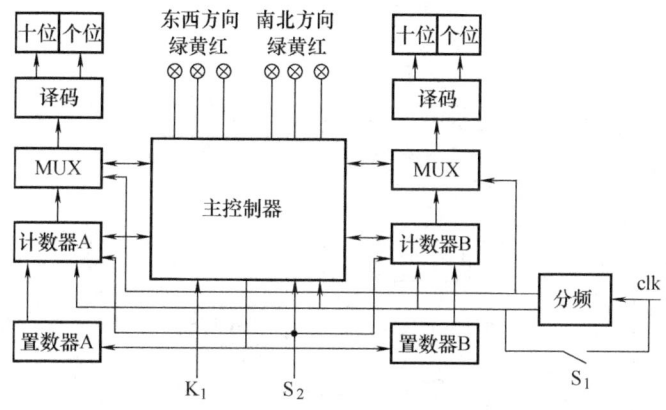

图 6-18 交通灯控制器电路框图

各模块电路功能如下：

1）从电路框图可以看到由减法计数器、主控制器组成了最基本的电路，其中计数器 A、B 经过数据选择器 MUX 以 BCD 码输出的形式通过译码器与外部数码管相连；控制器控制各信号灯的状态以及计数器的置数、暂停计数。

2）基准频率分频器可以分出标准的 1Hz 频率信号、用于减法计数器的时钟信号以及控制器内触发器的时钟信号。

3) MUX 是数据选择器，用于特殊情况发生时对显示器闪烁信号的产生。
4) 置数器 A、B 通过控制器的控制对减法计数器进行预置数。
5) 主控制器电路框图如图 6-19 所示。其中 K_1 为特殊状态功能控制，S_2 为清零信号。
6) 交通信号灯控制流程图如图 6-20 所示。

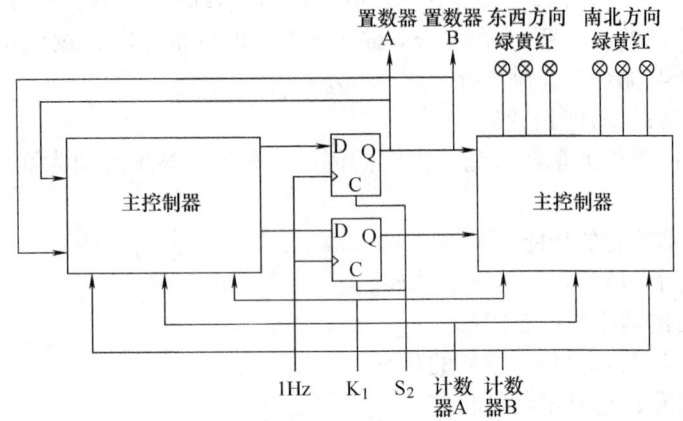

图 6-19　主控制器电路框图

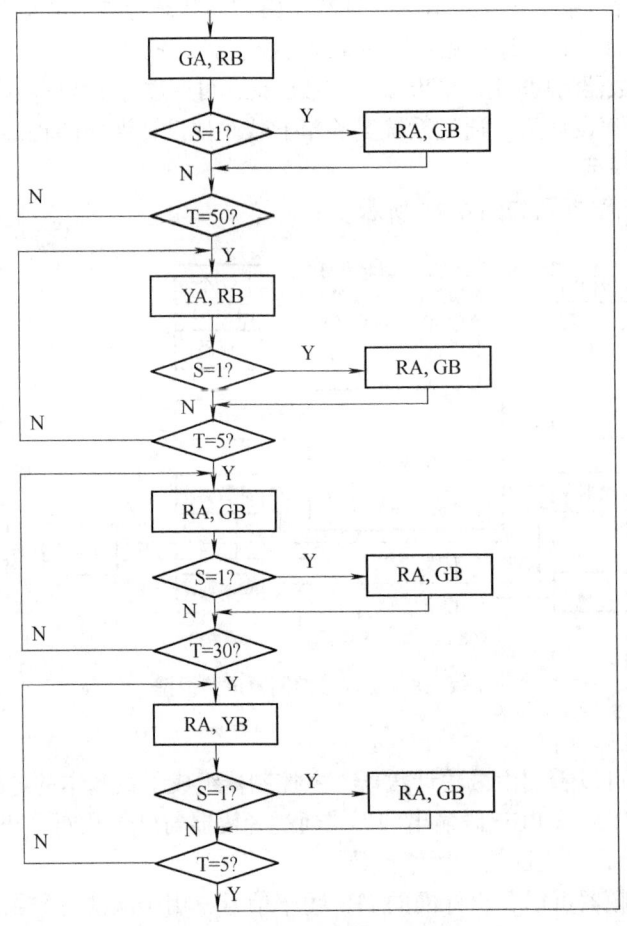

图 6-20　交通信号灯控制流程图

3. 实验报告要求

1）画出顶层原理图。

2）对照交通信号灯电路框图分析电路工作原理。

3）写出各功能模块的 VHDL 源文件。

4）叙述各模块的工作原理。

5）详述控制器部分的工作原理，绘出详细电路图，写出 VHDL 源文件，画出有关状态机变化。

6）书写实验报告时应结构合理、层次分明，在分析时注意语言的流畅。

6.19 数码锁

1. 实验任务及要求

数字密码锁框图如图 6-21 所示。

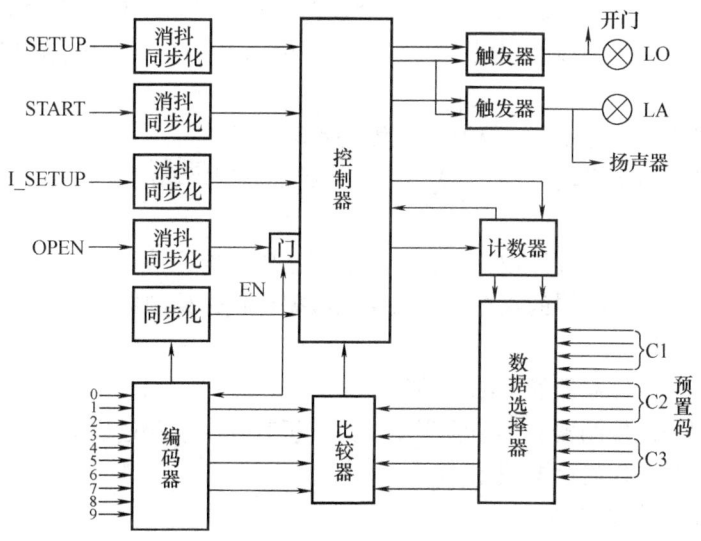

图 6-21 数字密码锁框图

1）采用 3 位十进制密码，密码用 DIP 开关确定，必要时可以更换。

2）系统通电后必须关上门并按 SETUP 键后方投入运行，运行时标志开门的灯或警报灯（警铃）皆不工作，系统处于安全锁定状态。

3）开锁过程如下：

①按启动键（START）启动开锁程序，此时系统内部应处于初始状态。

②依次键入 3 个十进制数。

③按开门键（OPEN）准备开门。

④若按上述程序执行且拨号正确，则开门继电器工作，绿灯 LO 亮。若按错密码或未按上述程序执行，则按动开门键 OPEN 后警报装置鸣叫（单频），红灯 LA 亮。

⑤开锁处理事务完毕后，应将门关上，按 SETUP 键，使系统重新进入安全锁定状态。（若处于报警状态时，按 SETUP 或 START 应不起作用，应另用一内部 I_SETUP 键才能使系

统进入安全锁定状态)。

4) 使用者如按错号码，可在按 OPEN 键之前按 START 键重新启动开锁程序。

5) 号码 0~9、START、OPEN 均用按键产生，并均有消抖和同步化电路。

6) 设计符合上述功能的密码锁，并用层次化方法设计该电路。

7) 数字锁控制器的功能，用功能仿真方法验证，还可通过观察有关波形确认电路设计是否正确。

8) 完成电路设计后在实验系统上下载，验证课题的正确性。

2. 设计说明与提示

框图中各模块电路功能如下：

1) 密码是串行输入的，每次分别与一个预置码比较，而这三个十进制预置码分别由 12 个输入端送入，所以应用一个数据选择电路来选择，显然该数据选择电路应由 4 个 3 选 1 MUX 构成，而 MUX 的地址码用一个计数器控制。控制器向计数器提供复位信号和时钟信号。计数器为模 4 计数器，每键入一个码，控制器向计数器提供一个时钟脉冲，使计数器状态加 1，当计数器计至 3 时，说明已送入 3 个数据，此时计数器应向控制器发出反馈信号，告诉控制器应进入待启状态或预警状态。START、SETUP、I_SETUP、OPEN 信号经过消抖同步化后送入控制器。

2) 消抖同步化电路是用于消除输入按键的抖动。

3) 编码比较电路是将输入的 0~9 按键变换成十进制码输出，可用 10 线至 4 线 BCD 码编码器。

4) 数据选择电路是通过计数器选择密码数据送比较器比较。

5) 比较器将数据选择器的数据与输入密码数据比较送控制器。

3. 实验报告要求

1) 画出数码锁的控制器的详细框图。

2) 画出数码锁的控制器的详细流程图，并分析其状态改变过程。

3) 画出电路的工作时序电路图。

4) 写出各模块的源程序。

5) 叙述各模块电路工作原理。

6) 书写实验报告时应结构合理、层次分明，在分析叙述时注意语言的流畅。

6.20 乒乓球游戏机

1. 实验任务及要求

1) 能进行正常的计局、计分功能。

①分别显示两方的得分情况。

②显示两方的计局记录。

2) 能实现对球台、球的模拟功能。

①以发光二极管代替乒乓球，乒乓球由 10 只发光二极管组成。

②比赛开始时，由裁判按动发球开关决定其中一方开始发球，光点应出现在先发球者的

球拍位置上。

3）能实现自动判球计分。

①只要一方失球，对方计分器自动加 1 分，当一方计到 11 分时一局结束，双方计分器同时清零。

②每个球结束后，自动确定下一个发球者，每方连发两球后自动换发球。

4）能进行得胜显示。

5）三局两胜（或五局三胜），得胜方显示。

6）接发球按键应进行消抖处理。

7）得分标准：当球到达一方的球拍位置，如该方未按接发球按键，则对方得分，先按接发球按键击球无效，但不失分。

8）设计符合上述功能的乒乓球游戏机，并用层次化方法设计该电路。

9）控制器、计数器、移位寄存器的功能用功能仿真方法验证，也可通过观察有关波形确认电路设计是否正确。

10）完成电路设计后在实验系统上下载，验证课题的正确性。

2. 设计说明与提示

乒乓球游戏机框图如图 6-22 所示。模块电路功能如下：

1）由计局器、计分器、移位寄存器、控制器组成了乒乓球游戏机的基本电路。其中 A、B 方计分显示器以及计局显示器可由 6 个数码管显示。

2）计局器为模 3（或模 5）计数器，显示 A、B 方的得胜局数。计分器为模 11 计数器，记录各方的得分情况，一方计分器满 11 分，可送一个信号给计局器，并让双方计分器同时清零。

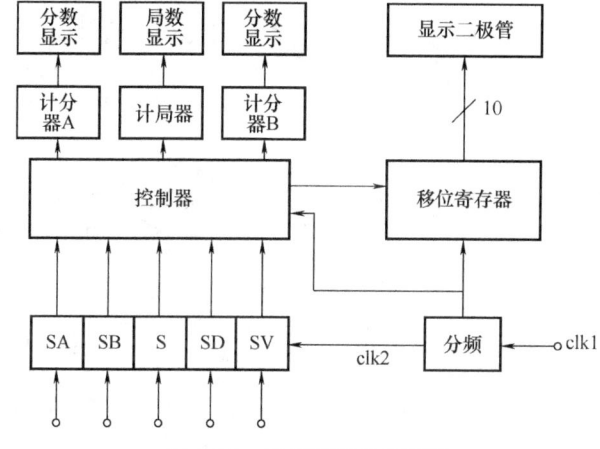

图 6-22 乒乓球游戏机框图

3）控制器模块电路主要由时序机构成，能够完成对移位寄存器、计局器、计分器的控制，系统流程图如图 6-23 所示。

4）clk1 提供的时钟信号经分频器后，得到的信号用做移位寄存器的时钟信号和控制器的时钟信号。

5）clk2 提供 64Hz 的时钟信号专门用于按键开关的消抖。

6）速度选择器用于对击球速度的选择，另外通过外部设置也可以改变击球速度。

7）SA、SB、S、SD、SV 模块是一个能够完成消抖的 D 触发器，时钟信号直接由 clk2 口接入。

3. 实验报告要求

1）画出顶层原理图。

2）对照乒乓球游戏机电路图分析电路工作原理。

3）写出各功能模块的 VHDL 源文件。

4）叙述各模块的工作原理。

5）说明按键消抖电路的工作原理，画出有关波形图。

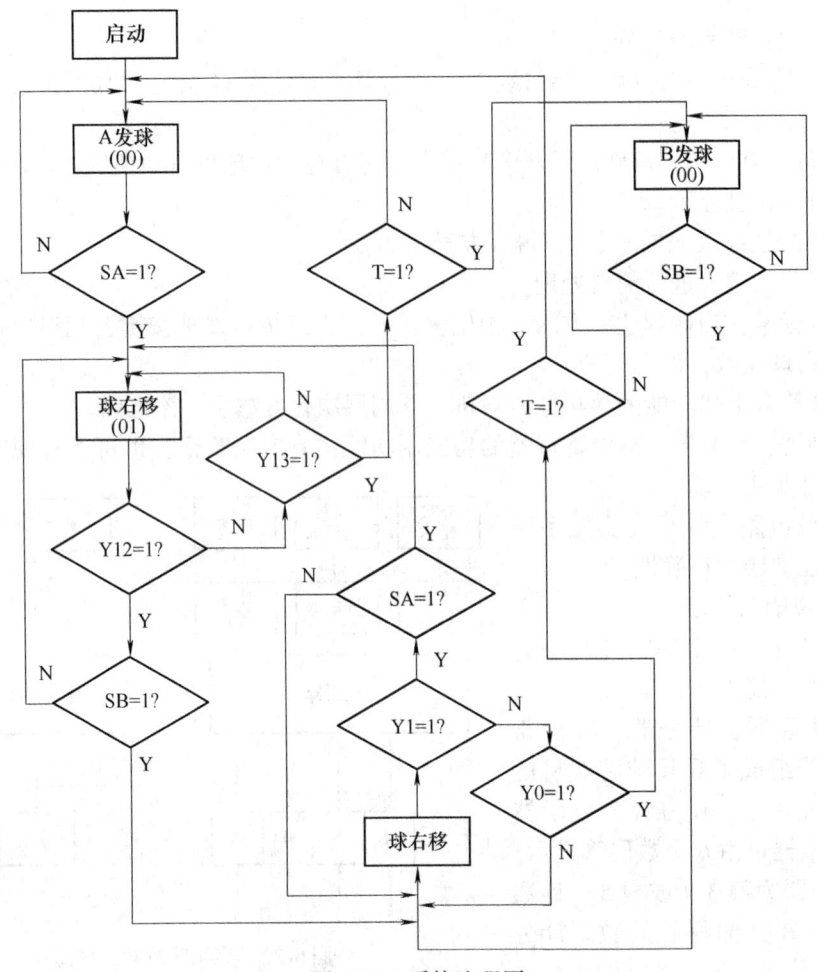

图 6-23 系统流程图

6）详述控制器的工作原理，绘出完整的电路或写出 VHDL 源文件。

7）书写实验报告时应结构合理、层次分明，在分析时注意语言的流畅。

参 考 文 献

[1] 谭会生. EDA 技术及应用 [M]. 3 版. 西安：西安电子科技大学出版社，2014.
[2] 潘松. EDA 技术实用教程 [M]. 6 版. 北京：科学出版社，2018.
[3] 黄正瑾. CPLD 系统设计技术入门与应用 [M]. 北京：电子工业出版社，2002.
[4] 赵全利. EDA 技术及应用教程 [M]. 北京：机械工业出版社，2009.
[5] 朱明程. 可编程逻辑系统的 CHDL 设计技术 [M]. 孙普，译. 南京：东南大学出版社，1998.
[6] 杨刚，龙海燕. 现代电子技术——VHDL 与数字系统设计 [M]. 北京：电子工业出版社，2004.
[7] 高有堂，徐源. EDA 技术与创新实践 [M]. 北京：机械工业出版社，2012.
[8] 袁文婷，周强，吕鹏，等. 基于伪随机序列随机重排的单片机白噪声发生器 [J]. 化工自动化及仪表，2012，39（2）：246-249，267.
[9] CHEN Y H. Run-time calibration scheme for the implementation of a robust field-programmable gate array-based time-to-digital converter [J]. International Journal of Circuit Theory and Applications，2019，47（1）：19-31.
[10] AJANYA M P，VARGHESE G T. Thermometer code to binary code converter for flash ADC-a review [C]. 2018 International Conference on Control，Power，Communication and Computing Technologies（ICCPCCT）. IEEE，2018：502-505.
[11] ALTERA. Cyclone Ⅲ Device Handbook [DB/OL]. http：//www. altera. com. cn/literature/hb/cyc3/cyclone3 _ handbook. pdf，2011. 11.
[12] ALTERA. Quartus Ⅱ Handbook [DB/OL]. http：//www. altera. com. cn/literature/hb/qts/quartusii _ handbook. pdf，2012. 7.
[13] ALTERA. Nios Ⅱ 相关文档 [DB/OL]. ftp：//ftp. altera. com/outgoing/download/support/ip/processors/nios2/niosⅡ_ docs _ 11 _ 0. zip，2011. 5.
[14] ALTERA. Embedded Peripherals IP User Guide [DB/OL]. http：//www. altera. com. cn/literature/ug/ug _ embedded _ ip. pdf，2011. 6.
[15] CHU P P. Embedded SoPC design with NIOS Ⅱ processor and Verilog examples [M]. Hoboken：John Wiley & Sons，2012.
[16] HAMBLEN J O，HALL T S，FURMAN M D. Rapid prototyping of digital systems：SOPC edition [M]. New York：Springer Science & Business Media，2007.
[17] HENZLER S. Time-to-Digital Converters [M]. New York：Springer，Dordrecht，2010：103-113.
[18] TANCOCK S，ARABUL E，DAHNOUN N. A review of new time-to-digital conversion techniques [J]. IEEE transactions on Instrumentation and Measurement，2019，68（10）：3406-3417.